北大社·"十三五"普通高等教育本科规划教材

高等院校机械类专业"互联网+"创新规划教材

机 械 原 理

（第2版）

主　编　　王跃进

副主编　　窦蕴平　　张　静

参　编　　唐伯雁　　刘春东　　周瑞强

主　审　　张春林

北京大学出版社

PEKING UNIVERSITY PRESS

内 容 简 介

本书是根据教育部颁布的高等学校机械原理课程教学基本要求编写的，旨在满足全国众多应用型本科院校培养机械类人才的需要。

本书内容包括绪论，平面机构的结构分析，平面连杆机构及其设计，凸轮机构及其设计，齿轮机构及其设计，轮系及其设计，其他常用机构简介，平面机构的运动分析，平面机构的力分析，机械的平衡，机械的运转及其速度波动的调节，机械系统的方案设计。各章后附有一定数量的习题，以利于学生学习。

本书可作为高等院校工科机械类专业的教材，也可供相关工程技术人员参考使用。

图书在版编目(CIP)数据

机械原理/王跃进主编. —2 版 . —北京： 北京大学出版社， 2019.6
高等院校机械类专业"互联网+"创新规划教材
ISBN 978 - 7 - 301 - 26523 - 9

Ⅰ. ①机… Ⅱ. ①王… Ⅲ. ①机构学—高等学校—教材 Ⅳ. ①TH111

中国版本图书馆 CIP 数据核字(2015)第 272988 号

书　　　名	机械原理（第 2 版）	
	JIXIE YUANLI （DI-ER BAN）	
著作责任者	王跃进　主编	
策 划 编 辑	童君鑫	
责 任 编 辑	黄红珍	
数 字 编 辑	刘　蓉	
标 准 书 号	ISBN 978 - 7 - 301 - 26523 - 9	
出 版 发 行	北京大学出版社	
地　　　址	北京市海淀区成府路 205 号　100871	
网　　　址	http://www.pup.cn　新浪微博：@北京大学出版社	
电 子 信 箱	pup_6@163.com	
电　　　话	邮购部 010 - 62752015　发行部 010 - 62750672　编辑部 010 - 62750667	
印 刷 者	天津中印联印务有限公司	
经 销 者	新华书店	

787 毫米×1092 毫米　16 开本　17 印张　396 千字
2009 年 9 月第 1 版
2019 年 6 月第 2 版　　2021 年 12 月第 2 次印刷

定　　　价　49.00 元

第 2 版前言

"机械原理"是研究机械共性问题的课程，是培养机械类专门人才的重要专业基础课程，是联系理论力学和专业课程的桥梁，起着承上启下的重要作用。

本书以机械类创新型应用人才为对象，力求内容简洁、新颖、实用，利于教学，注重理论和实践的结合。

本书在重点阐述机械原理的基本概念、基本原理和基本方法的同时，简化了较烦琐的理论推导过程，加强了机构应用内容的介绍；在教学方法上采用了概念清晰、方法步骤明确的图解法，也采用了适合现代技术发展需求且易于用计算机精确求解的解析法，更适合教师对不同教学方法的选择和学生的自主学习。

本书可作为高等院校机械类本科专业机械原理课程教材，适宜课堂教学学时为 56 学时左右、实验 6～8 学时、课程设计 1.5 周。书中标有 * 号的章节可根据教学要求进行选择。各章的参考教学学时见下表。

章　　次	参考学时	章　　次	参考学时
绪　　论	1	第 6 章　其他常用机构简介	2
第 1 章　平面机构的结构分析	6	第 7 章　平面机构的运动分析	4
第 2 章　平面连杆机构及其设计	8	第 8 章　平面机构的力分析	4
第 3 章　凸轮机构及其设计	6	第 9 章　机械的平衡	3
第 4 章　齿轮机构及其设计	10	第 10 章　机械的运转及其速度波动的调节	4
第 5 章　轮系及其设计	4	第 11 章　机械系统的方案设计	4

本书链接了丰富的视频、动画等学习资源，读者可利用移动设备扫描书中的二维码进行线上学习。本书配套丰富的学习资源，读者可登录网址 http://mooc1.chaoxing.com/course/200126632.html 进行查阅和学习。

本书由北京建筑大学王跃进担任主编并负责统稿，北京建筑大学窦蕴平和河北建筑工程学院张静担任副主编，具体编写分工如下：王跃进编写绪论、第 4 章、第 11.3 节，北京建筑大学唐伯雁编写第 1、6 章，窦蕴平编写第 2、5 章，张静编写第 3、10 章，河北建筑工程学院刘春东编写第 7、8 章，广东石油化工学院周瑞强编写第 9 章、第 11.1 节、第 11.2 节、第 11.4 节。

北京理工大学张春林教授对全书进行了仔细的审阅，并提出了许多宝贵的修改意见，编者在此表示衷心的感谢！

由于编者水平有限，书中不妥之处在所难免，真诚希望广大读者批评指正。

【资源索引】

编　者
2019 年 2 月

二维码资源索引

目　　录

绪 论

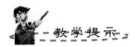

教学提示

本章主要介绍机械原理课程的研究对象、内容、地位，学习机械原理课程的目的，以及机械原理课程在培养机械工程技术人才中所起的作用。

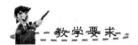

教学要求

掌握机器和机构的定义、特征。

了解机器的组成。

了解机械原理课程的主要内容及在机械专业中的地位和作用，以及学习机械原理课程的目的。

0.1　机械原理研究的对象

机械是为人类服务的工具。随着人类文明的进步，人们对各类工具的使用水平不断提高，工具的使用范围不断扩大。现代社会离不开机械，社会的文明程度越高，对各类机械的需求也就越多，对其技术水平要求也就越高。机械原理研究的对象就是为人类服务的工具——机械，研究的内容是有关机械的基本理论问题。机械是机器和机构的统称。

机器是为完成某种用途而专门设计的执行机械运动的装置，用于转换或传递能量、物料和信息。例如，内燃机和电动机用来转换能量；各类机床用来改变物料的形状或状态；起重运输机械用于传递物料；DVD通过光盘驱动器提取、转换和传递电子信息等。

机器的类型很多，其构造、用途和性能各不相同，但都具有一些共同的特征。下面用两个具体实例来说明。

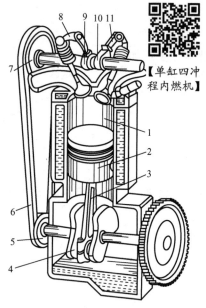

【单缸四冲程内燃机】

图 0.1　单缸四冲程内燃机

1—气缸；2—活塞；3—连杆；4—曲轴；
5、7—带轮；6—同步带；
8、11—排、进气门摇臂；
9、10—排、进气凸轮

图 0.1 所示为单缸四冲程内燃机。该内燃机的主要功能是将燃气的热能转换为机械能。四冲程内燃机的一个工作循环由吸气、压缩、工作和排气四个行程组成。工作顺序如下：活塞 2 下行将燃气由进气管通过进气门吸入气缸 1 后，进气门关闭；活塞 2 上行压缩燃气；火花塞点火使高压燃气在气缸 1 中燃烧，迅速膨胀产生的压力推动活塞 2 下行，通过连杆 3 带动曲轴 4 转动，输出机械能；活塞 2 再次上行，排气门打开，废气通过排气管排出。其中同步带 6 用于通过凸轮轴控制进、排气门的开闭。可以看出，在每个工作循环中活塞 2 上下往复运动各两次，曲轴 4、带轮 5 一同转动两周，带轮 7、凸轮轴一同转动一周，进、排气凸轮 10、9 分别控制进、排气门各打开一次。内燃机中的各个部分协调、顺序地动作，再加上汽化、点火等装置的配合，便能够将燃气燃烧所产生的热能转变为曲轴 4 转动的机械能。

图 0.2 所示为步进式自动运输机。该运输机的主要功能是将工件 10 按间歇步进运输方式一步一步向左传递。当电动机的动力经带传动机构和齿轮机构传递到曲柄 7 上时，连杆 8 做平面运动，连杆上各点走出虚线所示的轨迹，使工件可以实现向左的步进运输动作，代替人完成有用的机械功。

由以上两个实例看出，机器具有以下三个共同的特征。

(1) 机器是人为的实物(通常称为构件)组合体。

(2) 该组合体各部分(构件)之间都具有确定的相对运动。

(3) 能够完成有用的机械功或转换机械能。

能同时具备上述三个特征的实物组合体就称为机器。凡能将其他形式的能量转变为机械能的机器称为原动机，如内燃机、蒸汽机、水轮机、电动机、液动机（又称液压马达）、气动机（又称气动马达）等。凡能利用机械能来完成有用机械功的机器称为工作机，如各类机床、起重机、运输机等。

现代机器中高新科技（如计算机技术、信息处理技术、检测传感技术、伺服驱动技术、自动控制技术等）得到广泛的应用，使传统机器的组成和产品结构等方面发生了根本性的变化。特别是计算机技术的发展，促进了智能机器人技术的飞速发展。智能机器人不仅可以减轻人类的体力劳动，而且在减轻人类的脑力劳动方面也有显著的成效。

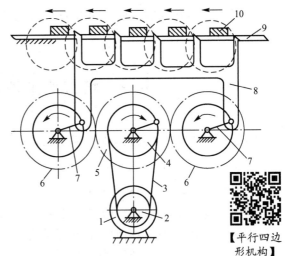

【平行四边形机构】

图 0.2　步进式自动运输机

1—电动机；2、4—带轮；3—传动带；5、6—齿轮；
7—曲柄；8—连杆；9—滑轨；10—工件

机器一般主要由四部分组成。

（1）动力系统：机器的动力源。常用的原动机有内燃机、电动机等。

（2）传动系统：连接动力系统和执行系统的中间环节，用于传递与变换运动和力。

（3）执行系统：用于完成预期的动作和功能。其结构形式取决于机器的用途。

（4）控制系统：用于协调动力系统、传动系统和执行系统，使彼此之间能够有序、准确、可靠地完成预定的功能。

机械原理课程的研究重点是机器的传动系统和执行系统，并不涉及机器中的动力系统和控制系统。

机构是用来传递与变换运动和力的可动装置。在图 0.1 所示的内燃机中，由气缸 1、活塞 2、连杆 3、曲轴 4 组成的组合体能够将活塞 2 的往复直线运动转变为曲轴 4 的旋转运动，反之亦然，称为曲柄滑块机构；由带轮 5、7 和同步带 6 组成的组合体，可以利用带轮直径的不同实现速度的转变，称为带传动机构；具有特定曲线轮廓的进、排气凸轮 9、10 运动时，利用其曲线轮廓推动

【内燃机中机构】

进、排气门摇臂 8、11 做往复摆动，从而在从动件上实现预期的运动，称为凸轮机构。在图 0.2 所示的自动运输机中，齿轮 5、6 通过轮齿的接触传递运动和动力，并可以利用各轮齿数的不同实现减速或增速，称为齿轮机构；由杆件（曲柄 7 及连杆 8）组成的组合体，当各杆长度不同时，在杆件（连杆 8）上可以获得不同形状的曲线，并且在两个连架杆之间实现转动、摆动等运动形式的相互转换，称为连杆机构。

由以上几个例子可以看出，机构仅具有机器的前两个特征。

（1）机构都是人为的实物（构件）组合体。

（2）各运动实体（构件）之间具有确定的相对运动。

通过以上分析可以看出，机器是由各种机构组成的，可以完成能量的转换或做有用的机械功；而机构则仅仅起着运动、动力传递和运动形式转换的作用。因此，可以说机构是传递与变换运动和力的实物组合体，而机器则是能够完成有用的机械功或转换机械能的机构组合体。复杂机器是由多个机构组合而成的，简单的机器可以仅由单一的机构构成。

机械原理(第2版)

由于机构具有机器的前两个特征，因此从结构和运动的观点来看，两者之间并无区别。

0.2　机械原理课程的主要内容

机械原理课程主要研究的内容可分为以下几个方面。

1. 机构的组成原理与结构分析

机器和机构最显著的特征是各实体之间都具有确定的相对运动。因此，首先需要研究怎样组成才能使机器和机构具有确定的相对运动及满足其需要的条件；其次研究机构的组成原理及机构的分类；最后研究机构运动简图，用其表达机构的组成、各实体间的连接及运动传递的路径、原动件的数目及位置等。

机构的组成原理与结构分析是机械系统运动方案分析、改进与创新设计的基础。

2. 机构的运动分析

机构的运动分析是在已知原动件运动规律条件下，不考虑引起机构运动的外力影响，研究机构各点的轨迹、位移、速度和加速度等运动参数的变化规律。这种分析不仅是了解机械的性能的手段，也是设计新机器的重要步骤。本书将介绍对机构进行运动分析的基本原理和常用方法。

3. 机器动力学

机器动力学主要研究：在已知外力作用下机器真实的运动规律；确定机构运动副的反力、机构上需要加的平衡力、平衡力矩和效率等问题；分析机器速度波动的原因及应采用的调节方法和不平衡质量的平衡问题。机器动力学所研究、分析的问题既是高速机械必须要考虑的重要问题，也是获得高品质、优良性能机器必须要研究的问题。

4. 常用机构及其设计

机器种类繁多，然而构成各种机器的机构类型却是有限的，常用的机构主要有连杆机构、凸轮机构、齿轮机构、间歇运动机构等。本书将对常用机构的运动及工作特性进行分析，并介绍其设计方法。

【常用机构】

5. 机械系统运动方案设计

机械系统运动方案设计介绍机构的选型、组合方式、运动循环图拟定等方面的基本知识和机械系统运动方案设计的基本过程。

0.3　机械原理课程在专业中的地位及学习本课程的目的

机械原理是机械类专业研究机械共性问题的一门主干技术基础课。它以高等数学、普通物理、机械制图及理论力学等课程为基础，但比普通物理、理论力学等基础课程所研究的问题更加接近工程实际。机械原理不同于机电一体化设计、汽车设计等专业课程，其研究的重点是各种机械所具有的共性问题，而专业课程则研究某一类机械所具有的特殊问题。因此，它比专业课具有更宽的研究范围和更广的适应性。所以，机械原理课程起着承上启下、联系基础课和专业课的桥梁的作用，在机械专业的课程体系中占有非常重要的地位。

正是由于机械原理课程在机械专业中有着独特而不能替代的地位，因此学习本课程的目的就十分明确，具体如下。

1. 为学习机械类专业课程奠定基础

机械原理课程的任务是研究具有机械共性的理论问题与实验分析方法，使学生掌握机构运动学与动力学的基本理论、基本知识和基本技能，学会常用机构的分析和综合方法，了解和掌握进行机械系统设计的方法，为专业课程的学习打好基础。

2. 为正确使用机械设备提供指导

机械专业的工程技术人员在工作中将面对各种各样的机械设备，要能够正确使用、维护、管理各类机械设备，使设备的能力得到充分发挥，就必须了解机械产品的原理和特性。通过机械原理课程的学习，学生可以掌握机构和机器的分析方法，能够深入了解机构的性能和特性，能够更好地使用、维护、管理各类机械设备。

3. 为机械产品的改造和创新提供指导

创新是一个民族的灵魂，没有创新人类社会就不会发展。对于已有的机械设备如何改进、完善及提高其性能和效率，如何根据市场需要开发、设计出新的产品是机械专业工程技术人员经常要面对的问题。而机械产品的改造与创新主要是原理和设计方案的创新，因此机械原理的知识是必不可少的，其可以为机械产品的开发、设计、改造和创新提供指导和帮助。

机械原理是一门与工程实际密切结合的课程，因此学习本课程要更加注意理论联系实际。现实生活中有各种设计新颖、构思巧妙的机构和机器，在学习本课程的过程中，应注意观察、分析、比较和积累，主动把所学知识用于实际，以逐步扩大视野。在学习中要注意基本概念、基本方法和基本技能的掌握，要敢于提出问题，并能尝试用本课程所介绍的方法去解决问题，这样能够使自己的水平不断提高，从而很好地掌握这些知识。

习 题

0-1 机械原理的研究对象是什么？其研究内容有哪些方面？

0-2 机器有哪些特征？

0-3 机器和机构有哪些区别与联系？

0-4 机器一般主要由哪几部分组成？各部分的作用是什么？

0-5 对具有下述功用的机器各举出两个实例：原动机、改变物料形状的机器、变换或传递信息的机器、传递物料的机器。

0-6 机械原理课程在培养机械类专业人才中有什么作用？

0-7 学习机械原理课程的目的是什么？

第1章
平面机构的结构分析

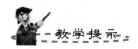

教学提示

　　零件是组成机械的基本单元，构件和运动副是组成机构的基本要素，机构运动简图是表示机构组成的基本方法，在机构分析和设计过程中有重要作用。机构自由度计算是理解和分析机构运动的基础，而机构的结构分析将进一步加深对机构运动分析及设计的认识和理解。

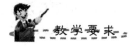

教学要求

　　了解和认识构成平面机构的基本要素。

　　掌握平面机构各要素的简图表示及机构运动简图的绘制方法。

　　掌握平面机构自由度的计算方法，能正确识别和处理复合铰链、局部自由度和虚约束。

　　了解平面机构的组成原理和分类方法。

　　掌握平面机构的结构分析方法。

1.1 平面机构的组成

机构是由构件组成的运动系统，通常包括机架和运动件。平面机构是指组成机构的各构件都在同一平面或相互平行的平面中运动的机构。在工程中，平面机构如平面连杆机构、凸轮机构、平行轴齿轮机构等的应用非常广泛。

【平面机构】

1.1.1 构件与零件

1. 构件

机器都是由许许多多的零件组成的。图1.1所示的移动式混凝土布料机就是由底座、支撑梁、回转体、配重箱、臂架、连杆体、连杆套等一系列零件组成的。在这些零件中，有些是作为一个独立的运动单元体而运动的；有些是通过紧固件或其他方式与其他零件连接成一个整体后参与运动的。每一个独立运动的单元体称为构件。由于受到结构和制造等因素的限制，机器中的大部分零件都是作为构件的组成部分出现的，可见，构件是组成机构的基本要素之一。从运动的观点看，任何机构都是由若干个（两个以上）构件组合而成的。

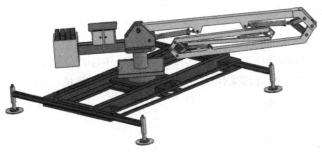

图1.1 移动式混凝土布料机

2. 零件

正如细胞是组成生物体的最小单位一样，零件则是组成机构的最小单元。机构总是由一些具有特定几何形状和特定功能的零件组合而成的，因此，任何机器和机构都是零件的集合体。图1.2所示的连杆就是由连杆体1和连杆套2组成的，连杆体与连杆套之间通过过盈配合连接而成。显然零件是加工制造的单元。

图1.2 连杆的结构
1—连杆体；2—连杆套

1.1.2 运动副

机械零件间的连接按彼此是否存在相对运动可分为刚性连接和可动连接。两零件通过焊接、铆接、黏接、过盈配合、螺纹连接等方式连接在一起，就构成刚性连接。两构件直接接触而构成的可动连接称为运动副。每个参与接触而构成运动副的表面称为运动副元素。显然，组成运动副的运动副元素并不是独立的，它们之间相互依存。例如，轴 1 与轴承 2 的配合(图 1.3)、滑块 2 与导轨 1 的接触(图 1.4)、两齿轮轮齿的啮合(图 1.5)等都构成了运动副。它们的运动副元素分别为圆柱面和圆孔面、燕尾槽面和燕尾棱面及两齿廓曲面。由此可见，运动副也是组成机构的又一基本要素。

【转动副】 【移动副】 【齿轮高副】

图 1.3 滑动轴承配合　　　图 1.4 燕尾导轨　　　图 1.5 齿轮啮合
1—轴；2—轴承　　　　　　1—导轨；2—滑块　　　　　1、2—齿轮

【运动副】

归结起来，按照运动副元素的接触方式，运动副可分为两大类：①通过点或线接触而构成的运动副统称为高副(图 1.5)；②通过面接触而构成的运动副统称为低副。低副按照运动方式的不同又可分为转动副(图 1.3)和移动副(图 1.4)。

此外还有其他分类方法。按照运动空间，运动副可分为平面副和空间副；按照运动副引入的约束数目，运动副可分为 I 级副、II 级副、III 级副、IV 级副和 V 级副。

1.1.3　运动链

构件通过运动副连接而构成的相对可动的系统称为运动链。如果运动链中的各构件构成首末封闭的系统，则称为闭式链［图 1.6(a)和图 1.6(b)］，否则称为开式链［图 1.6(c)和图 1.6(d)］。绝大部分的机器采用闭式链的结构，如内燃机、颚式碎石机等，少数机器采用开式链的结构，如工业机器人、混凝土布料机(图 1.1)、挖掘机等。

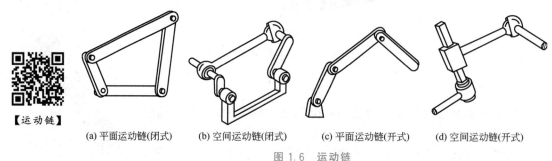

【运动链】

(a) 平面运动链(闭式)　　(b) 空间运动链(闭式)　　(c) 平面运动链(开式)　　(d) 空间运动链(开式)

图 1.6　运动链

此外，根据运动链中各构件间的相对运动的空间特征不同，可把运动链分为平面运动链［图 1.6(a)和图 1.6(c)］和空间运动链［图 1.6(b)和图 1.6(d)］。

1.1.4　机构

如果将运动链中的某一构件固定为机架，则该运动链成为机构。如果在机架上定义一个参考系，则该参考系可用做其他构件运动的参照，其运动规律可由该参考系表述。机架的固定是相对的，因此机架相对于地面既可以是不动的，也可以是运动的，如安装在汽车、轮船、飞机等运动载体上的机架就是运动的。

通常，机构总是在外部系统的驱动下运动，机构中按给定的已知运动规律独立运动的构件称为原动件，而其余构件则称为从动件。从动件的运动规律取决于原动件的运动规律和机构的结构及各构件的尺寸。

机构可分为平面机构和空间机构两类，其中平面机构应该最广泛，因此本书只讲述平面机构。

1.2　平面机构的运动简图

分析现有机械或设计新的机械时，为了简洁清晰地表达机构的组成、运动和动力的传递情况，需要绘制机构运动简图。所谓机构的运动简图，就是用规定的符号和简单的线条表示运动副和构件，并按照一定的比例表示各运动副间的相对位置所绘制的机构的简单图形。由于这种图形撇开了与运动无关的要素（如截面形状、外形等），并且能准确地表达机构运动特性，因而成为机械运动分析的重要工具，被广泛应用于机械分析和设计过程中。因此，利用机构运动简图将使了解机械的组成及对机械进行运动和动力分析变得十分简便。

1.2.1　构件与运动副的简图表示

国家标准 GB/T 4460—2013《机械制图　机构运动简图用图形符号》规定了构件和运动副的简图表示。下面分别说明常用运动副、构件及机构的运动简图表示方法。

1. 常用运动副的简图

常用平面机构运动副有三种，表 1-1 给出了典型平面机构运动副的简图。

表 1-1　典型平面机构运动副的简图

运动副名称	运动副模型	运动副简图	
		两运动构件构成的运动副	两构件之一为机架时的运动副
转动副			
移动副			

续表

运动副名称	运动副模型	运动副简图	
		两运动构件构成的运动副	两构件之一为机架时的运动副
高副	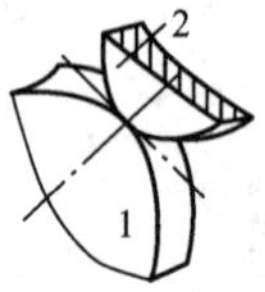	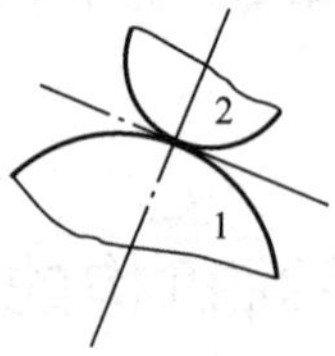	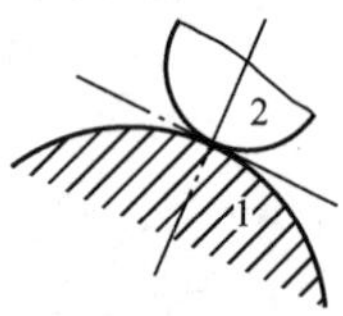

注：图中有阴影线的构件为机架。

2. 常用构件的简图

机构中的构件，不论其形状如何复杂，都可以简化为一些简单的线条或几何图形。表1-2给出了平面机构典型构件的简图。

表1-2 平面机构典型构件的简图

构件类型	构件运动简图
同一构件	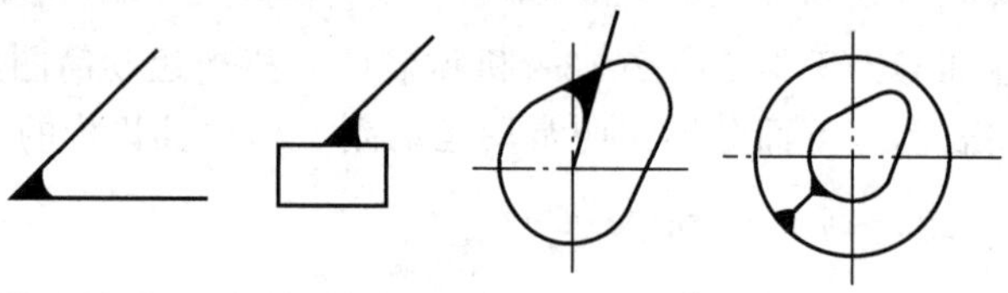
两副构件	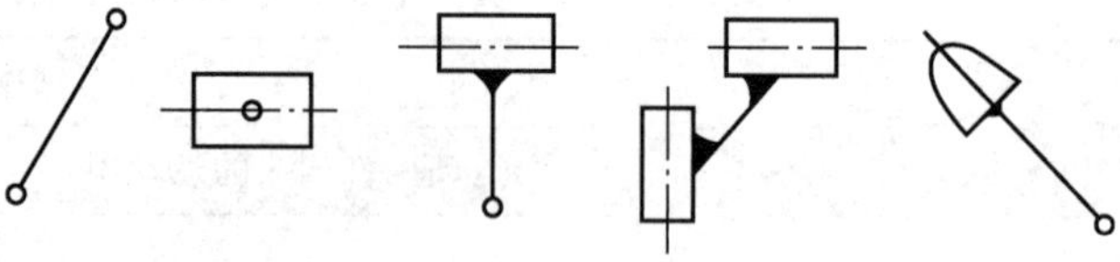
三副构件	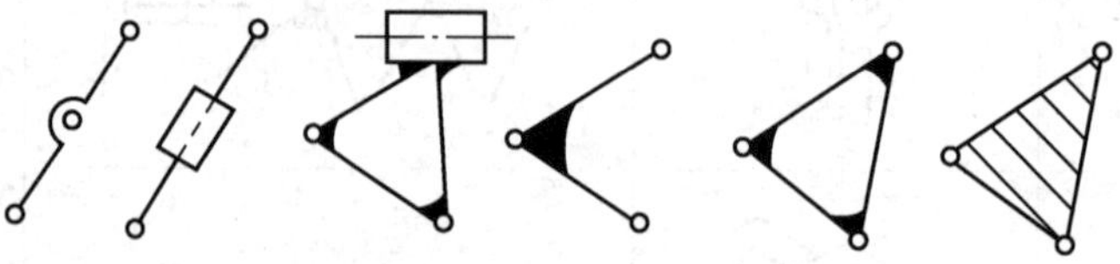

3. 常用机构的运动简图

表1-3给出了常用机构的运动简图。若需更多机构，请查阅机械设计的相关手册或标准。

表 1-3 常用机构的运动简图

机构名称	机构的运动简图	机构名称	机构的运动简图
凸轮传动		圆柱蜗杆传动	
摩擦轮传动		槽轮机构	外啮合　　　　内啮合
外啮合圆柱齿轮传动		棘轮机构	外啮合　　　　内啮合
内啮合圆柱齿轮传动		带传动	
齿轮齿条传动		链传动	
锥齿轮传动		电动机	

如果只是为了表明机械的结构状况，也可以不按照严格的比例要求绘制运动简图，像这样的运动简图通常称为机构示意图。

1.2.2　机构运动简图绘制方法

在绘制机构运动简图之前，需要认真研究机械的实际构造和运动传递情况，并按照运动传递的路线弄清原动件传递运动的方式，认清机械的主要组成构件和尺寸，以及运动副的类型、数量及位置。总之，绘制机构运动简图应做到简单、清晰和正确。机构运动简图的绘制步骤具体如下。

（1）确定构件的作用和类型。为了保证机构运动简图表达机构的结构和运动情况的准确性，首先需要弄清的是整台机械的工作原理及结构要素与动作原理，然后确定要画的机构构件的类型和数量，包括确定机架、原动件、从动件等。

（2）沿运动和动力传递路线逐一分析相连接构件间的相对运动关系，确定各运动副类型及各构件的运动尺寸。例如，移动副应明确其导路方向，转动副应确定其回转中心位置，高副则需要画出两运动副元素的几何形状。

（3）选择适当的投影面，并选择一个合适的机构运动瞬时位置，避免构件的重叠。投影面的选择原则是选择能够完整表达机构的组成关系及运动情况的投影面和运动瞬时位置。例如，选择机构中多数构件的运动平面为投影面，并选择构件互不重叠的位置为绘图的瞬时位置。

（4）选择合适的比例尺，定义长度比例尺为

$$\mu_L = \frac{实际尺寸(\text{m 或 mm})}{图上长度(\text{mm})}$$

并在图上标注清楚长度比例尺；确定各运动副之间的相对位置，并用规定的符号表示各运动副；最后利用简单的线条将同一构件参与构成的运动副符号连接起来即可。

下面通过具体例子来说明机构运动简图的绘制方法和步骤。

【例 1.1】 绘制图 1.7 所示冲床的机构运动简图。

解： 该机构的工作原理是当偏心轮 2 在电动机带动下做顺时针旋转运动时，通过从动件 3、4、5 带动从动件 6（滑块即冲头）做上下往复移动完成冲压工艺动作。机构由机架 1、原动件即偏心轮 2、从动件 3、4、5、6 组成，共 6 个构件，属于平面机构。

机构中构件 1、2，构件 2、3，构件 3、4，构件 4、1，构件 3、5，构件 5、6 之间的相对运动为转动，即两构件为转动副，转动副中心分别位于点 O_1、A、B、O_2、C、D；构件 6、1 之间的相对运动为移动，即两构件间形成移动副，移动副导路方向与 O_2D 重合。

选择与各构件运动平面平行的平面作为绘制机构运动简图的视图平面（投影面）。

选择比例尺，分别量出各构件的尺寸；并选择合适的位置和角度，使图形清晰；绘出机构的运动简图，并且标出原动件及其转动方向，如图 1.8 所示。

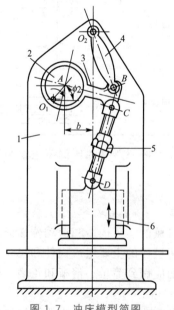

图 1.7 冲床模型简图

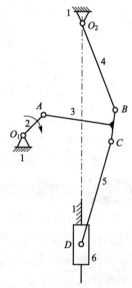

图 1.8 冲床的机构运动简图

1—机架；2—偏心轮；3、4、5—从动件；6—从动件（滑块）

1.3　平面机构自由度

1.3.1　机构具有确定运动的条件

在机械中运用机构的目的就是传递运动和动力。正常情况下，当机构的原动件按给定运动规律运动时，从动件也按照确定的运动规律进行运动，并且原动件与从动件的运动规律具有严格的对应关系。那么是不是任何条件下，机构的运动对应关系都是如此呢？下面通过实例分析来回答这个问题。

图1.9(a)所示的铰链四杆机构中，构件4作为机架固定不动，其余构件均可绕转动副做回转运动。若构件1为原动件，并且给定其一个独立的角位移运动参数 $\varphi_1(t)$，则构件2和构件3的运动规律将完全确定。

图1.9(b)所示的铰链五杆机构中，构件5为机架，其余构件都能绕转动副做回转运动。显然，若仅仅是构件1作为原动件，并给定其一个独立的角位移运动参数 $\varphi_1(t)$，其余构件的运动规律不能完全确定。因为，当构件1处于图示位置时，构件2、构件3和构件4既可处于位置 $BCDE$，也可处于位置 $BC'D'E$，显然，构件2、构件3和构件4的位置是不确定的。如果构件1和构件4同时作为原动件，并且分别给定其一个独立的角位移运动参数 $\varphi_1(t)$ 和 $\varphi_4(t)$，则其余构件的运动可完全确定。

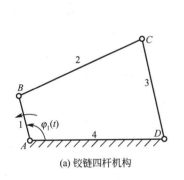

(a) 铰链四杆机构

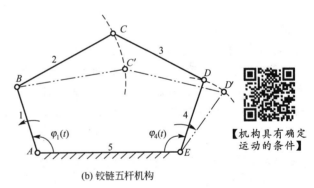

【机构具有确定运动的条件】

(b) 铰链五杆机构

图1.9　机构具有确定运动的条件

综上所述，当机构具有确定运动时，不同机构所需的独立运动参数是不同的，这是机构的一个重要特性。机构具有确定运动时所必须给定的独立运动参数的数目称为机构的自由度，常用 F 表示。由于运动是机构最基本的特性，因此任何机构都必须满足 $F > 0$，否则就不能称为机构。

机构的原动件通常都是用转动副或移动副与机架相连，每个原动件只能输入一个独立运动参数。因此，要使机构具有确定的运动，必须使其原动件的数目与机构的自由度(或独立运动参数的数目)相等，这就是所谓的机构具有确定运动的条件。如果原动件数小于机构的自由度，则机构的运动不能完全确定。图1.9(b)所示的五杆机构，如果仅保留施加在构件1上的运动参数 $\varphi_1(t)$，而撤去施加在构件4上的运动参数 $\varphi_4(t)$，那么该机构除构件1外其他构件的运动不能确定。相反，若原动件数大于机构的自由度，必然发生构件损坏的现象。

图 1.9(a)所示的铰链四杆机构，如果不仅保留施加在构件 1 上的运动参数 $\varphi_1(t)$，而且在构件 3 上再施加一个运动参数 $\varphi_3(t)$，将导致机构的结构破坏。

1.3.2 平面机构自由度计算

平面机构自由度是指机构做确定运动时，所需要独立运动参数的数目。由于平面机构应用特别广泛，因此，掌握平面机构自由度的计算方法非常重要。下面具体讨论。

由理论力学知识可知，一个做平面运动的自由构件，具有 3 个自由度，即沿 x 轴和 y 轴的移动，以及在 xOy 平面内的转动。而每个平面低副可提供 2 个约束，即保留 1 个自由度。例如，转动副保留了绕回转轴线转动的自由度，移动副保留了沿导轨做直线运动的自由度。而每个平面高副可提供 1 个约束，也就是保留 2 个自由度。例如，齿轮副约束了沿接触点公法线方向的自由度，保留了绕接触点转动和沿齿面切向滑动的自由度。由此可见，在平面机构中，每个低副引入 2 个约束，使构件失去 2 个自由度；而每个高副引入 1 个约束，使构件失去 1 个自由度。

设平面机构除机架外共有 n 个构件，也就是说该平面机构有 n 个活动构件。在未引入运动副之前，这些构件共有 $3n$ 个自由度。当用运动副将这些构件连接起来后，机构中各构件的自由度就随之减少。如果机构中共包含 P_L 个低副和 P_H 个高副，则机构中全部运动副所引入的约束数量为 $2P_L+P_H$。全部活动构件的自由度总数减去所有运动副引入的约束总数就是该机构的自由度 F，即

$$F=3n-(2P_L+P_H) \tag{1-1}$$

式(1-1)就是平面机构自由度的计算公式。由此可知，机构自由度取决于活动构件的数量及运动副的类型和个数。

【例 1.2】 试计算图 1.8 所示冲床机构的自由度。

解： 由机构运算简图可知，该机构包含 5 个活动构件，即偏心轮 2、从动件 3、4、5 和从动件(滑块)6，运动副包含 7 个低副，即 O_1、A、B、O_2、C、D 处共 6 个转动副和由滑块 6 与机架 1 构成的移动副。由计算公式得

$$F=3n-2P_L=3\times5-2\times7=1$$

1.3.3 计算机构自由度时应注意的问题

在应用式(1-1)进行平面机构自由度计算时，必须处理好以下三类问题。

1. 复合铰链

两个以上的构件在同一处以转动副相连接就构成复合铰链。图 1.10(a)所示是由 3 个构件汇交而成的复合铰链，图 1.10(b)是其侧视图，由侧视图很容易看出 3 个构件构成了 2 个转动副。同理，如果是 m 个构件在同一处以转动副相连接，那么所构成的转动副数为 $m-1$。因此，在进行机构自由度计算的过程中，必须特别注意复合铰链所构成的转动副数目。

【例 1.3】 试计算图 1.11 所示双滑块曲柄机构的自由度。

解： 该机构有 5 个活动构件，由于其 C 处 3 个构件交汇构成了复合铰链，因此，C 处包含 2 个转动副，则该机构共有 7 个低副，显然，该机构中不含高副。故其 $n=5$，$P_L=7$，$P_H=0$，由式(1-1)得

$$F=3n-2P_L-P_H=3\times5-2\times7=1$$

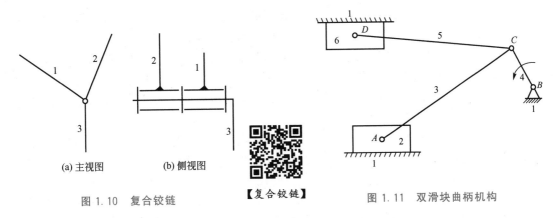

图 1.10 复合铰链

【复合铰链】

图 1.11 双滑块曲柄机构

2. 局部自由度

机构中常存在这样一种构件，其具有的自由度对输出构件运动状况无任何影响，称为局部自由度，如图 1.12(a) 和图 1.12(c) 中的构件 4。在进行机构自由度计算时，必须将其排除，否则会引起计算错误。

在计算含有局部自由度的机构自由度时，为了避免计算错误，常用的处理方法是将属于局部自由度的构件与相连构件固化为一体，如图 1.12(b) 所示。

【例 1.4】 试计算图 1.12(a) 所示凸轮机构的自由度。

解： 如图 1.12(a) 所示，当原动件凸轮 3 转动时，通过滚子 4 驱动从动件 2 沿机架 1 上的滑槽做往复运动。显然，无论滚子 4 以什么样的速度转动，都不会影响从动件 2 的运动方向和速度大小。因此，滚子绕其中心的转动是一个局部自由度，计算时应将其排除。这里采取的方法是将滚子 4 与从动件 2 固化为一体 [图 1.12(b)]。因此，$n=2$，$P_L=2$，$P_H=1$，由式 (1-1) 得

$$F=3n-2P_L-P_H=3\times2-2\times2-1=1$$

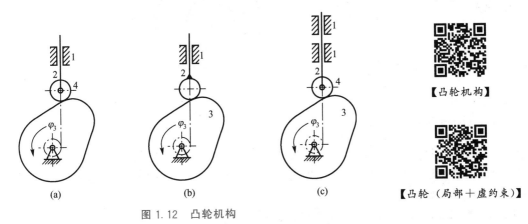

【凸轮机构】

【凸轮（局部＋虚约束）】

图 1.12 凸轮机构

虽然局部自由度对机构的整体运动不构成影响，但是它能改变构件的局部摩擦性质，从而减少接触面之间的磨损。可见，局部自由度的存在是必要的。

3. 虚约束

在机构中，有些运动副的作用与其他一些运动副的作用是重复的，那么这些运动副对

机构运动所构成的约束也是重复的。像这种重复而对机构运动无限制作用的约束称为虚约束。在进行机构自由度计算时，也应该予以排除，否则将导致计算错误。

虚约束与构件间的几何关系密切相关，归结起来主要出现在以下几种场合。

（1）两构件之间组成多个导路平行的移动副时，起约束作用的只有一个，其余都是虚约束。图 1.12(c)所示的从动件 2 与机架 1 构成的两个移动副，从运动学角度看只有一个起作用，另一个是虚约束。

（2）两构件之间组成多个轴线重合的转动副时，起约束作用的只有一个，其余都是虚约束。例如，同一扇门上的两个铰链，其约束作用相当于一个铰链。

（3）在机构中，不影响运动传递的重复部分所带入的约束。图 1.13 所示的轮系，中心轮 2 经过两个对称布置的小齿轮 3 和 3′ 驱动内齿轮 4，其中有一个小齿轮对传递运动不起独立作用，但是增加的小齿轮使机构增加了一个虚约束（一个活动构件有 3 个自由度，但组成的一个转动副和两个高副，共引入了 4 个约束）。

（4）如果机构中两个活动构件上某两点的距离始终保持不变，此时若用具有两个转动副的附加构件来连接这两点，则将会引入一个虚约束。图 1.14 所示的送纸机构中，构件 4、5、9 和 7 构成一个平行四边形机构，构件 5 和 7 上 F、I 两点间的距离始终不变，因而构件 8 的存在多引入了一个虚约束。

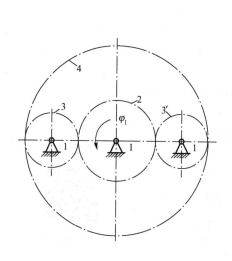

图 1.13 对称结构引起的虚约束

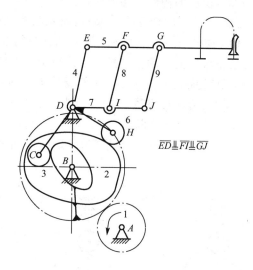

图 1.14 送纸机构

此外，还有一些类型的虚约束需要通过几何学证明或实验方法才能判别。虚约束虽然对于机构的运动不起限制作用，但可以提高机构的刚性或改善机构的受力状况，因此，虚约束在机构中很常见。

【例 1.5】 试计算图 1.14 所示送纸机构的自由度。

解：图 1.14 所示的送纸机构，D 处为 3 个构件组成的复合铰链，C 和 H 处各有一个局部自由度，构件 8 引入了一个虚约束（构件 8 只起提高结构刚度的作用，去掉它对平行四边形 $DEGJ$ 的运动无任何影响）。因此，该机构共有 6 个活动构件，即齿轮 1、齿轮 2、构件 4、构件 5、构件 7 和构件 9；并包含 7 个低副，即 A、B、E、G 和 J 处各 1 个，D 处 2 个；高副 3 个，即齿轮 1 与齿轮 2 啮合组成 1 个高副，C 和 H 处分别与凸轮组成 1 个

高副。故其 $n=6$，$P_L=7$，$P_H=3$，由式(1-1)得

$$F=3n-2P_L-P_H=3\times6-2\times7-3=1$$

1.4　平面机构的组成原理与结构分析

1.4.1　平面机构的组成原理

由前述可知，机构的原动件数目必须与机构的自由度相等，而每一个原动件用低副与机架相连后，其自由度为1，因此，如果将机架及与机架相连的原动件一起从机构中分离出来，则剩余构件所组成的构件组的自由度为零。很多情况下，该构件组还可以进一步拆分为多个更简单的自由度为零的构件组。把不能再继续拆分的自由度为零的构件组称为基本杆组。因此，任何机构都可以看成是由若干基本杆组依次连接到原动件和机架上而构成的，这就是机构组成原理。

根据上述原理，可以认为机构是由机架、原动件和若干基本杆组组成的。在对现有机构进行运动分析和动力分析时，可对相同的基本杆组按照相同的方法进行分析。例如，对于图1.15(a)所示的双滑块曲柄机构，只有一个原动件，如果将原动件2及机架1与机构分离，则由构件3、4、5、6构成的杆件组的自由度为零。若进一步拆分，还可以拆分为图1.15(b)所示的由构件3与6和构件4与5组成的两个基本杆组，它们的自由度均为零；反之，当设计一个新机构的机构运动简图时，首先确定原动件数目使其等于机构的自由度 F，再将一个个基本杆组依次连接于机架和原动件上，从而构成一个新的机构。

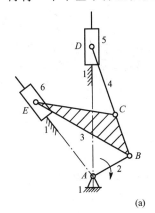
(a)

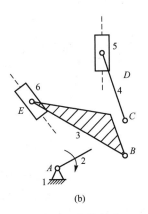
(b)

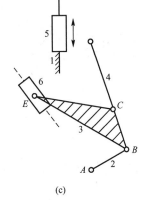
(c)

图 1.15　机构的拆分

在进行基本杆组连接时，应特别注意的是，不能将同一杆组的各外接运动副连接于同一构件(机架除外)上，否则起不到增加杆组的作用(图1.16)。

1.4.2　平面机构的结构分类

通常根据机构中基本杆组的不同，对机构的结构进行分类。根据式(1-1)可知组成平面机构的基本杆组应满足

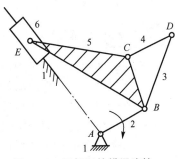

图 1.16　两杆组的错误连接

$$3n-2P_L-P_H=0 \tag{1-2}$$

式中，n 为基本杆组中的构件数；P_L 和 P_H 分别为基本杆组中的低副数和高副数。若基本杆组中的运动副全部为低副，则有

$$n=2P_L/3 \quad 或 \quad P_L=3n/2 \tag{1-3}$$

由于构件数和运动副数都是整数，由式(1-3)可知 P_L 必能被 3 整除，而 n 必能被 2 整除。二者的组合有 $n=2$，$P_L=3$；$n=4$，$P_L=6$……显然，最简单的基本杆组应包含 2 个构件和 3 个低副，称为 Ⅱ 级杆组。Ⅱ 级杆组的应用最为广泛，绝大部分的机构都是由 Ⅱ 级杆组构成的。Ⅱ 级杆组有多种不同类型，如图 1.17 所示，其中 R 表示转动副，P 表示移动副。

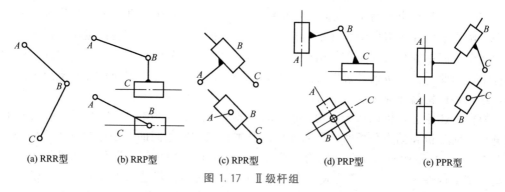

| (a) RRR型 | (b) RRP型 | (c) RPR型 | (d) PRP型 | (e) PPR型 |

图 1.17 Ⅱ 级杆组

某些机构中，还存在较高级的基本杆组。图 1.18 所示的三种结构形式的杆组均由 4 个构件和 6 个低副构成，它们都有一个包含 3 个低副的构件，此种基本杆组称为 Ⅲ 级杆组。依此类推，还有 Ⅳ 级杆组……但应用较少。

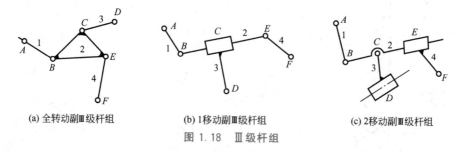

| (a) 全转动副Ⅲ级杆组 | (b) 1移动副Ⅲ级杆组 | (c) 2移动副Ⅲ级杆组 |

图 1.18 Ⅲ 级杆组

同一个机构可包含不同级别的基本杆组。如果一个机构中所含基本杆组的最高级别为 K 级，则该机构称为 K 级机构。例如，平面四杆机构称为 Ⅱ 级机构。只有包含机架和原动件的机构(如杠杆机构、斜面机构)称为 Ⅰ 级机构。

1.4.3 平面机构的结构分析

机构的结构分析是机构进行运动和动力分析的前提，其目的是了解机构的组成，方法是先将已知机构分解为原动件、机架和若干个基本杆组，然后确定机构的级别。它与杆组扩展形成机构的过程正好相反，通常从远离原动件的构件开始拆基本杆组。对于只含有低副的机构，其机构结构分析的步骤如下。

(1) 检查并除去机构中的虚约束和局部自由度，并标出复合铰链构成转动副数目。

(2) 计算机构的自由度，并确定原动件。

（3）从远离原动件处开始拆基本杆组，先试拆Ⅱ级杆组，若不行，再依次试拆Ⅲ级杆组，并不断往下拆，直到最后只剩下原动件和机架为止。拆组时应该注意的是，每拆下一个基本杆组后，剩下的构件系统仍为机构，并且其自由度与原机构相等。

（4）所拆出杆组的最高级别就是该机构的级别。例如，对图1.15所示的双滑块曲柄机构进行结构分析时，取构件2为原动件，可依次拆出构件3与6和构件4与5两个Ⅱ级杆组，最后剩下原动件2和机架1。由于拆出的最高级别杆组为Ⅱ级杆组，故该机构为Ⅱ级机构。此外，机构中原动件的位置不同，拆除的杆组的顺序及拆出的结果也可能不同。如图1.15(c)所示，若以构件5为原动件时，则只可拆出一个由构件2、3、4和6组成的Ⅲ级杆组，最后剩下原动件5，此时机构成为Ⅲ级机构。

对于含有高副的机构的结构分析，可利用高副低代的方法将机构转化为只含低副的等效机构，并利用上述步骤进行分析。

*1.4.4 平面机构的高副低代

为了将平面低副机构的结构分析方法应用到平面高副机构中，根据一定的条件，可以将机构中的高副用低副加以等效替换，这种方法称为高副低代。高副低代不仅方便了机构分析，还可以开拓机构的设计思路。

进行高副低代必须满足以下条件。

（1）替代前后机构的自由度完全相同。

（2）替代前后机构的瞬时速度和瞬时加速度完全相同。

由于在平面机构中，高副仅提供1个约束，而低副却提供了2个约束，因此不能简单地用低副一一替换高副，而应该用一个带有两个低副的构件来替代一个高副，使其产生的约束数为1，这样就可以保证替代前后整个机构的自由度保持不变。

图1.19(a)所示的平面偏心轮机构，圆盘1、2在C点接触组成高副。O_1、O_2分别为两圆盘的几何中心，r_1、r_2分别为两圆盘的半径。在机构运动时，两圆盘的连心线O_1O_2的长度始终保持不变，而且AO_1和BO_2的长度也保持不变，线段O_1O_2同时也是两圆弧高副C处的公法线。若去掉高副C，在点O_1、O_2间加上一个虚拟构件4，并且分别与构件1、2在点O_1和O_2以转动副相连，从而得到一个虚拟的铰链四杆机构AO_1O_2B，如图1.19(b)所示。替代后的机构的自由度和运动状况都未发生改变，因此，满足上述条件。

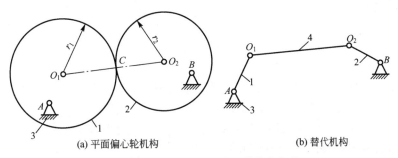

(a) 平面偏心轮机构　　　　　　　(b) 替代机构

图1.19　平面偏心轮机构及其替代机构

上述方法可进一步推广应用于各种平面高副中。对于图1.20(a)所示的由任意曲线轮廓构成的高副机构，nn为过接触点的两轮廓公法线，O_1、O_2分别为接触点C处两轮廓的曲率中心。与上述情况类似，用一虚拟构件4在点O_1、O_2分别与构件1、2

以转动副相连，即可得到它的替代机构 AO_1O_2B，如图 1.20（b）所示。但不同的是，任意曲线的曲率中心往往是变化的，当机构运动时，随着接触点的改变，点 O_1 和 O_2 相对于机构 1 和 2 的位置也在发生变化，点 O_1 和 O_2 间的距离也发生变化。因此，对于一般的高副机构，上述替代是瞬时替代，替代机构的尺寸将随机构位置的不同而变化。

由以上分析可知，在平面机构中进行高副低代时，为了使替代前后机构的自由度、瞬时速度和瞬时加速度保持不变，只要用一个虚拟构件分别与两高副构件在过接触点的曲率中心处以转动副相连接即可。

如果高副元素之一为直线，如图 1.21 所示的平底凸轮机构，其平底推杆 2 的曲率中心在无穷远处，在进行低代时，对于虚拟构件两端的低副要随之改变，替代构件一端为移动副，另一端为转动副，其位置为凸轮的瞬时曲率中心，如图 1.21 虚线所示。

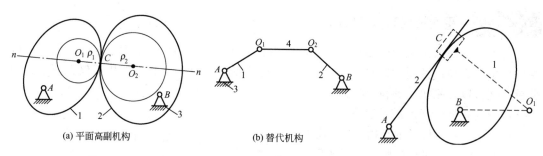

(a) 平面高副机构   (b) 替代机构

图 1.20　平面高副机构及其替代机构

图 1.21　平底凸轮机构及
其替代机构

按照上述方法，将含有高副的平面机构转换为全部为低副的平面机构之后，就可以按照全低副机构的结构分析方法进行机构分析和研究了。

习　　题

1. 填空题

1-1　构件与零件的区别在于构件是_____的单元，而零件是_____的单元。

1-2　机构中_____称为构件，_____称为运动副，_____称为运动副元素。

1-3　根据机构的组成原理，任何机构都可以看成由_____、_____和_____组成。

1-4　平面内两构件通过面接触而构成的运动副为_____，它引入_____个约束；通过点、线接触而构成的运动副称为_____，它引入了_____个约束。

1-5　由 m 个构件组成的复合铰链应包括_____个转动副。

1-6　机构若要能够运动，则自由度必然_____。

1-7　机构中的运动副是指_____，平面连杆机构是由许多刚性构件以_____连接而成的。

1-8　平面内，自由构件的自由度为_____，机构的自由度为_____。

1-9　机构具有确定运动的条件是_____、_____。

2. 选择题

1-10 两构件组成运动副所具备的条件是_____。

A. 直接接触且具有相对运动　　　　　　B. 不接触但具有相对运动

C. 直接接触但无相对运动　　　　　　　D. 不接触也无相对运动

1-11 当机构的原动件数目小于或大于其自由度时，该机构将_____确定的运动。

A. 有　　　　　　　　B. 没有　　　　　　　C. 不一定

1-12 在机构中，某些不影响机构运动传递的重复部分所带入的约束为_____。

A. 虚约束　　　　　　B. 局部自由度　　　　C. 复合铰链

1-13 机构具有确定运动的条件是_____。

A. 机构自由度数小于原动件数　　　　　B. 机构自由度数大于原动件数

C. 机构自由度数等于原动件数　　　　　D. 机构自由度数与原动件数无关

1-14 在平面内，用一个低副连接两个运动构件所形成的运动链具有的自由度数是_____。

A. 3　　　　　　　　B. 4　　　　　　　　C. 5　　　　　　　　D. 6

1-15 杆组是自由度等于_____的运动链。

A. 0　　　　　　　　B. 1　　　　　　　　C. 原动件数

1-16 在平面内，运动副所提供的约束是_____个。

A. 1　　　　　　　　B. 2　　　　　　　　C. 3　　　　　　　　D. 1或2

1-17 某机构为Ⅱ级机构，则该机构应满足的必要条件是_____。

A. 含有一个原动件组　　　　　　　　　B. 至少含有一个基本杆组

C. 至少含有一个Ⅱ级杆组　　　　　　　D. 至少含有一个Ⅲ级杆组

1-18 要使机构具有确定的运动，其条件是_____。

A. 机构的自由度等于1

B. 机构的自由度数比原动件数多1

C. 机构的自由度数等于原动件数

3. 判断题(正确的在括号内画√，错误的画×)

1-19 只有自由度为1的机构才具有确定的运动。　　　　　　　　　　　（　　）

1-20 机构能够运动的基本条件是其自由度必须大于零。　　　　　　　（　　）

1-21 平面内，任何机构都是由自由度为零的基本杆组依次连接到原动件和机架上而构成的。　　　　　　　　　　　　　　　　　　　　　　　　　　　　（　　）

1-22 任何机构的从动件系统的自由度都等于零。　　　　　　　　　　（　　）

1-23 若机构的自由度大于零，并且等于原动件数，则该机构具有确定的相对运动。　　　　　　　　　　　　　　　　　　　　　　　　　　　　　　　　（　　）

1-24 任何机构都是由机架、原动件和自由度为零的杆组组成的，因此杆组是自由度为零的运动链。　　　　　　　　　　　　　　　　　　　　　　　　（　　）

4. 计算题

1-25 图1.22所示为一小型压力机。齿轮1与偏心轮1′为同一构件，绕固定轴心 O 连续转动；在齿轮5上开有凸轮凹槽，摆杆4上的滚子6嵌在凹槽中，从而使摆杆4绕 C 轴上下摆动；同时，又通过偏心轮1′、连杆2、滑杆3使 C 轴上下移动；最后，通过在摆杆4的叉槽中的滑块7和铰链 G 使冲头8实现冲压运动。试绘制机构运动简图，并计算其自由度。

1-26 图1.23所示是为高位截肢患者所设计的一种假肢膝关节机构。该机构能保持人行走的稳定性。若以胫骨1为机架，试绘制机构运动简图，计算其自由度，并画出大腿弯曲时的机构运动简图。

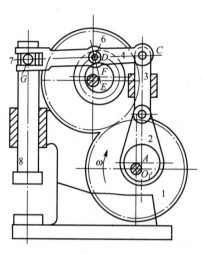

图1.22 题1-25图

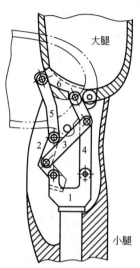

图1.23 题1-26图

1、5—齿轮；$1'$—偏心轮；2—连杆；

3—滑杆；4—摆杆；6—滚子；7—滑块；8—冲头

1-27 计算图1.24所示机构的自由度，并指出复合铰链、局部自由度和虚约束。

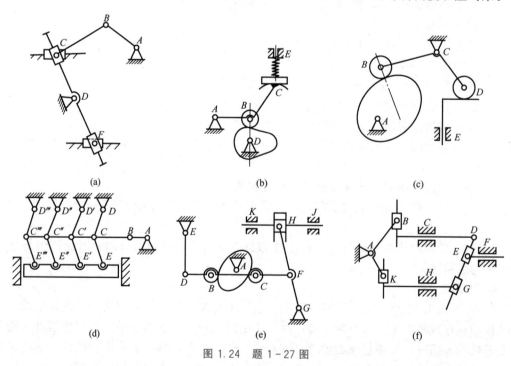

图1.24 题1-27图

1-28 计算图 1.25 所示机构的自由度，并判断机构是否具有确定运动。

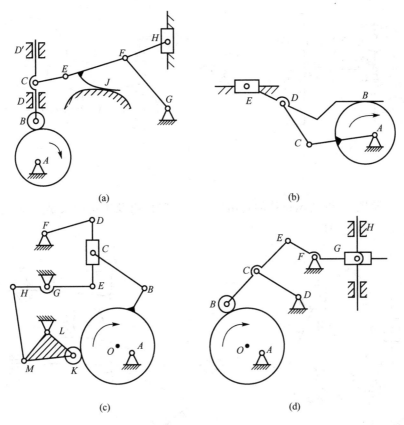

(a)　　　　　　　　　　　　(b)

(c)　　　　　　　　　　　　(d)

图 1.25　题 1-28 图

1-29 试计算图 1.26 所示机构的自由度，并进行结构分析，说明其组成原理，判断机构的级别和所含杆组的数目。

1-30 图 1.27 所示为一内燃机的机构简图，试计算其自由度，并分析组成此机构的基本杆组。若在该机构中改选 EG 为原动件，则组成机构的基本杆组有何不同？

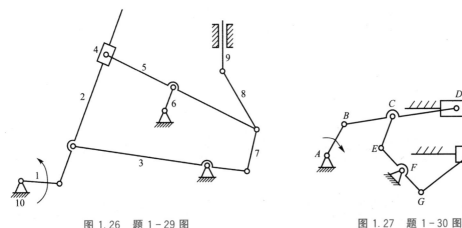

图 1.26　题 1-29 图　　　　　　　图 1.27　题 1-30 图

1-31 计算图 1.28 所示机构的自由度,并指出复合铰链、局部自由度、虚约束。

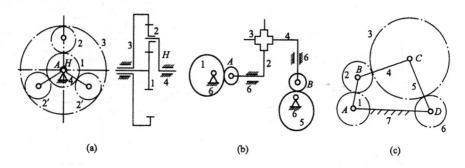

(a)　　　　　　　　(b)　　　　　　　　(c)

图 1.28 题 1-31 图

1-32 计算图 1.29 所示机构的自由度,并确定杆组及机构的级别〔图 1.29(a)分别以构件 2、4、8 为原动件〕。

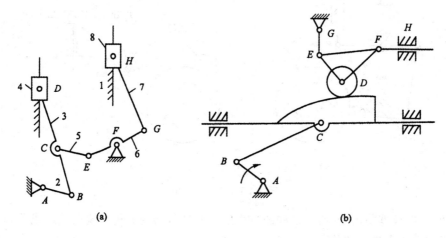

(a)　　　　　　　　　　　　(b)

图 1.29 题 1-32 图

第2章
平面连杆机构及其设计

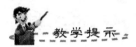

教学提示

平面连杆机构是常用的机构之一。本章将介绍平面连杆机构的特点,平面四杆机构的基本形式和演化,平面四杆机构的特性和平面四杆机构的设计。

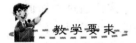

教学要求

了解平面连杆机构的组成及特点。

掌握平面四杆机构的基本形式和演化及应用。

掌握曲柄存在条件、急回运动、压力角、传动角、死点等基本概念。

掌握用图解法设计平面四杆机构。

了解用解析法和实验法设计平面四杆机构。

2.1　平面连杆机构及其特点

平面连杆机构是由若干个构件采用低副连接形成的平面机构，故又称平面低副机构。平面连杆机构具有下述优点：连杆机构能够使回转运动和往复摆动或往复移动得到转换，以实现预期的运动规律或轨迹；连杆机构中构件之间采用低副连接，是面接触，压强较小，磨损也小；连杆机构中构件之间的接触表面是平面或圆柱面，加工简单、易于制造。因此，平面连杆机构广泛应用于各种机械及仪器中。平面连杆机构的缺点：运动副中存在间隙，当构件数目较多时，从动件的运动积累误差较大；不容易精确地实现复杂的运动规律，机构设计比较复杂；连杆机构运动时产生的惯性力难以平衡，所以不适用于高速的场合。

2.2　平面四杆机构的类型和应用

2.2.1　平面四杆机构的基本形式

平面连杆机构中结构最简单、应用最广泛的是四杆机构。它由 4 个构件通过平面低副连接组成，故称为平面四杆机构。平面四杆机构是组成多杆机构的基础。在平面四杆机构中，又以铰链四杆机构为基本形式，其他形式均可以由铰链四杆机构演化得到。因此，本章将以铰链四杆机构为主要研究对象。

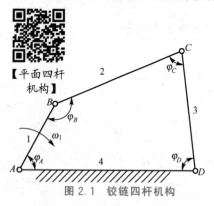

【平面四杆机构】

图 2.1　铰链四杆机构

全部用转动副连接的平面四杆机构称为铰链四杆机构。图 2.1 所示的铰链四杆机构中固定不动的构件 4 称为机架；与机架相连的构件 1 和 3 称为连架杆，其中能做整周转动的连架杆称为曲柄，只能在小于 $360°$ 的范围内转动的连架杆称为摇杆；不直接与机架相连的构件 2 称为连杆，连杆做平面运动。

根据连架杆的不同运动形式，铰链四杆机构可分为曲柄摇杆机构、双曲柄机构和双摇杆机构三种基本类型。

1．曲柄摇杆机构

两个连架杆中一个为曲柄另一个为摇杆的铰链四杆机构，称为曲柄摇杆机构。图 2.1 所示机构为曲柄摇杆机构，其中构件 1 是曲柄，构件 3 是摇杆。

图 2.2 所示的雷达天线俯仰角调整机构，图 2.3 所示的缝纫机脚踏机构，都是曲柄摇杆机构的应用实例，前者以曲柄为原动件，后者以摇杆为原动件。

2．双曲柄机构

两连架杆均为曲柄的铰链四杆机构称为双曲柄机构。

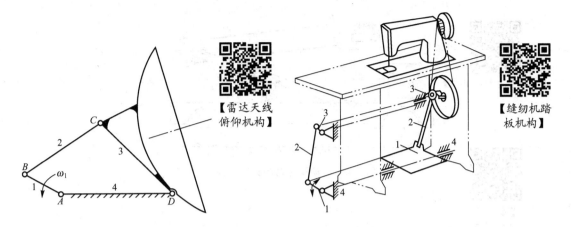

图 2.2 雷达天线俯仰角调整机构

【雷达天线
俯仰机构】

【缝纫机踏
板机构】

图 2.3 缝纫机脚踏机构
1—摇杆；2—连杆；3—曲柄；4—机架

在图 2.4 所示的惯性筛机构中，由构件 1、2、3、6 构成的铰链四杆机构为双曲柄机构。原动件曲柄 1 匀速转动，从动曲柄 3 则做周期性变速回转运动，通过连杆 4 使筛子 5 在往复运动中获得所需的加速度，从而达到筛分物料的目的。

在铰链四杆机构中，若对边的长度相等且平行，则该机构称为平行四边形机构。在图 2.5 所示的平行四边形机构中，不论以哪个构件为机架，平行四边形机构都是双曲柄机构。因此，可将平行四边形机构视为双曲柄机构的特例。平行四边形机构的运动特点是两个曲柄以相同的角速度同向转动，连杆做平动。图 2.6 所示的移动摄影台的升降机构就是平行四边形机构的应用实例。

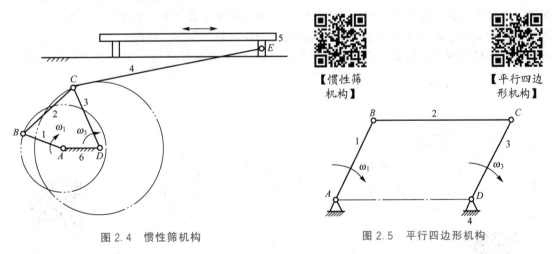

【惯性筛
机构】

【平行四边
形机构】

图 2.4 惯性筛机构

图 2.5 平行四边形机构

在图 2.7 所示的双曲柄机构中，虽然其对应边长度相等，但 BC 杆与 AD 杆并不平行，两曲柄 AB 和 CD 转动方向也相反，故称其为反向平行四杆机构。

图 2.8 所示的车门开闭机构即为反向平行四杆机构的应用实例。它是利用反平行四杆机构运动时，两曲柄转向相反的特性，达到两扇车门同时打开或关闭的目的。

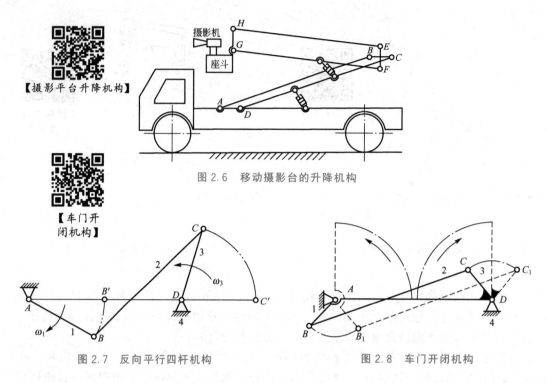

图 2.6　移动摄影台的升降机构

图 2.7　反向平行四杆机构　　　　　　图 2.8　车门开闭机构

3. 双摇杆机构

两个连架杆均为摇杆的铰链四杆机构称为双摇杆机构。图 2.9 所示的鹤式起重机中的四杆机构 $ABCD$ 即为双摇杆机构的应用实例。当主动件 AB 摆动时，从动摇杆 CD 也随之摆动，而且可以通过设计找到连杆 BC 上某点 E 的运动轨迹近似为水平直线。将点 E 作为起吊滑轮转动中心，可以避免在变幅运动的过程中使重物产生上下颠簸。

在双摇杆机构中，如果两摇杆长度相等，则称为等腰梯形机构。图 2.10 所示的汽车

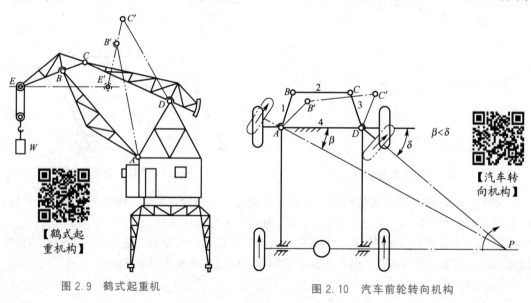

图 2.9　鹤式起重机　　　　　　图 2.10　汽车前轮转向机构

前轮转向机构 $ABCD$ 即为等腰梯形机构的应用实例。当车轮转弯时，两个与车轮固联在一起的摇杆 AB 和 CD 的摆角不等。通过设计，可使两前轮轴线的交点位于后轮的轴线上，该点即为汽车转弯时的瞬时转动中心 P，从而避免轮胎滑动引起的磨损。

2.2.2　平面四杆机构的演化

除了铰链四杆机构的三种基本类型外，在工程实际中，还广泛应用着其他类型的平面四杆机构。平面四杆机构的演化不仅是为了满足运动方面的要求，而且是为了改善受力状况及满足结构设计上的要求。

通常平面四杆机构的演化方法有三种，即转动副转化为移动副、改变转动副的尺寸、取不同的构件为机架。下面介绍其演化方法。

1. 转动副转化为移动副

在图 2.11(a)所示的曲柄摇杆机构中，摇杆 3 上 C 点的运动轨迹是以 D 为圆心、CD 长为半径的圆弧 mm'。若杆 3 长度增至无穷大，则如图 2.11(b)所示，C 点轨迹变为直线 mm'。于是摇杆 3 演化为直线运动的滑块，原曲柄摇杆机构中的转动副 D 演化为图 2.11(c)所示的曲柄滑块机构。

若 C 点运动轨迹 mm' 通过曲柄转动中心 A，则称为对心曲柄滑块机构［图 2.11(c)］；若 C 点运动轨迹 mm' 的延长线与曲柄转动中心 A 之间存在偏距 e［图 2.11(d)］，则称为偏置曲柄滑块机构。

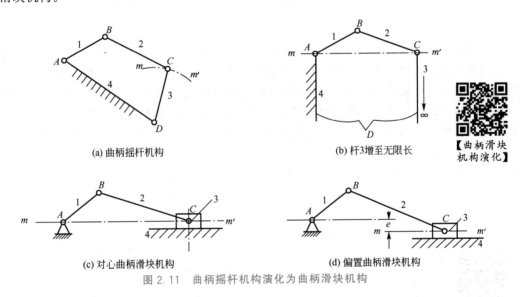

(a) 曲柄摇杆机构　　　　　　　(b) 杆3增至无限长　　　　【曲柄滑块机构演化】

(c) 对心曲柄滑块机构　　　　　　(d) 偏置曲柄滑块机构

图 2.11　曲柄摇杆机构演化为曲柄滑块机构

曲柄滑块机构广泛地应用于往复式机械中，如内燃机、压缩机、往复式水泵和冲床等。图 2.12 所示就是曲柄滑块机构在冲床中的应用。

在图 2.13(a)所示的对心曲柄滑块机构中，连杆 2 上的 B 点相对于转动副 C 的运动轨迹为圆弧 nn'，连杆 BC 为杆状构件。当连杆 2 的长度变为无限长时，则铰链 B 点的运动轨迹 nn' 变为直线，如图 2.13(b)所示。此时，连杆 2 变为做直线运动的滑块，而滑块 3 则变为一个呈直角状的构件，构件 2、3 组成移动副，原来的曲柄滑块机构就演化为具有两个移动副的平面四杆机构。

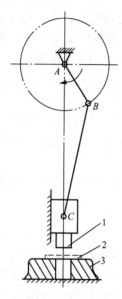

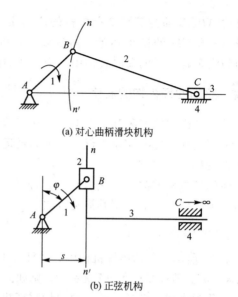

(a) 对心曲柄滑块机构

(b) 正弦机构

图 2.12 曲柄滑块机
构在冲床中的应用

图 2.13 曲柄滑块机构演化为双滑块机构

在图 2.13(b)所示机构中，由于从动件的位移 s 与曲柄的转角 φ 的正弦成正比，即 $s = l_{AB}\sin\varphi$，因此通常称其为正弦机构。这种机构大多用于一些仪表和解算装置中。

2. 改变转动副的尺寸

通过扩大转动副，可得到偏心轮机构。在图 2.14(a)所示的曲柄摇杆机构中，转动副 B 是由曲柄上的销轴与连杆上的轴孔组成的。当曲柄 AB 的长度较小，而销轴上又要承受较大载荷时，将销轴直径加大，则连杆的轴孔也必须相应地加大。当曲柄的销轴直径加大到大于曲柄 AB 的长度时，则连杆的轴孔 B 就形成了环状，曲柄 AB 变为一个仍然绕 A 点转动而几何中心为 B 的圆盘(也就是偏心轮)，如图 2.14(b)所示。虽然结构形状改变了，但由于杆件 AB、BC、CD、AD 的长度均未改变，因此各构件间的相对运动关系均未改变。点 B 到点 A 的距离称为偏心距，它等于曲柄的长度。这种偏心轮机构适用于曲柄短、受力大的场合，如用于冲力较大的剪床、冲床、破碎机等机械中。

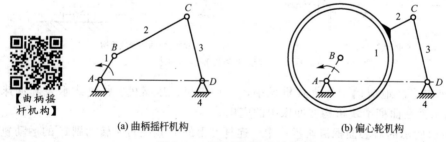

【曲柄摇
杆机构】

(a) 曲柄摇杆机构

(b) 偏心轮机构

图 2.14 曲柄摇杆机构演化为偏心轮机构

3. 取不同的构件为机架

在平面四杆机构中，当选取不同的构件为机架时，各个构件之间的相对运动关系不会改变。利用这个特性，通过取不同的构件为机架，可以演化出不同形式的机构。这种采用不同构件为机架的演化方式称为运动倒置。

1）曲柄摇杆机构的演化

图 2.15（a）所示的曲柄摇杆机构，进行倒置变换后，可以分别得到双曲柄机构 [图 2.15（b）]、曲柄摇杆机构 [图 2.15（c）] 和双摇杆机构 [图 2.15（d）]。

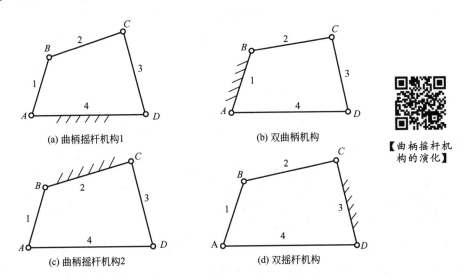

（a）曲柄摇杆机构1　　　　　（b）双曲柄机构

（c）曲柄摇杆机构2　　　　　（d）双摇杆机构

图 2.15　曲柄摇杆机构的演化

【曲柄摇杆机构的演化】

在工程实际应用中，搅拌机、颚式碎石机等采用图 2.15（a）和图 2.15（c）所示的曲柄摇杆机构；插床、惯性筛、机车车轮联动机构、车门开关机构等采用图 2.15（b）所示的双曲柄机构；鹤式起重机、飞机起落架、汽车、拖拉机上操纵前轮的转向机构等采用图 2.15（d）所示的双摇杆机构。

2）曲柄滑块机构的演化

导杆机构可以看成是通过改变曲柄滑块机构中的固定构件演化而来的，如图 2.16 所示。若改选构件 1 为机架 [图 2.16（b）]，构件 4 绕 A 转动，而构件 3 则沿构件 4 相对移动，构件 4 称为导杆，此机构称为导杆机构。

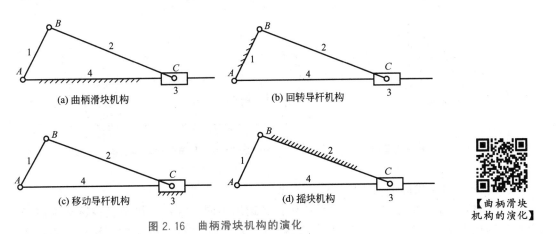

（a）曲柄滑块机构　　　　　（b）回转导杆机构

（c）移动导杆机构　　　　　（d）摇块机构

图 2.16　曲柄滑块机构的演化

【曲柄滑块机构的演化】

（1）回转导杆机构。图 2.16(b)所示机构，以杆 1 为机架，如果导杆能够做整周转动，则称为回转导杆机构。在工程实际应用中，回转式油泵、刨床机构等多采用此机构。图 2.17 所示的小型刨床机构，采用的就是由杆 1、2、3、4 组成的回转导杆机构。

（2）摆动导杆机构。图 2.16(b)所示机构，如果导杆仅能摆动，则称为摆动导杆机构。图 2.18 所示为摆动导杆机构在电器开关中的应用。当 BC 处于图示位置时，动触点 4 和静触点 1 接触，当 BC 偏离图示位置时，两触点分开。

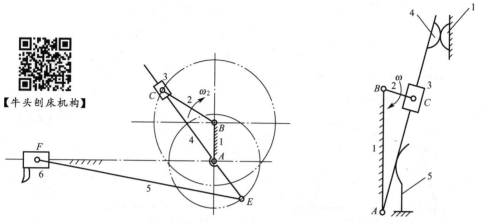

图 2.17　回转导杆机构在小型刨床机构中的应用　　图 2.18　摆动导杆机构在电器开关中的应用

（3）移动导杆机构。图 2.16(c)所示机构，以构件 3 为机架，得到移动导杆机构，也称定块机构。图 2.19 所示的抽水唧筒就是移动导杆机构的应用实例。

（4）摇块机构。图 2.16(d)所示机构，以杆 2 为机架，得到摇块机构。图 2.20 所示的汽车自动卸料机构采用的就是摇块机构。

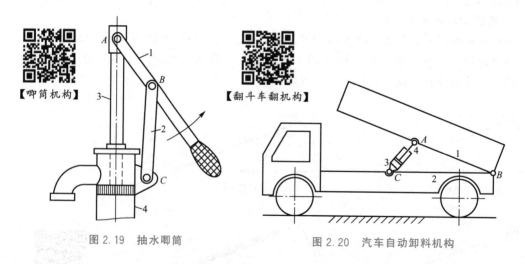

图 2.19　抽水唧筒　　　　　　图 2.20　汽车自动卸料机构

3）含有两个移动副的平面四杆机构的演化

图 2.21 所示为含有两个移动副的正弦机构，选用不同的构件为机架或将转动副演变为移动副即可得到不同的机构。选用构件 1 为机架得到图 2.21(b)所示的双转块机构，选

用构件 3 为机架得到图 2.21(c)所示的双滑块机构，若将图 2.21(a)中的转动副 B 变为移动副，则可得到图 2.21(d)所示的正切机构。

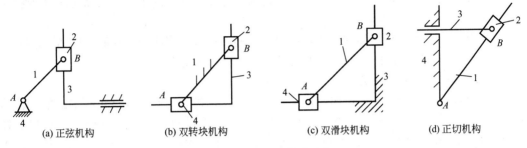

| (a) 正弦机构 | (b) 双转块机构 | (c) 双滑块机构 | (d) 正切机构 |

图 2.21 正弦机构的演化

在工程实际应用中，仪表、解算装置、织布机构、印刷机械等采用正弦机构；十字滑块联轴器等采用双转块机构；仪表、解算装置、椭圆仪等采用双滑块机构；作正切运算的解算装置中采用正切机构。

2.3 平面四杆机构的特性

2.3.1 平面四杆机构的几何特性

1. 曲柄存在条件

铰链四杆机构三种基本类型的主要区别在于连架杆是否存在曲柄和存在几个曲柄，这取决于各杆的相对长度及选取哪一杆作为机架。

在图 2.22 所示的铰链四杆机构 $ABCD$ 中，各杆长度分别为 l_1、l_2、l_3、l_4，杆 1、杆 3 为连架杆、杆 2 为连杆、杆 4 为机架。如果连架杆 1 能做整周回转，即为曲柄，那么连架 1 必须能顺利通过与机架 4 共线的两个位置 AB' 和 AB''。

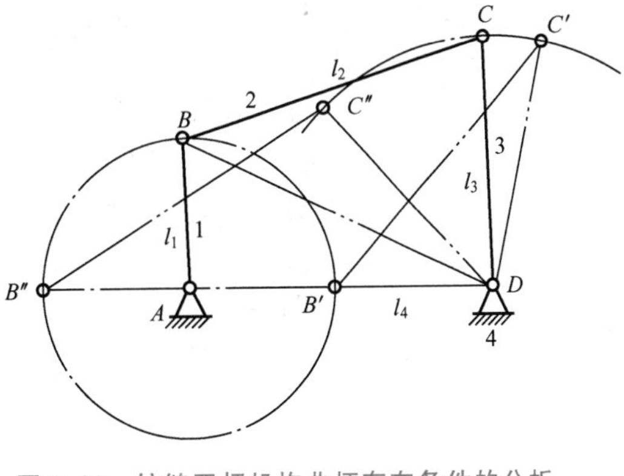

当曲柄处于 AB' 位置时，形成 $\triangle B'C'D$，可得

$$l_2 \leqslant (l_4 - l_1) + l_3$$
$$l_3 \leqslant (l_4 - l_1) + l_2$$

图 2.22 铰链四杆机构曲柄存在条件的分析

即
$$l_1 + l_2 \leqslant l_3 + l_4 \qquad (2-1)$$
$$l_1 + l_3 \leqslant l_2 + l_4 \qquad (2-2)$$

当曲柄处于 AB'' 位置时，形成 $\triangle B''C''D$，可得

$$l_1 + l_4 \leqslant l_2 + l_3 \qquad (2-3)$$

将以上三式两两相加，可得

$$l_1 \leqslant l_2, \quad l_1 \leqslant l_3, \quad l_1 \leqslant l_4$$

由以上分析表明，在铰链四杆机构中，连架杆 1 成为曲柄的条件是连架杆 1 是最短杆；最短杆与最长杆长度之和小于或等于另外两杆长度之和。这个关系通常称为曲柄存在的杆长条件。

根据以上对曲柄摇杆机构的分析，可得出铰链四杆机构有曲柄存在的条件如下。

(1) 最短杆与最长杆长度之和小于或等于另外两杆长度之和。

(2) 最短杆为连架杆或机架。

当最短杆为连架杆时，铰链四杆机构是曲柄摇杆机构。此时，在最短杆 AB 整周转动过程中，它相对于连杆 BC 也是整周（即 360°）转动。当最短杆 AB 为机架时，它相对杆 AD 和 BC 均可做 360°转动，故此时该机构成为双曲柄机构。当最短杆 AB 为连杆时，铰链四杆机构中无曲柄，此时成为双摇杆机构。

若不满足杆长条件，则机构中不可能有曲柄存在，故不论取任何构件为机架，都是双摇杆机构。

若构件的长度具有特殊的关系，如不相邻的杆长两两分别相等，该机构不论以哪个杆件为机架，都是双曲柄机构（平行四杆机构或反平行四杆机构）。

应用类似的方法，可分析曲柄滑块机构和导杆机构存在曲柄的条件。

2. 连杆曲线

平面四杆机构中，两连架杆的运动形式有连续回转、往复摆动或往复移动等方式，连架杆上各点运动的轨迹是不同半径的同心圆弧或相互平行的直线；而连杆是做平面运动的构件，其连杆平面上的每一点均可绘出一条连续且封闭的曲线，这些曲线称为连杆曲线。图 2.23 所示为曲柄摇杆机构的连杆上的不同点所绘出的一些连杆曲线。

连杆上各点的运动轨迹是一条封闭的曲线，连杆曲线的形状随着连杆上点的位置和机构中各杆长度的不同而变化，因此连杆曲线可以满足实际工程中多种轨迹的设计要求。

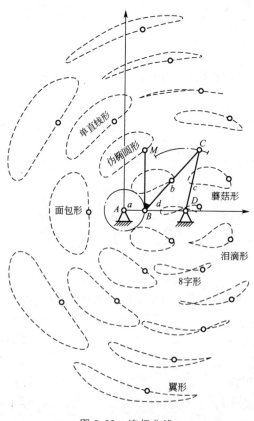

图 2.23　连杆曲线

2.3.2　平面四杆机构的急回运动特性

在图 2.24 所示的曲柄摇杆机构中，当曲柄 AB 为原动件并做整周转动时，摇杆 CD 做往复摆动。当曲柄 AB 转到 AB_2 位置时，摇杆 CD 达到右极限位置 C_2D，曲柄与连杆拉直共线；当曲柄转到 AB_1 位置时，摇杆 CD 达到左极限位置 C_1D，曲柄与连杆重叠共线。从动件处于两极限位置时，曲柄在两个对应位置所夹的锐角 θ 称为极位夹角。

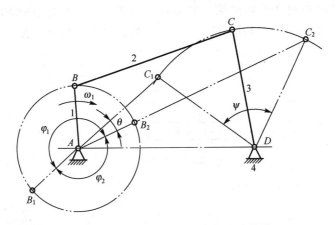

图 2.24 曲柄摇杆机构的急回运动特性

当曲柄沿顺时针方向以等角速度 ω_1 由位置 AB_1 转到 AB_2 时，其转角 $\varphi_1 = 180° + \theta$，所用时间为 t_1；与此同时，摇杆由位置 C_1D 摆到 C_2D，其摆角为 ψ；当曲柄继续由位置 AB_2 转到 AB_1 时，其转角 $\varphi_2 = 180° - \theta$，所用时间为 t_2，这时摇杆由位置 C_2D 摆到 C_1D，摆角仍为 ψ。虽然摇杆来回摆动的摆角相同，但对应的曲柄转角不等($\varphi_1 > \varphi_2$)。当曲柄匀速转动时，对应的时间也不等($t_1 > t_2$)，从而反映了摇杆往复摆动的平均速度不同。设摇杆由位置 C_1D 摆到 C_2D 这一过程称为工作行程，这时摇杆 CD 的平均角速度是 $\omega_3 = \psi/t_1$；摇杆由位置 C_2D 摆到 C_1D 这一过程称为返回空行程，这时摇杆 CD 的平均角速度是 $\omega_3' = \psi/t_2$。显然 $\omega_3 < \omega_3'$，这表明摇杆具有急回运动特性。

为了表示急回运动特性的相对程度，通常把从动件往复摆动平均速度的比值(>1)称为行程速度变化系数，并用 K 来表示，即

$$K = \frac{\text{从动件快速行程平均速度}}{\text{从动件慢速行程平均速度}}$$

由图 2.24 可得

$$K = \frac{\omega_3'}{\omega_3} = \frac{\psi/t_2}{\psi/t_1} = \frac{t_1}{t_2} = \frac{\varphi_1}{\varphi_2} = \frac{180° + \theta}{180° - \theta} \qquad (2-4)$$

显然，K 值越大，机构急回特性越显著。K 值与极位夹角 θ 有关，θ 越大，K 值越大；当 $\theta = 0°$ 时，$K = 1$，机构无急回运动特性。由以上分析可以看出，曲柄摇杆机构有急回运动特性的条件是极位夹角 $\theta \neq 0°$。

由式(2-4)可得极位夹角

$$\theta = 180° \left(\frac{K-1}{K+1} \right) \qquad (2-5)$$

为了缩短非工作时间，提高劳动生产率，许多机械要求有急回运动特性，设计时可按其对急回特性要求的不同程度确定 K 值，并由式(2-5)求出 θ，然后根据 θ 值确定各杆的长度。

曲柄滑块机构的急回运动特性与曲柄摇杆机构类似。图 2.25(a)所示的对心曲柄滑块机构，由于极位夹角 $\theta = 0°$，即 $K = 1$，滑块 3 的工作行程和返回行程平均速度相等，因此机构无急回运动特性。而图 2.25(b)所示的偏置曲柄滑块机构，因其极位夹角 $\theta \neq 0°$，$K > 1$，所以机构有急回运动特性。

曲柄摆动导杆机构通常都以曲柄为原动件。在图 2.26 所示的曲柄摆动导杆机构中，当曲柄 BC 转动一周，两次与导杆 AC 垂直时，导杆摆到两个极限位置，$\theta=\psi$，$K>1$，所以机构具有急回运动特性。

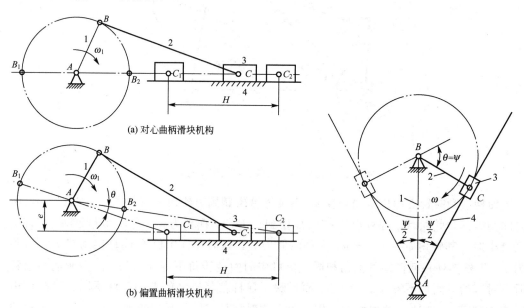

图 2.25　曲柄滑块机构的急回运动特性　　图 2.26　曲柄摆动导杆机构的急回运动特性

上述分析表明，当平面四杆机构在运动过程中出现极位夹角 θ 时，机构便具有急回运动特性，θ 越大，K 值越大，机构的急回程度越显著。

2.3.3　平面四杆机构的传动特性

1. 压力角和传动角

在图 2.27 所示的曲柄摇杆机构中，曲柄 AB 是原动件。忽略各杆的质量、惯性力和运动副中的摩擦力，则连杆 BC 是二力共线的构件。从动件 CD 上 C 点的受力方向和该点的速度方向之间所夹的锐角 α，称为机构在该点的压力角。设摇杆在铰链 C 点的受力为 F，其方向与连杆 BC 重合。将力 F 分解为相互垂直的两个分力 F_t 和 F_n，F_t 的方向与铰链 C 点的速度 v_C 方向一致，F_n 的方向沿着 CD 杆的方向并与 F_t 的方向垂直，则有

$$F_t = F\cos\alpha$$
$$F_n = F\sin\alpha$$

式中，F_t 为推动从动件 CD 运动的有效力，对从动件产生有效转矩；F_n 为铰链附加压力，加速铰链的摩擦磨损，是有害力。显然，压力角越小，有效力越大，机构的传力性能越好。因此，压力角是衡量机构传力性能的重要参数。

为了便于度量和分析，工程上常用压力角的余角 $\gamma=90°-\alpha$ 来分析机构的传力性能，γ 称为传动角。显然，γ 越大，机构的传力性能越好。在机构的运动过程中，传动角 γ 的大小是随着机构位置的改变而变化的。为了保证机构具有良好的传力性能，需要限制最小传动角 γ_{min}，以免传动效率过低或机构出现自锁。对于一般机械，通常应使 $\gamma_{min} \geqslant 40°$；对于高速和大功率传动机械，应使 $\gamma_{min} \geqslant 50°$。

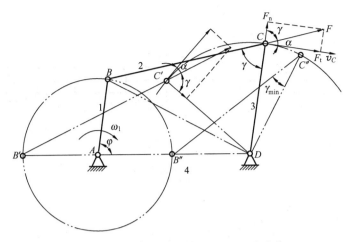

图 2.27　曲柄摇杆机构的压力角和传动角

铰链四杆机构的最小传动角按照以下关系求得。如图 2.27 所示，在 $\triangle ABD$ 和 $\triangle BCD$ 中分别有

$$(BD)^2 = l_1^2 + l_4^2 - 2l_1 l_4 \cos\varphi$$
$$(BD)^2 = l_2^2 + l_3^2 - 2l_2 l_3 \cos\gamma$$

联立求解两式，有

$$\cos\gamma = \frac{l_2^2 + l_3^2 - l_1^2 - l_4^2 + 2l_1 l_4 \cos\varphi}{2l_2 l_3} \qquad (2-6)$$

由式 (2-6) 可知，对一给定的机构，各杆长 l_1、l_2、l_3、l_4 均为已知，故 γ 仅取决于原动件的转角 φ。当 $\varphi = 0°$ 时，$\cos\varphi = 1$，$\cos\gamma$ 最大，即 $\gamma_{min} = \gamma$（γ 为锐角），如图 2.27 中位置 $AB''C''D$；当 $\varphi = 180°$ 时，$\cos\varphi = -1$，$\cos\gamma$ 最小，即 $\gamma_{min} = 180° - \gamma$（$\gamma$ 为钝角），如图 2.27 中位置 $AB'C'D$。故只要比较这两个位置的值，即可求得该机构的最小传动角 γ_{min}。

由此可得结论：机构的最小传动角 γ_{min} 出现在曲柄与机架的两次共线位置之一。进行连杆机构设计时，必须要检验是否满足最小传动角的要求。

在曲柄滑块机构中，当曲柄为原动件而滑块为从动件时，最小传动角 γ_{min} 出现在曲柄垂直于滑块导路的瞬时位置。在对心曲柄滑块机构 ［图 2.28(a)］ 中，当曲柄 AB 转到 AB_1 和 AB_2 位置时，两次出现最小传动角 γ_{min}；而在偏置曲柄滑块机构 ［图 2.28(b)］ 中，只有当曲柄 AB 转到 AB_1 位置时，机构才出现最小传动角 γ_{min}。

在图 2.26 所示的曲柄摆动导杆机构中，因为滑块 3 对从动导杆 4 的作用力方向始终与杆 4 垂直，即传动角 γ 始终等于 $90°$，所以导杆机构的传力性能最好。

2. 死点

1）曲柄摇杆机构的死点位置

在图 2.24 所示的曲柄摇杆机构中，以摇杆 3 为原动件，曲柄 1 为从动件，机构将摇杆的往复运动转变为曲柄的整周转动。当摇杆 3 依次摆到两个极限位置 C_1D 和 C_2D 时，曲柄 1 与连杆 2 共线，摇杆 3 通过连杆 2 施加在曲柄 1 上的力正好通过曲柄的转动中心 A，该力对 A 点不产生转矩，因此不能使曲柄转动。机构的这种位置称为死点。由此可见，机构有无死点取决于从动件与连杆能否共线。

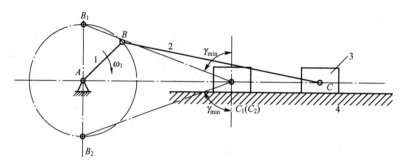

(a) 对心曲柄滑块机构

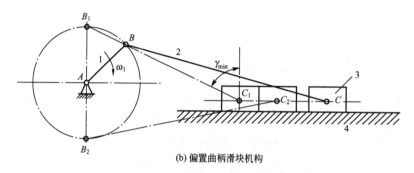

(b) 偏置曲柄滑块机构

图 2.28 曲柄滑块机构的最小传动角

当机构处于死点位置时,从动件将出现卡死或运动不确定现象。为使机构顺利通过死点位置,工程上常采取的措施如下:①利用传动件自身的惯性作用;②对从动曲柄施加外力;③采用机构死点位置错位排列的方法。

在图 2.3 所示的缝纫机脚踏板机构中,脚踏板为主动件,做往复摆动,通过连杆驱使曲柄做整周转动,再通过带传动使机头的主轴转动。当连杆和从动曲柄成一直线时,无论在摇杆上施加多大的力,也不能使该机构运转,此时该位置为死点。解决的方法就是利用固连在曲柄上转动惯量较大的带轮惯性,使机构顺利通过死点位置。

利用机构的死点位置也可以实现一定的工作要求。图 2.29 所示的工件夹紧机构,抬起手柄,夹头抬起,将工件放入工作台 [图 2.29(a)];然后,用力按下手柄,夹头向下夹

【夹具(死点)】

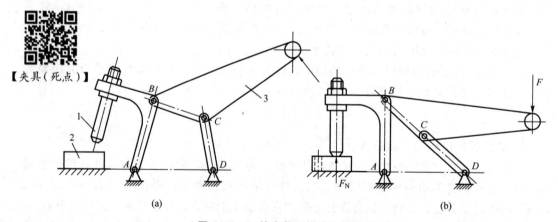

(a)   (b)

图 2.29 工件夹紧机构的工作原理
1—夹头;2—工件;3—手柄

紧工件［图2.29(b)］，这时 BC 和 CD 共线，机构处于死点位置；当撤去施加在手柄上的作用力 F 之后，无论工件对夹头的作用力有多大，也不能使 CD 绕 D 转动，因此工件仍处于被夹紧的状态中。

2）曲柄滑块机构的死点位置

在图 2.25 所示的曲柄滑块机构中，如以滑块 3 为原动件，当滑块 3 移动到两个极限位置时，连杆 2 与从动曲柄 1 处于共线位置，即机构处于死点位置。为使机构通过死点位置，也可采用图 2.30 所示机构死点位置错位排列的方法。这种方法常用在多缸发动机中。

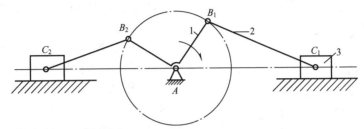

图 2.30 死点位置错开的曲柄滑块机构

2.4 平面四杆机构的设计

平面四杆机构的设计一般包括两项基本内容：①根据给定运动形式的要求选择机构的类型；②根据给定的运动参数确定机构运动简图中各构件的尺寸。为了使机构设计合理，有时还需要满足其他条件，如传力条件等。

平面四杆机构的设计方法主要有图解法、解析法和实验法三类。图解法直观性强、简单易行，缺点是设计精度不高，但仍可满足一般机械的使用要求，因此是平面四杆机构设计的一种常用方法。解析法设计精度高，但计算量大，适用于计算机求解。实验法通常用于设计运动要求比较复杂的平面四杆机构，或者用于机构的初步设计。设计方法的选用应根据具体情况确定。

2.4.1 用图解法设计平面四杆机构

1. 按给定的行程速度变化系数设计平面四杆机构

按照给定的行程速度变化系数设计平面四杆机构，实际上就是按照极位夹角设计具有急回运动特性的平面四杆机构。

1）曲柄摇杆机构

已知条件：行程速度变化系数 K、摇杆的长度 l_{CD} 及其摆角 ψ。

设计分析：设计的实质是确定固定铰链中心 A 的位置，以便定出其他三杆的长度 l_{AB}、l_{BC} 和 l_{AD}。摇杆在两极限位置时，曲柄与连杆两次共线，其夹角即为极位夹角 θ。根据此特性，结合同一圆弧所对应的圆周角相等的几何学知识来设计平面四杆机构。

设计步骤如下。

(1) 由给定的行程速度变化系数 K 求极位夹角，即

$$\theta = 180° \left(\frac{K-1}{K+1} \right)$$

【按 K 设计
曲柄摇杆机构】

图 2.31 按照行程速度变化系数
设计曲柄摇杆机构

(2) 在图 2.31 中,任取固定铰链中心 D 的位置,并按选定的长度比例尺 μ_l 画出摇杆的两个极限位置 $C_1 D$ 和 $C_2 D$,使 $\angle C_1 D C_2 = \psi$,$C_1 D = C_2 D = l_{CD}/\mu_l$。连接 C_1 和 C_2,并过 C_1 点作直线 $C_1 M$ 垂直于 $C_1 C_2$。

(3) 作 $\angle C_1 C_2 N = 90° - \theta$,$C_2 N$ 与 $C_1 M$ 交于 P 点,则 $\angle C_1 P C_2 = \theta$。

(4) 作直角 $\triangle C_1 C_2 P$ 的外接圆,在优弧 $C_1 P C_2$ 上任取一点作为曲柄的固定铰链中心 A,连接 AC_1 和 AC_2。因同一圆弧上的圆周角相等,故 $\angle C_1 A C_2 = \angle C_1 P C_2 = \theta$。

(5) 确定曲柄、连杆和摇杆的尺寸。因为摇杆在两极限位置时,曲柄与连杆共线,$AC_1 = BC - AB$,$AC_2 = BC + AB$,即得 $AC_2 - AC_1 = 2AB$,因此以 A 为圆心,以 AC_1 为半径画弧,交 AC_2 于 G 点,则 $GC_2 = AC_2 - AC_1 = 2AB$;再以 A 为圆心,以 $GC_2/2$ 为半径画圆,与 AC_1 的反向延长线交于 B_1 点,与 AC_2 交于 B_2 点。这样,各杆的长度分别为 $l_{AB} = \mu_l AB_1$,$l_{BC} = \mu_l B_1 C_1$,$l_{AD} = \mu_l AD$。

由于铰链中心 A 的位置可以在优弧 $C_1 P C_2$ 上任意选取,所以满足给定条件的设计结果有无穷多个。但 A 点的位置不同,机构的最小传动角及曲柄、连杆和机架的长度也各不相同。为使机构具有良好的传力性能,可按最小传动角或其他条件(如机架的长度或方位、曲柄的长度)来确定 A 点的位置。例如,当给定机架长度 l_{AD} 时,可以 D 为圆心,以 $AD = l_{AD}/\mu_l$ 为半径画弧,此弧与圆 $C_1 C_2 P$ 的交点即为曲柄固定铰链中心 A 的位置。

2)偏置曲柄滑块机构

已知条件:行程速度变化系数 K、偏距 e 和滑块的行程 H。

设计分析:偏置曲柄滑块机构的行程 H 可视为曲柄摇杆机构的摇杆 l_{CD} 无限长时 C 点摆过的弦长,应用上述方法可求得满足要求的偏置曲柄滑块机构。

【按 K 设计
曲柄滑块机构】

设计步骤如下。

(1) 求极位夹角:$\theta = 180° \left(\frac{K-1}{K+1} \right)$。

(2) 选取比例尺 μ_l。如图 2.32 所示,画线段 $C_1 C_2 = H/\mu_l$,过 C_1 点作直线 $C_1 M$ 垂直于 $C_1 C_2$。

(3) 作 $\angle C_1 C_2 N = 90° - \theta$,$C_2 N$ 与 $C_1 M$ 交于 P 点,则 $\angle C_1 P C_2 = \theta$。

(4) 作直角 $\triangle C_1 C_2 P$ 的外接圆。

(5) 作 $C_1 C_2$ 的平行线,使之与 $C_1 C_2$

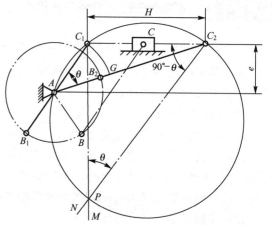

图 2.32 按照行程速度变化系数设计曲柄滑块机构

之间的距离为 e/μ_l，此直线与优弧 C_1PC_2 的交点即为曲柄固定铰链中心 A 的位置。

（6）按与曲柄摇杆机构相同的方法，确定曲柄和连杆的长度。

2. 按给定连杆的位置设计铰链四杆机构

1）按给定连杆的三个位置设计铰链四杆机构

如图 2.33 所示，当已知连杆 BC 的长度 l_{BC} 及其三个位置 B_1C_1、B_2C_2 和 B_3C_3 时，设计铰链四杆机构的实质是确定两个固定铰链中心 A 和 D 的位置。观察机构的运动可知，连杆上 B、C 两点的运动轨迹分别是以 A、D 为圆心的圆弧，所以铰链中心 A 必然位于 B_1B_2 和 B_2B_3 的垂直平分线 b_{12} 和 b_{23} 的交点上，铰链中心 D 必然位于 C_1C_2 和 C_2C_3 的垂直平分线 c_{12} 和 c_{23} 的交点上。因此，这种机构的设计步骤如下。

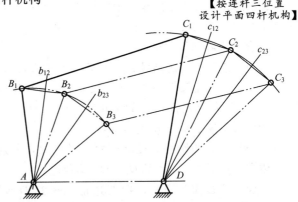

【按连杆三位置设计平面四杆机构】

图 2.33　按给定连杆的三个位置设计铰链四杆机构

（1）选取适当的比例尺 μ_l，取 $BC=l_{BC}/\mu_l$，绘出给定连杆的三个位置 B_1C_1、B_2C_2 和 B_3C_3。

（2）分别作 B_1B_2 和 B_2B_3 的垂直平分线 b_{12} 和 b_{23}，其交点即是铰链 A 的中心位置。

（3）用同样的方法确定铰链 D 的中心位置。

（4）连接 AB_1C_1D，得到所求铰链四杆机构在第一个位置时的机构运动简图。该机构各杆的长度分别为 $l_{AB}=\mu_l AB_1$，$l_{CD}=\mu_l C_1D$，$l_{AD}=\mu_l AD$。

这种机构的设计有唯一解。

2）按给定连杆的两个位置设计铰链四杆机构

给定连杆的长度 l_{BC} 及其两个位置 B_1C_1、B_2C_2，设计铰链四杆机构的设计过程与上述基本相同。但由于过 B_1、B_2 两点的圆无穷多，故铰链 A 的中心位置可以在 B_1B_2 的垂直平分线 b_{12} 上任意选取，铰链 D 的中心位置也是如此。因此，设计结果有无穷多个。设计时通常还要考虑一些附加条件，如满足最小传动角 γ_{min} 的要求，或给定机架的长度和方位等。

3. 按给定两连架杆预定的对应位置设计平面四杆机构

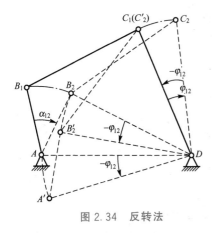

图 2.34　反转法

1）设计原理

图 2.34 所示的铰链四杆机构，AD 为机架，当主动件 AB 由 AB_1 转过 α_{12} 角到 AB_2 位置时，从动件 CD 则由 C_1D 转过 φ_{12} 角到 C_2D 位置。

假设将机构在第二位置时的四边形 AB_2C_2D 刚化，并给其一个反转运动，即使其整体绕 D 点按照与 CD 转向相反的方向转过 $-\varphi_{12}$ 角使 C_2D 与 C_1D 重合。机构的第二个位置则转到了 $DC_1B_2'A'$ 位置。观察四边形 DAB_1C_1 和 $DA'B_2'C_1$，可以发现，此时机构已转化为以 CD 为机架，AB 为连杆的铰链四杆机构。而连杆 AB 分别占据 AB_1 和 $A'B_2'$ 两个位置。于是，按给定两连架杆预定的对应位置设计平面四杆机构的问题，就转化为按给定连杆位置设计平面四杆机构的问题。这种方法称为反转法或反转机构法。

2) **按给定连架杆三个对应位置设计铰链四杆机构**

已知铰链四杆机构机架的长度 l_{AD}，连架杆长度 l_{AB}，当原动件 AB 顺时针转过 φ_1、φ_2、φ_3 时，从动件 CD 相应地顺时针转过 ψ_1、ψ_2、ψ_3，如图 2.35(a)所示。求连杆 BC 与连架杆 CD 的尺寸。

设计步骤如下。

(1) 选定长度比例尺 μ_l，并确定两构件回转中心 A、D，使 $AD = l_{AD}/\mu_l$。

(2) 任取连架杆 AB 一位置为 AB_1，并使 $AB_1 = l_{AB}/\mu_l$，作 $\angle B_1AD = \varphi_1$。依次作出 AB 的其他两位置 AB_2、AB_3 并使 $\angle B_2AD = \varphi_2$，$\angle B_3AD = \varphi_3$。同理，过 D 点，作出从动件相应转角 ψ_1、ψ_2、ψ_3 的方向线。

(3) 以 D 为圆心，任意长为半径画弧，分别交三个方向线于 E_1、E_2、E_3 点，分别作四边形 AB_1E_1D、AB_2E_2D、AB_3E_3D。

(4) 以 D 点为圆心，把四边形 AB_2E_2D 反转 $\psi_2 - \psi_1$，使 DE_2 与 DE_1 重合，四边形 AB_2E_2D 到达 $A_2B_2'E_1D$。同理，以 D 点为圆心，把四边形 AB_3E_3D 反转 $\psi_3 - \psi_1$，使 DE_3 与 DE_1 重合，四边形 AB_3E_3D 到达 $A_3B_3'E_1D$。

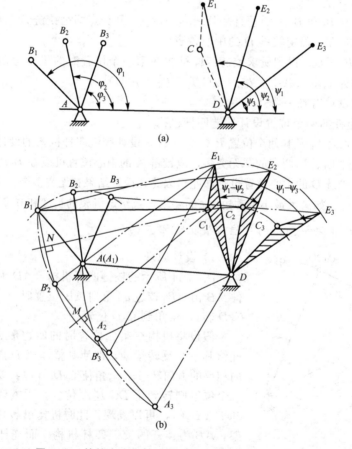

图 2.35　按给定连架杆三个对应位置设计铰链四杆机构

（5）分别作 B_1B_2'、$B_2'B_3'$ 的垂直平分线交于 C_1 点，则 AB_1C_1D 即为所求的铰链四杆机构，并且 $l_{BC}=\mu_l B_1C_1$，$l_{CD}=\mu_l C_1D$。

该机构在工作过程中，连架杆 DCE 的 DE 边分别满足对应的 ψ_1、ψ_2、ψ_3 的位置。

由上述设计步骤可知，当选取了 AB 的第一位置，并按给定连架杆三个位置设计铰链四杆机构时，解是唯一的；当仅给定连架杆两个位置，C_1 点可以在 B_1B_2' 的垂直平分线上任意选择时，解有无穷多个，在设计时，可以根据实际情况给定辅助条件，从而得出一个合理的解。

4. 按给定连杆的运动轨迹设计四杆机构

连杆曲线图谱用于按照给定的运动轨迹设计平面四杆机构。当对连杆的运动轨迹精度要求不高时，采用连杆曲线图谱设计平面四杆机构比较直观方便。图 2.36 所示为连杆曲线图谱之一，可以从图谱中查出与给定曲线形状相似的连杆曲线及描绘该连杆曲线的机构中各构件的相对长度，然后用缩放尺，求出图谱中的连杆曲线和所要求的轨迹曲线的倍数，即可得出平面四杆机构各杆的实际尺寸。

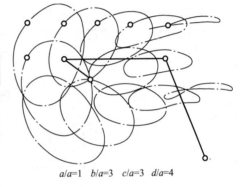

$a/a=1 \quad b/a=3 \quad c/a=3 \quad d/a=4$

图 2.36　连杆曲线图谱

2·4·2　用解析法设计平面四杆机构

用解析法设计平面四杆机构时，首先需要建立包含机构各尺寸参数和运动变量在内的解析式，然后根据已知的运动变量求机构尺寸参数。解析法的设计结果比较准确，能够解决复杂的设计问题，但计算过程比较烦琐，适宜采用计算机辅助设计计算。

1. 按给定运动规律设计平面四杆机构

1）按给定连架杆对应位置设计平面四杆机构

（1）铰链四杆机构的设计。已知两连架杆 AB 和 CD 之间的三组对应角位置 φ_1、ψ_1，φ_2、ψ_2，φ_3、ψ_3，它们的初始位置角分别为 φ_0、ψ_0，要求确定各构件的长度 l_1、l_2、l_3、l_4。

在铰链四杆机构中，把各杆长度用矢量 $\vec{l}_1$、$\vec{l}_2$、$\vec{l}_3$ 和 $\vec{l}_4$ 表示。取直角坐标系 xOy，使坐标原点 O 与固定铰链 A 重合，并使 x 轴与 AD 重合，如图 2.37 所示。

将各矢量向 x、y 轴投影，得

$$l_1\cos(\varphi+\varphi_0)+l_2\cos\delta=l_3\cos(\psi+\psi_0)+l_4$$

$$l_1\sin(\varphi+\varphi_0)+l_2\sin\delta=l_3\sin(\psi+\psi_0)$$

改写为

$$l_2\cos\delta=l_3\cos(\psi+\psi_0)+l_4-l_1\cos(\varphi+\varphi_0)$$

$$l_2\sin\delta=l_3\sin(\psi+\psi_0)-l_1\sin(\varphi+\varphi_0)$$

将以上两式两边平方后相加，得

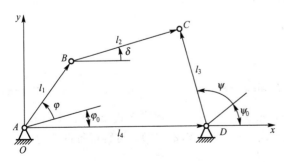

图 2.37　用解析法设计铰链四杆机构

$$l_2^2 = l_1^2 + l_4^2 + l_3^2 + 2l_3 l_4 \cos(\psi + \psi_0) - 2l_1 l_4 \cos(\varphi + \varphi_0) - 2l_1 l_3 \cos\left[(\varphi - \psi) + (\varphi_0 - \psi_0)\right]$$

为简便起见，令

$$P_1 = \frac{l_1^2 - l_2^2 + l_3^2 + l_4^2}{2l_1 l_3} \tag{2-7}$$

$$P_2 = \frac{l_4}{l_3} \tag{2-8}$$

$$P_3 = \frac{l_4}{l_1} \tag{2-9}$$

取 $\varphi_0 = \psi_0 = 0°$，则得

$$P_1 - P_2 \cos\varphi + P_3 \cos\psi = \cos(\varphi - \psi) \tag{2-10}$$

如果已知三组对应角位置 φ_1 和 ψ_1，φ_2 和 ψ_2，φ_3 和 ψ_3，并分别将其代入式(2-10)中可得三个线性方程，解方程组可得 P_1、P_2 和 P_3；再根据实际需要决定构件 AB 的长度 l_1 后，机构中其他构件的长度 l_2、l_3、l_4 便可确定。

如给定连架杆的两个位置，P_1、P_2 和 P_3 这三个机构参数中有一个可以任意选定，因此有无穷多解。

（2）曲柄滑块机构的设计。已知曲柄滑块机构中，曲柄转角 φ_1、φ_2、φ_3，分别对应滑块位移 s_1、s_2、s_3，要求确定曲柄长 l_1、连杆长 l_2 和偏距 e。

图 2.38 所示曲柄滑块机构中，把各杆长度用矢量 $\vec{l_1}$、$\vec{l_2}$ 表示。取直角坐标系 xOy，使坐标原点 O 与固定铰链 A 重合，给定曲柄与 x 轴夹角为 φ，对应的滑块位移为 s，如图 2.38 所示。

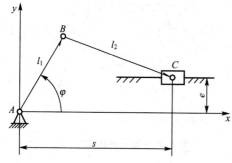

图 2.38 解析法设计曲柄滑块机构

因为

$$l_2^2 = (x_C - x_B)^2 + (y_C - y_B)^2$$

而且

$$x_C = s, \quad y_C = e$$
$$x_B = l_1 \cos\varphi, \quad y_B = l_1 \sin\varphi$$

代入上式，可得

$$2l_1 s\cos\varphi + 2l_1 e\sin\varphi - (l_1^2 - l_2^2 + e^2) = s^2$$

令

$$P_1 = 2l_1 \tag{2-11}$$

$$P_2 = 2l_1 e \tag{2-12}$$

$$P_3 = l_1^2 - l_2^2 + e^2 \tag{2-13}$$

则有

$$P_1 s\cos\varphi + P_2 \sin\varphi - P_3 = s^2 \tag{2-14}$$

将已知曲柄转角 φ_1、φ_2、φ_3 及对应滑块位移 s_1、s_2、s_3，分别代入式(2-14)中得联立方程组，解方程组得可得 P_1、P_2 和 P_3，再代入式(2-11)～式(2-13)，可解得各杆长为

$$l_1 = \frac{P_1}{2}$$

$$e = \frac{P_2}{2l_1}$$

$$l_2 = \sqrt{l_1^2 + e^2 - P_3}$$

2）按给定函数关系设计平面四杆机构

按给定函数关系设计，就是使平面四杆机构中两连架杆的位置关系，在一定范围内模拟实现一个连续的传动函数关系 $\psi = g(\varphi)$。平面四杆机构中待定的尺寸参数的个数是有限的，这样满足连架杆对应位置的数目也是有限的（最多为 5 个）。因此，按给定函数关系的设计本身只能是近似设计。

现用铰链四杆机构的输出转角 ψ 与输入转角 φ 的关系 $\psi = g(\varphi)$ 来模拟图 2.39 所示的函数关系 $y = f(x)$。给定函数 $y = f(x)$，并且 $x_0 \leqslant x \leqslant x_m$，即当 $x = x_0$ 时，$y = f(x_0) = y_0$；$x = x_m$ 时，$y = f(x_m) = y_m$。设以铰链四杆机构的主动构件转角 φ 代表 x，从动构件的转角 ψ 代表 y，并且 $\varphi_0 \leqslant \varphi \leqslant \varphi_m$，$\psi_0 \leqslant \psi \leqslant \psi_m$，则可以求出它们之间的换算比例系数 μ_x、μ_y。再根据函数逼近理论求出结点的 x_i 和 y_i 值，算出对应的 φ_i、ψ_i，把各组（φ_i、ψ_i）值代入

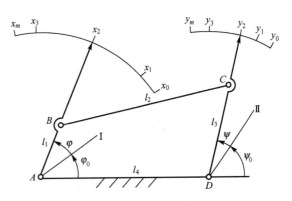

图 2.39 按给定函数关系设计平面四杆机构

式（2-10）中，得到方程组，解出 P_1、P_2、P_3；用式（2-7）～式（2-9）求出各杆长。

为了使所设计的机构实际上所实现的函数曲线 $y = f_m(x)$ 与给定的函数关系 $y = f(x)$ 尽可能接近，必须采用某种函数逼近的方法，一般常用的是插值逼近法。

具体的设计步骤如下。

（1）根据 x 的取值范围确定 x_0、x_m，算出对应的 y_0、y_m。

（2）试取 φ_m、ψ_m 算出比例系数 μ_x、μ_y。

$$\begin{cases} \mu_x = \dfrac{x_m - x_0}{\varphi_m} = \dfrac{x - x_0}{\varphi} \\ \mu_y = \dfrac{y_m - y_0}{\psi_m} = \dfrac{y - y_0}{\psi} \end{cases} \qquad (2-15)$$

（3）取插值结点数 m（结点数最多 5 个），至于结点位置的分布，根据函数逼近理论，算出结点的 x_i、y_i 值（i 为结点序数），其中

$$x_i = \frac{x_0 + x_m}{2} + \frac{x_0 - x_m}{2} \cos\left(\frac{2i-1}{2m}\right) 180° \qquad (2-16)$$

$$y_i = f(x_i) \quad (i = 1, 2, 3, \cdots, m) \qquad (2-17)$$

（4）算出对应的转角，即

$$\begin{cases} \varphi_i = \dfrac{1}{\mu_x}(x_i - x_0) \\ \psi_i = \dfrac{1}{\mu_y}(y_i - y_0) \end{cases} \qquad (2-18)$$

（5）选取初始角 φ_0 和 ψ_0。

（6）把各组（φ_i、ψ_i）值代入式（2-10）中，得方程组，解出 P_1、P_2、P_3。

（7）机架长为 l_4，用式（2-7）～式（2-9）求出各杆长。

2. 按给定连杆位置设计平面四杆机构

对于实现连杆两位置或三位置问题，一般应用图解法解决既简单又方便。若给定的位置数大于3，则应考虑用解析法进行计算。

连杆在机构中做平面运动，它的位置可以用连杆平面上的任意两点表示，也可以用连杆上的一个点和方向角来表示。因此按给定的连杆位置设计平面四杆机构的要求，可表示为要求连杆上的 S 点能占据一系列给定的位置 $S_i(x_{si}, y_{si})$，并且连杆具有一系列相应的转角 θ_i。

图2.40所示铰链四杆机构，建立直角坐标系 xOy，如图2.40(a)所示。将平面四杆机构分为左、右侧两个双杆组来讨论。建立左侧双杆组的矢量封闭图，如图2.40(b)所示。

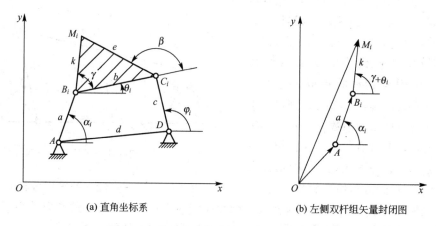

(a) 直角坐标系 　　(b) 左侧双杆组矢量封闭图

图2.40　按给定连杆位置设计平面四杆机构

封闭矢量方程为

$$\vec{OA}+\vec{AB_i}+\vec{B_iM_i}-\vec{OM_i}=0$$

其在 x、y 轴上投影，得

$$\begin{cases} x_A+a\cos\alpha_i+k\cos(\gamma+\theta_i)-x_{Mi}=0 \\ y_A+a\sin\alpha_i+k\sin(\gamma+\theta_i)-y_{Mi}=0 \end{cases}$$

将上式的 α_i 消去，并经整理，可得

$$(x_{si}^2+y_{si}^2+x_A^2+y_A^2+k^2-a^2)/2-x_Ax_{Mi}-y_Ay_{Mi}+$$
$$k(x_A-x_{Mi})\cos(\gamma+\theta_i)+k(y_A-y_{Mi})\sin(\gamma+\theta_i)=0$$

上式共有5个待定参数，即 x_A、y_A、a、k、γ。故最多也只能按照5个给定的连杆位置精确求解。若给定位置数少于5，可预选相应参数，如给定位置参数为3，并预选 x_A、y_A，上式可化为线性方程，即

$$X_0+P_{1i}X_1+P_{2i}X_2+P_{3i}=0 \qquad (2-19)$$

式中，$X_0=(k^2-a^2)/2$，$X_1=k\cos\gamma$，$X_2=k\sin\gamma$ 为新变量；

$$P_{1i}=(x_A-x_{Mi})\cos\theta_i+(y_A-y_{Mi})\sin\theta_i$$
$$P_{2i}=(y_A-y_{Mi})\cos\theta_i-(x_A-x_{Mi})\sin\theta_i$$
$$P_{3i}=(x_{si}^2+y_{si}^2+x_A^2+y_A^2+k^2-a^2)/2-x_Ax_{Mi}-y_Ay_{Mi}$$

为已知系数。

解得 X_0、X_1、X_2 后，即可求得待定参数

$$k=\sqrt{X_1^2+X_2^2}, \quad a=\sqrt{k^2-2X_0}, \quad \tan\gamma=X_2/X_1$$

B 点的坐标为

$$\begin{cases} x_{Bi}=x_{Mi}-k\cos(\gamma+\theta_i) \\ y_{Bi}=y_{Mi}-k\sin(\gamma+\theta_i) \end{cases}$$

应用相同的方法可计算右侧双杆组的参数。这时只要在上列相关式中以 x_D、y_D、c、e、β、x_C、y_C 分别替换 x_A、y_A、a、k、γ、x_B、y_B，就可求得 c、e、a 及 x_{Ci}、y_{Ci}。

求出左、右侧双杆组的参数后，平面四杆机构的连杆长 b 和机架长 d 可求得，为

$$\begin{cases} b=\sqrt{(x_{Bi}-x_{Ci})^2+(y_{Bi}-y_{Ci})^2} \\ d=\sqrt{(x_A-x_D)^2+(y_A-y_D)^2} \end{cases}$$

2.4.3 用实验法设计平面四杆机构

当运动要求比较复杂，需要满足的位置较多，特别是对于按预定轨迹要求设计平面四杆机构时，用实验法设计，有时会更简便。

1. 按两连架杆多对对应位置设计平面四杆机构

如图 2.41 所示，要求设计一个平面四杆机构，满足从动连架杆和主动连架杆之间的多对转角关系 $\varphi_i=f(\alpha_i)$。

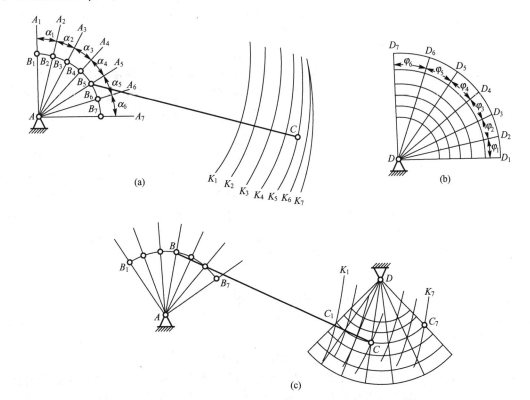

图 2.41 按两连架杆多对应位置设计平面四杆机构

设计时，可先在一张纸上取一固定点 A，并按角位移 α_i 作出原动件的一系列位置线，选适当的原动件长度 AB，作圆弧与上述位置线分别相交于 B_1，B_2，$\cdots$，B_i 点；再选择适当的连杆长度 BC 为半径，分别以点 B_1，B_2，$\cdots$，B_i 为圆心画弧 K_1，K_2，$\cdots$，K_i，如图 2.41(a) 所示。

然后在另一透明纸上选一固定点 D，并按已知的角位移 φ_i 作出从动件的一系列位置线，再以点 D 为圆心，以不同长度为半径作一系列同心圆，如图 2.41(b) 所示。

把透明纸覆盖在第一张图纸上，并移动透明纸，力求找到这样一个位置，即从动件位置线 DD_1，DD_2，$\cdots$ 与相应的圆弧线 K_1，K_2，$\cdots$ 的交点位于(或近似位于)以 D 为圆心的某一同心圆上。此时把透明纸固定下来，点 D 即为另一固定铰链所在位置，AD 即为机架长，CD 则为从动连架杆的长度，如图 2.41(c) 所示。实验法设计平面四杆机构的过程往往需要反复进行，直至达到要求为止。

上述各交点一般只能近似地落在某一个同心圆圆周上，因此会产生误差；若误差太大，不能满足设计要求，则需要重新选择原动件长度 AB 和连杆长度 BC，重复上述步骤，直至满足要求为止。

2. 按预定的轨迹设计平面四杆机构

如图 2.42 所示，设已知原动件 AB 的长度及其回转中心 A，连杆上的 M 点实现的轨迹为 mm'。

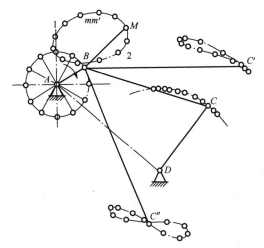

图 2.42　按预定轨迹设计平面四杆机构

现该平面四杆机构中仅活动铰链 C 和固定铰链 D 的位置未知。为解决此设计问题，可在连杆上取若干点 C，C'，C''，$\cdots$，再让连杆上的描点 M 沿着给定的轨迹运动，活动铰链 B 在其轨迹上运动，此时连杆上各 C 点将描出各自的连杆曲线(图 2.42)。在这些曲线中，找出圆弧或近似圆弧，即可将描绘圆弧的曲线的 C 点作为连杆上的另一活动铰链点，而此曲线的曲率中心即为固定铰链点 D，平面四杆机构设计完成。

按照预定的轨迹设计平面四杆机构还可以利用连杆曲线图谱进行设计。因为平面四杆机构的连杆曲线的形状取决于各杆的相对长度和连杆上的描点位置，故可以参阅相关文献，找出与设计要求相似的连杆曲线，则各杆的相对长度可以从图中查得。

1. 问答题

2-1　铰链四杆机构曲柄存在的条件是什么？曲柄是否是最短杆？

2-2　什么是行程速度变化系数、急回运动特性、极位夹角？三者之间的关系如何？

2-3　什么是平面连杆机构的压力角和传动角？它们的大小对平面连杆机构的工作有

何影响？铰链四杆机构的最小传动角出现在什么位置？

2-4　什么是死点？它在什么情况下发生？举例说明死点的危害和死点在机械工程中的作用。

2. 填空题

2-5　铰链四杆机构的压力角是指在不计算摩擦力的情况下连杆作用于_____上的力与该力作用点速度间所夹的锐角。

2-6　曲柄滑块机构中，当_____与_____处于两次互相垂直位置之一时，出现最小传动角。

2-7　在_____条件下，曲柄滑块机构具有急回运动特性。

2-8　平面连杆机构中传动角 γ 和压力角 α 之和等于_____。

2-9　在铰链四杆机构中，当最短构件和最长构件的长度之和大于其他两构件长度之和时，只能获得_____机构。

3. 选择题

2-10　在设计平面四杆机构时，为了具有良好的传力条件，应是_____。

A. 传动角和压力角都小一些　　　　　B. 传动角和压力角都大一些

C. 传动角大一些，压力角小一些　　　D. 传动角小一些，压力角大一些

2-11　根据图 2.43 所示中的尺寸(mm)，判断下列各机构分别属于铰链四杆机构的_____基本类型。

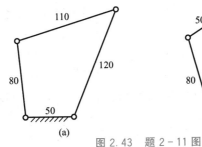

图 2.43　题 2-11 图

A. (a)为双摇杆机构，(b)为双曲柄机构

B. (a)为双曲柄机构，(b)为双摇杆机构

C. (a)为曲柄摇杆机构，(b)为双摇杆机构

D. (a)为双曲柄机构，(b)为曲柄摇杆机构

2-12　曲柄滑块机构的死点只能发生在_____。

A. 曲柄为主动件时　　　　　　　　　B. 滑块为主动件时

C. 连杆与曲柄共线时　　　　　　　　D. 曲柄与导路垂直时

2-13　在铰链四杆机构中，当最短构件和最长构件的长度之和小于或等于其他两构件长度之和时，取与最短杆相邻的构件为机架，机构为_____；取最短杆为机架，机构为_____；取与最短杆相对的构件为机架，机构为_____。

A. 双摇杆机构　　　　　　　　　　　B. 双曲柄机构

C. 导杆机构　　　　　　　　　　　　D. 曲柄摇杆机构

4. 判断题(正确的画√，错误的画×)

2-14　在铰链四杆机构中，若以最短杆为原动件，则该机构即为曲柄摇杆机构。　（　　　）

2-15 平面四杆机构的传动角,在机构运动中是时刻变化的,为保证机构的传力性能,在设计时应限制其传动角最小值 γ_{min} 大于或等于许用值 $[\gamma]$。   (   )

2-16 在曲柄滑块机构中,只要滑块做原动件,就必然有死点存在。   (   )

2-17 在曲柄摇杆机构中,若以曲柄为原动件,则最小传动角可能出现在曲柄与机架的两个共线位置之一。   (   )

2-18 在铰链四杆机构中,只要符合杆长条件,则该机构就一定有曲柄存在。

                    (   )

2-19 一个铰链四杆机构若为双摇杆机构,则最短杆与最长杆长度之和一定大于其他两杆长度之和。   (   )

2-20 从传力效果看,传动角越大越好,压力角越小越好。   (   )

2-21 对心曲柄滑块机构中,若曲柄为主动件,则滑块的行程速比系数一定等于1。

                    (   )

5. 设计题

2-22 在图 2.44 所示脚踏砂轮的曲柄摇杆机构中,已知踏板 CD 需在水平位置上下各摆 $10°$, $l_{CD}=500mm$, $l_{AD}=1000mm$。试用图解法求曲柄和连杆的长度 l_{AB} 和 l_{BC}。

2-23 一曲柄摇杆机构,已知曲柄、连杆、摇杆和机架的长度分别为 $l_{AB}=30mm$, $l_{BC}=90mm$, $l_{CD}=50mm$, $l_{AD}=80m$。试用图解法求其极位夹角 θ、行程速度变化系数和最小传动角。

2-24 试用图解法设计一曲柄摇杆机构。已知行程速度变化系数 $K=1.2$,摇杆的长度 $l_{CD}=100mm$,摆角 $\psi=45°$,要求固定铰链中心 A 和 D 在同一水平线上。

2-25 设计图 2.45 所示的铰链四杆机构。已知摇杆长度 $l_{CD}=75mm$,机架长度 $l_{AD}=100mm$,行程速度变化系数 $K=1.5$,摇杆的一个极限位置与机架夹角 $\beta=45°$。

2-26 试设计图 2.46 所示的偏置曲柄滑块机构。已知行程速度变化系数 $K=1.5$,滑块行程 $H=50mm$,偏距 $e=20mm$。

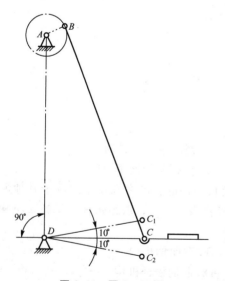

图 2.44 题 2-22 图

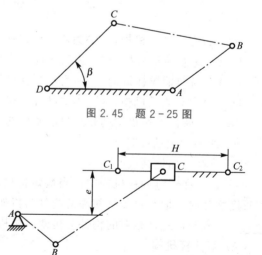

图 2.45 题 2-25 图

图 2.46 题 2-26 图

2-27　在图 2.47 所示的铰链四杆机构中，已知 $l_1＝30\text{mm}$，$l_2＝110\text{mm}$，$l_3＝80\text{mm}$，$l_4＝120\text{mm}$，构件 1 为原动件。

（1）判断构件 1 能否称为曲柄。

（2）用图解法求出构件 3 的最大摆角 $\psi_{\max}$。

（3）用图解法求出最小传动角 $\gamma_{\min}$。

（4）当分别固定构件 1、2、3、4 时，各获得何种机构？

2-28　如图 2.48 所示，已知要求实现的两连架杆的三组对应位置：$\varphi_1＝60°$、$\psi_1＝30°$，$\varphi_2＝90°$、$\psi_2＝50°$，$\varphi_3＝120°$、$\psi_3＝80°$。若取 $l_{AD}＝50\text{mm}$，试用图解法设计此铰链四杆机构。

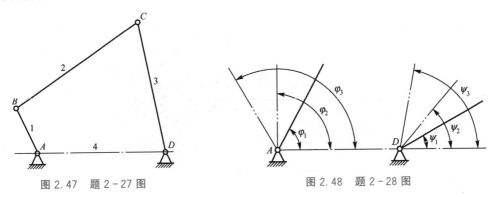

图 2.47　题 2-27 图　　　　　图 2.48　题 2-28 图

2-29　如图 2.49 所示，已知要求实现的两连架杆的三组对应位置：$\varphi_1＝45°$、$\psi_1＝52°10'$，$\varphi_2＝90°$、$\psi_2＝82°10'$，$\varphi_3＝135°$、$\psi_3＝112°10'$。若取 $l_{AD}＝50\text{mm}$，试用解析法设计该铰链四杆机构。

2-30　图 2.50 所示的仪表装置用曲柄滑块机构，若已知滑块的位置 $s_1＝36\text{mm}$，$s_{12}＝8\text{mm}$，$s_{23}＝9\text{mm}$，摇杆对应得角位移 $\varphi_{12}－25°$，$\varphi_{23}＝35°$，滑块上铰链点取在 B 点，偏距 $e＝23\text{mm}$。试用图解法确定曲柄和连杆的长度。

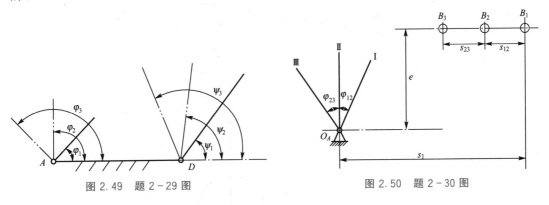

图 2.49　题 2-29 图　　　　　图 2.50　题 2-30 图

2-31　设两连架杆的对应角位移关系近似实现给定的函数 $y＝\sin x$，并且 $0°\leqslant x\leqslant 90°$，试用插值设计该铰链四杆机构，使两连架杆的对应角位移关系近似实现已知函数。取 $\varphi_0＝90°$、$\psi_0＝105°$、$\varphi_m＝120°$、$\psi_m＝60°$。

2-32　图 2.51 所示为加热炉的炉门，关闭时位置位于 E_1，开启时位置位于 E_2，试设计一铰链四杆机构驱动炉门的开闭。在开启时炉门应向外开启,炉门不能与炉体发生干涉。而在关闭时,炉门应有一自动压向炉体的趋势。B、C 为活动铰链位置,S 为炉门质心位置。

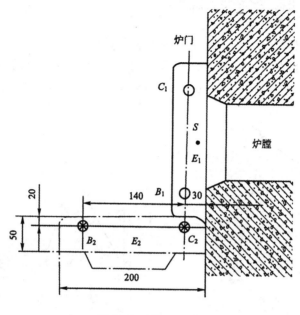

图 2.51　题 2 − 32 图

2 − 33　在飞机起落架所用的铰链四杆机构中,已知连杆长度 $l_{BC} = 480\text{mm}$,连杆的两个位置如图 2.52 所示,要求连架杆 AB 的铰链 A 位于 B_1C_1 的连线上,连架杆 CD 的铰链 D 位于 B_2C_2 的连线上。试设计此铰链四杆机构。

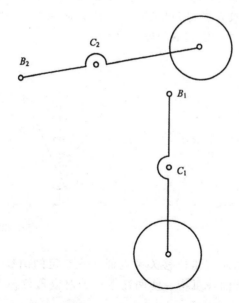

图 2.52　题 2 − 33 图

第**3**章
凸轮机构及其设计

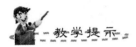

教学提示

本章主要介绍凸轮机构的应用、组成和分类；从动件的运动规律；盘形凸轮轮廓曲线设计的基本原理和方法(图解法和解析法)；凸轮机构基本参数的确定。

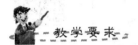

教学要求

掌握盘形凸轮轮廓曲线设计的基本原理和方法(图解法和解析法)。
掌握凸轮机构基本参数(凸轮的基圆半径与压力角及自锁的关系)的确定。

3.1 凸轮机构的概述

凸轮机构是一种高副机构，也是机械中的一种常用机构，广泛用于各种机械和自动控制装置中。

3.1.1 凸轮机构的应用

图 3.1 所示为内燃机配气凸轮机构，当凸轮 1 匀速转动时，其轮廓迫使从动件 2（气阀）按预期运动规律往复运动，适时地开启或关闭进、排气阀门（关闭时借助于弹簧的作用力来实现），以控制可燃气体进入气缸或废气排出气缸。

图 3.2 所示为绕线机排线凸轮机构，当绕线轴 3 快速转动时，经齿轮带动凸轮 1 缓慢地转动，通过凸轮轮廓与尖底之间的作用，驱使从动件 2 往复摆动，使线均匀地缠绕在绕线轴上。

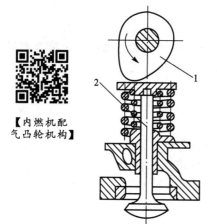

【内燃机配气凸轮机构】

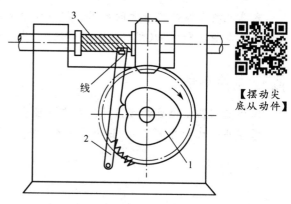

【摆动尖底从动件】

图 3.1　内燃机配气凸轮机构
1—凸轮；2—从动件(气阀)

图 3.2　绕线机排线凸轮机构
1—凸轮；2—从动件；3—绕线轴

图 3.3 所示为凸轮自动送料机构，当带有凹槽的凸轮 1 转动时，通过槽中的滚子，驱使从动件 2 做往复移动。凸轮每转一周，从动件即从储料器中推出一个毛坯，送到加工位置。

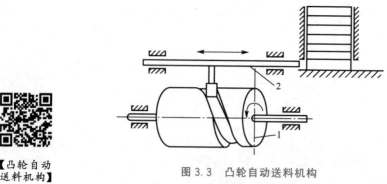

【凸轮自动送料机构】

图 3.3　凸轮自动送料机构
1—凸轮；2—从动件

3.1.2 凸轮机构的组成和分类

1. 凸轮机构的组成

凸轮机构是一种由凸轮、从动件和机架组成的常用的高副机构，如图 3.4 所示。其中凸轮是一个具有曲线轮廓的主动件，一般做连续等速转动，从动件在凸轮轮廓驱动下按预定运动规律做往复直线移动或摆动。

2. 凸轮机构的分类

凸轮机构的类型繁多，常用的分类方法如下。

1）按凸轮的形状分类

凸轮机构按其凸轮的形状可分为以下三类。

（1）盘形凸轮机构。盘形凸轮是一个绕固定轴转动且具有变化半径的盘形零件。盘形凸轮机构是凸轮机构中最基本的形式，如图 3.1、图 3.2 所示。

（2）移动凸轮机构。当盘形凸轮的回转中心趋于无穷远时，凸轮相对机架做直线运动，这种凸轮称为移动凸轮。图 3.5 所示即为移动凸轮机构。

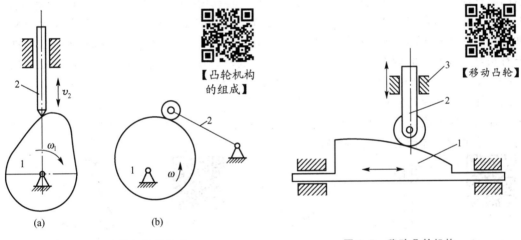

【凸轮机构的组成】

【移动凸轮】

图 3.4　凸轮机构的组成
1—凸轮；2—从动件

图 3.5　移动凸轮机构
1—凸轮；2—从动件；3—机架

（3）圆柱凸轮机构。圆柱凸轮可以看成将移动凸轮卷在圆柱体上而得到的凸轮。由图 3.3 可以看出，圆柱凸轮机构是空间凸轮机构。

2）按从动件的端部形式分类

凸轮机构按其从动件的端部形式可分为以下三类。

（1）尖顶从动件凸轮机构。无论凸轮工作轮廓形状如何，从动件的尖顶都能与凸轮工作轮廓保持接触，从而保证从动件按预定的规律运动，但尖顶易磨损，仅适用于轻载低速的凸轮机构，如图 3.2 所示。

（2）滚子从动件凸轮机构。在从动件端部安装一个滚子，把从动件和凸轮工作轮廓之间的滑动摩擦转变为滚动摩擦，磨损小，故能承受较大的载荷。滚子从动件是一种常用的从动件，滚子从动件凸轮机构如图 3.3、图 3.5 所示。

（3）平底从动件凸轮机构。这种凸轮机构的从动件不能与凹陷的凸轮工作轮廓接触。当不计摩擦时，凸轮与从动件之间的作用力始终与从动件平底垂直，其传力性能好，机构传动效率较高，而且从动件与凸轮之间易形成润滑油膜，故常用于高速凸轮机构中，如图3.1所示。

3）按从动件的运动形式分类

凸轮机构按其从动件的运动形式可分为以下两类。

（1）直动从动件凸轮机构。在凸轮机构运动的过程中，从动件做往复直线移动，如图3.1、图3.5所示。

（2）摆动从动件凸轮机构。在凸轮机构运动的过程中，从动件做往复摆动，如图3.2所示。

4）按凸轮与从动件维持高副接触（锁合）的方式分类

凸轮机构按凸轮与从动件维持高副接触（锁合）的方式可分为以下两类。

（1）力锁合凸轮机构。利用从动件的重力、弹簧力或其他外力使从动件与凸轮保持接触，如图3.1、图3.2、图3.4和图3.5所示。

（2）形锁合凸轮机构。依靠凸轮与从动件的特殊几何形状而始终维持接触。例如，凹槽凸轮机构中，其凹槽两侧面间的距离等于滚子的直径，故能保证滚子与凸轮始终接触，如图3.6所示。在主回凸轮机构中，利用固结在一起的主、回两个凸轮来控制同一从动件，从而使凸轮与两个滚子始终保持接触，如图3.7所示。在等径凸轮机构中，从动件上装有相对位置不变的两个滚子，凸轮转动时，其轮廓始终能与两个滚子保持接触，如图3.8所示。在等宽凸轮机构中，因与凸轮轮廓线相切的两平底间的距离始终相等，故凸轮和从动件能始终保持接触，如图3.9所示。但是，等径凸轮和等宽凸轮都只能在180°范围内设计其轮廓曲线，而另外180°的轮廓曲线必须按照等径或等宽的条件来确定，因而其从动件运动规律的选择受到一定限制。

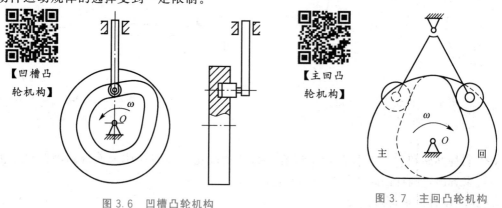

【凹槽凸轮机构】

【主回凸轮机构】

图3.6　凹槽凸轮机构　　　　　　　图3.7　主回凸轮机构

3. 凸轮机构的特点

凸轮机构的优点是只需设计出合适的凸轮轮廓，就可使从动件获得所需的运动规律，并且结构简单、紧凑、设计方便，故在机床、纺织机械、轻工机械、印刷机械、机电一体化控制装置中大量应用。凸轮机构的缺点是凸轮与从动件之间为点接触或线接触，易磨损，只适用于传力不大的场合；凸轮轮廓加工较困难；从动件的行程太大时，会使凸轮变得笨重。

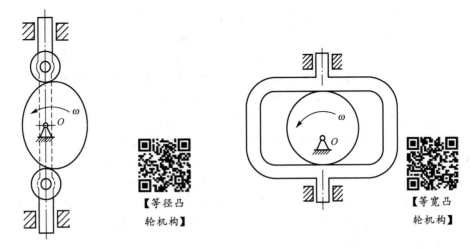

【等径凸
轮机构】

【等宽凸
轮机构】

图 3.8　等径凸轮机构　　　　　　　　　图 3.9　等宽凸轮机构

3.2　从动件的运动规律

　　设计凸轮机构时首先要根据工作要求确定从动件的运动规律，然后根据所确定的从动件运动规律设计凸轮的轮廓曲线。由于工程实际中对从动件的运动要求是多种多样的，与其相适应的运动规律也各不相同，本节将介绍几种常用的从动件运动规律。

3.2.1　凸轮机构的工作过程

　　下面以对心尖顶直动从动件盘形凸轮机构［图 3.10（a）］为例来说明凸轮机构的工作过程。

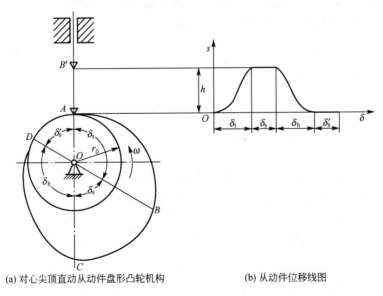

(a) 对心尖顶直动从动件盘形凸轮机构　　　　　(b) 从动件位移线图

图 3.10　对心尖顶直动从动件盘形凸轮机构及从动件位移线图

凸轮以等角速度 ω 逆时针方向转动。以凸轮的回转中心 O 为圆心，凸轮工作轮廓的最小向径 r_0 为半径所作的圆称为凸轮的基圆，r_0 称为基圆半径。当从动件的尖顶与凸轮工作轮廓上的 A 点（从动件导路中心线与基圆的交点）接触时，从动件处于上升的起始位置。当凸轮转过角 δ_t 时，从动件按照推程运动规律被推到距凸轮转动中心 O 最远的位置 B' 处，这个过程称为推程。推程中凸轮所转过的角 δ_t 称为推程运动角。当凸轮继续转过角 δ_s，从动件的尖顶与以 O 点为圆心的圆弧 BC 接触时，从动件在最远位置 B' 处停留不动。此时凸轮转过的角 δ_s 称为远休止角。当向径逐渐减小的凸轮轮廓圆弧 CD 与尖顶接触时，从动件按照回程运动规律回到起始位置 A 处，这个过程称为回程。凸轮在回程中所转过的角 δ_h 称为回程运动角。当以 O 点为圆心的圆弧 DA 与尖顶接触时，从动件在最近位置 A 处停留不动。此时凸轮转过的角 δ_s' 称为近休止角。从动件在推程或回程中移动的距离 h 称为行程。凸轮每转一周，从动件就重复一次上述的运动过程。

当凸轮以等角速度 ω 沿逆时针转动一周时，从动件的运动经历了 4 个阶段：上升、静止、下降、静止。这是最常见、最典型的运动形式。其运动过程的组合是依据工作实际的需要确定的，而不是必须经历 4 个阶段，可以没有静止阶段，也可以只有一个静止阶段。

从动件在运动过程中，其位移 s、速度 v 和加速度 a 随时间 t 或凸轮转角 δ 的变化规律称为从动件的运动规律。将这些运动规律在直角坐标系中表示出来，就得到从动件的位移线图、速度线图和加速度线图。图 3.10(b) 为图 3.10(a) 所示的盘形凸轮机构的从动件位移线图。

3.2.2 从动件的基本运动规律

凸轮机构从动件的基本运动规律有两类：①多项式运动规律，如等速运动规律、等加速等减速运动规律等；②三角函数运动规律，如余弦加速度运动规律（简谐运动规律）、正弦加速度运动规律（摆线运动规律）等。

1. 多项式运动规律

多项式运动规律的一般形式为

$$s = C_0 + C_1\delta + C_2\delta^2 + C_3\delta^3 + \cdots + C_n\delta^n \tag{3-1}$$

式中，s 为从动件位移；δ 为凸轮转角；C_0，C_1，C_2，C_3，$\cdots$，C_n 为 $n+1$ 个待定常数，可利用边界条件来确定。

常用的有一次($n=1$)多项式运动规律（即等速运动规律）、二次($n=2$)多项式运动规律（即等加速等减速运动规律）、五次($n=5$)多项式运动规律。

1) 等速运动规律

当式(3-1)中的 $n=1$ 时，有

$$s = C_0 + C_1\delta \tag{3-2}$$

则 $v = \dfrac{\mathrm{d}s}{\mathrm{d}t} = C_1\omega$，$a = \dfrac{\mathrm{d}v}{\mathrm{d}t} = 0$。

推程运动时，凸轮以等角速度 ω 转动，当转过推程运动角 δ_t 时所用时间为 $\frac{\delta_t}{\omega}$，同时从动件等速完成推程 h，取边界条件为在始点 $\delta=0°$，$s=0$；在终点 $\delta=\delta_t$，$s=h$。

由式 $(3-2)$ 可得 $C_0=0$，$C_1=\frac{h}{\delta_t}$。

从动件推程运动时运动方程为

$$\begin{cases} s=\dfrac{h}{\delta_t}\delta \\[3mm] v=\dfrac{h}{\delta_t}\omega \\[3mm] a=0 \end{cases} \tag{3-3a}$$

同理，从动件做回程运动时，取边界条件为在始点 $\delta=0°$，$s=h$；在终点 $\delta=\delta_h$，$s=0$。

从动件回程运动时运动方程为

$$\begin{cases} s=h-\dfrac{h}{\delta_h}\delta \\[3mm] v=-\dfrac{h}{\delta_h}\omega \\[3mm] a=0 \end{cases} \tag{3-3b}$$

由上述可知，从动件在运动过程中的速度为一常数，这种运动规律称为等速运动规律。

值得注意的是不论推程还是回程，都由推程的最低位置作为度量位移 s 的基准，而凸轮的转角则分别以各段行程开始时凸轮的向径作为度量的基准。

图 3.11 为等速运动规律在推程运动过程中的运动线图。由图 3.11(c) 可见，在从动件推程开始位置和终止位置处，由于速度突然改变，瞬时加速度在理论上趋于无穷大，因而会产生无穷大的惯性力，机构由此产生的冲击称为刚性冲击。实际上，由于构件弹性形变的缓冲作用使得惯性力不会达到无穷大，但仍将引起机械的振动，加速凸轮的磨损，甚至损坏构件。因此等速运动规律一般只用于低速和从动件质量较小的凸轮机构中。

为了避免刚性冲击或强烈振动，可采用圆弧、抛物线或其他曲线对从动件位移线图的两端点进行修正。

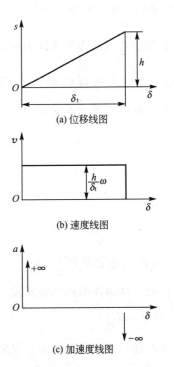

(a) 位移线图

(b) 速度线图

(c) 加速度线图

图 3.11 等速运动规律在推程运动过程中的运动线图

2）等加速等减速运动规律

当式（3－1）中的 $n=2$ 时，有

$$s=C_0+C_1\delta+C_2\delta^2 \tag{3-4}$$

则 $v=\dfrac{\mathrm{d}s}{\mathrm{d}t}=C_1\omega+2C_2\omega\delta$，$a=\dfrac{\mathrm{d}v}{\mathrm{d}t}=2C_2\omega^2$。

在等加速等减速运动规律中，凸轮以等角速度 ω 转动，从动件在推程或回程的前半段做等加速运动，在推程或回程的后半段做等减速运动，并且通常情况下，两部分的加速度绝对值相等。

推程加速段的边界条件为在始点 $\delta=0°$，$s=0$，$v=0$；在终点 $\delta=\dfrac{\delta_t}{2}$，$s=\dfrac{h}{2}$。

由式（3－4）可得 $C_0=0$，$C_1=0$，$C_2=\dfrac{2h}{\delta_t^2}$。

从动件推程加速段的运动方程为

$$\begin{cases} s=\dfrac{2h}{\delta_t^2}\delta^2 \\[2mm] v=\dfrac{4h\omega}{\delta_t^2}\delta \\[2mm] a=\dfrac{4h\omega^2}{\delta_t^2} \end{cases} \tag{3-5a}$$

式中，δ 的变化范围为 $0\sim\dfrac{\delta_t}{2}$。

推程减速段的边界条件为在始点 $\delta=\dfrac{\delta_t}{2}$，$s=\dfrac{h}{2}$；在终点 $\delta=\delta_t$，$s=h$，$v=0$。

由式（3－4）可得 $C_0=-h$，$C_1=\dfrac{4h}{\delta_t}$，$C_2=\dfrac{-2h}{\delta_t^2}$。

从动件推程减速段的运动方程为

$$\begin{cases} s=h-\dfrac{2h}{\delta_t^2}(\delta_t-\delta)^2 \\[2mm] v=\dfrac{4h\omega}{\delta_t^2}(\delta_t-\delta) \\[2mm] a=-\dfrac{4h\omega^2}{\delta_t^2} \end{cases} \tag{3-5b}$$

式中，δ 的变化范围为 $\dfrac{\delta_t}{2}\sim\delta_t$。

同理，从动件做回程加速段运动时，取边界条件为在始点 $\delta=0°$，$s=h$，$v=0$；在终点 $\delta=\dfrac{\delta_h}{2}$，$s=\dfrac{h}{2}$。

从动件回程加速段运动方程为

$$\begin{cases} s = h - \dfrac{2h}{\delta_{\mathrm{h}}^{2}}\delta^{2} \\[2mm] v = -\dfrac{4h\omega}{\delta_{\mathrm{h}}^{2}}\delta \\[2mm] a = \dfrac{4h\omega^{2}}{\delta_{\mathrm{h}}^{2}} \end{cases} \qquad (3-5\mathrm{c})$$

式中，δ 的变化范围为 $0 \sim \dfrac{\delta_{\mathrm{h}}}{2}$。

从动件做回程减速段运动时，取边界条件为在始点 $\delta = \dfrac{\delta_{\mathrm{h}}}{2}$，$s = \dfrac{h}{2}$；在终点 $\delta = \delta_{\mathrm{h}}$，$s = 0$，$v = 0$。

从动件回程减速段运动方程为

$$\begin{cases} s = \dfrac{2h}{\delta_{\mathrm{h}}^{2}}(\delta_{\mathrm{h}} - \delta)^{2} \\[2mm] v = -\dfrac{4h\omega}{\delta_{\mathrm{h}}^{2}}(\delta_{\mathrm{h}} - \delta) \\[2mm] a = -\dfrac{4h\omega^{2}}{\delta_{\mathrm{h}}^{2}} \end{cases} \qquad (3-5\mathrm{d})$$

式中，δ 的变化范围为 $\dfrac{\delta_{\mathrm{h}}}{2} \sim \delta_{\mathrm{h}}$。

图 3.12 为等加速等减速运动规律在推程运动过程中的运动线图。

等加速等减速运动规律位移线图 [图 3.12(a)] 的作法如下：取适当的长度比例尺 μ_l 和角度比例尺 μ_δ，按长度比例尺在纵坐标轴上量得行程 h，按角度比例尺在横坐标轴上量得推程运动角 δ_t；将 $\delta_t/2$ 和 $h/2$ 对应分成相同的若干等份[图 3.12(a)中为 3 等份]，得分点 1、2、3 和 $1'$、$2'$、$3'$，连接 $O1'$、$O2'$、$O3'$；过点 1、2、3 作纵坐标轴的平行线，分别与 $O1'$、$O2'$、$O3'$ 交于诸点；用光滑曲线连接诸交点，即为等加速段的位移曲线。等减速段的抛物线可以用同样的方法依相反的次序画出。在一个推程中，其位移线图为相反弯曲方向的两段抛物线。

加速度线图 [图 3.12(c)] 为平行于横坐标轴的两段直线，这种运动规律在 O、A、B 点加速度发生有限值的突然变化，从而产生有限的惯性力，机构由此产生的冲击称为柔性冲击。由于存在柔性冲击，凸轮机构在高速运动时，将产生严重的振动、噪声和磨损，因此等加速等减速运动规律适用于中速、轻载的场合。

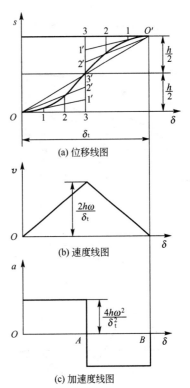

图 3.12　等加速等减速运动规律
在推程运动过程中的运动线图

3）五次多项式运动规律

当采用五次多项式运动规律时，其表达式为

$$\begin{cases} s = C_0 + C_1\delta + C_2\delta^2 + C_3\delta^3 + C_4\delta^4 + C_5\delta^5 \\ v = \dfrac{\mathrm{d}s}{\mathrm{d}t} = C_1\omega + 2C_2\omega\delta + 3C_3\omega\delta^2 + 4C_4\omega\delta^3 + 5C_5\omega\delta^4 \\ a = \dfrac{\mathrm{d}v}{\mathrm{d}t} = 2C_2\omega^2 + 6C_3\omega^2\delta + 12C_4\omega^2\delta^2 + 20C_5\omega^2\delta^3 \end{cases} \tag{3-6}$$

从动件在推程运动过程中，取边界条件为在始点 $\delta = 0°$，$s = 0$，$v = 0$，$a = 0$；在终点 $\delta = \delta_t$，$s = h$，$v = 0$，$a = 0$。

由式（3-6）可得 $C_0 = C_1 = C_2 = 0$，$C_3 = \dfrac{10h}{\delta_t^3}$，$C_4 = \dfrac{-15h}{\delta_t^4}$，$C_5 = \dfrac{6h}{\delta_t^5}$。

故从动件推程运动时运动方程为

$$\begin{cases} s = h\left(\dfrac{10}{\delta_t^3}\delta^3 - \dfrac{15}{\delta_t^4}\delta^4 + \dfrac{6}{\delta_t^5}\delta^5\right) \\ v = h\omega\left(\dfrac{30}{\delta_t^3}\delta^2 - \dfrac{60}{\delta_t^4}\delta^3 + \dfrac{30}{\delta_t^5}\delta^4\right) \\ a = h\omega^2\left(\dfrac{60}{\delta_t^3}\delta - \dfrac{180}{\delta_t^4}\delta^2 + \dfrac{120}{\delta_t^5}\delta^3\right) \end{cases} \tag{3-7a}$$

从动件在回程运动过程中，取边界条件为在始点 $\delta = 0°$，$s = h$，$v = 0$，$a = 0$；在终点 $\delta = \delta_h$，$s = 0$，$v = 0$，$a = 0$。

从动件回程运动时运动方程为

$$\begin{cases} s = h - h\left(\dfrac{10}{\delta_h^3}\delta^3 - \dfrac{15}{\delta_h^4}\delta^4 + \dfrac{6}{\delta_h^5}\delta^5\right) \\ v = -h\omega\left(\dfrac{30}{\delta_h^3}\delta^2 - \dfrac{60}{\delta_h^4}\delta^3 + \dfrac{30}{\delta_h^5}\delta^4\right) \\ a = -h\omega^2\left(\dfrac{60}{\delta_h^3}\delta - \dfrac{180}{\delta_h^4}\delta^2 + \dfrac{120}{\delta_h^5}\delta^3\right) \end{cases} \tag{3-7b}$$

图 3.13 为五次多项式运动规律在推程运动过程中的运动线图。其加速度曲线连续，理论上不存在冲击，运动平稳性好，可用于高速凸轮机构。

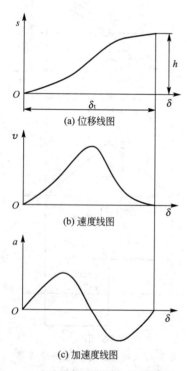

图 3.13　五次多项式运动规律在推程运动过程中的运动线图

2. 三角函数运动规律

常用的三角函数运动规律有余弦加速度运动规律和正弦加速度运动规律。

1）余弦加速度运动规律（又称简谐运动规律）

当采用余弦加速度运动规律时，其推程的运动方程为

$$\begin{cases} s = \dfrac{h}{2}\left[1 - \cos\left(\dfrac{\pi}{\delta_t}\delta\right)\right] \\ v = \dfrac{h\pi\omega}{2\delta_t}\sin\left(\dfrac{\pi}{\delta_t}\delta\right) \\ a = \dfrac{h\pi^2\omega^2}{2\delta_t^2}\cos\left(\dfrac{\pi}{\delta_t}\delta\right) \end{cases} \tag{3-8a}$$

回程的运动方程为

$$
\begin{cases}
s = \dfrac{h}{2}\left[1 + \cos\left(\dfrac{\pi}{\delta_h}\delta\right)\right] \\[2mm]
v = -\dfrac{h\pi\omega}{2\delta_h}\sin\left(\dfrac{\pi}{\delta_h}\delta\right) \\[2mm]
a = -\dfrac{h\pi^2\omega^2}{2\delta_h^2}\cos\left(\dfrac{\pi}{\delta_h}\delta\right)
\end{cases}
\tag{3-8b}
$$

图 3.14 为余弦加速度运动规律在推程运动过程中的运动线图。

余弦加速度运动规律位移线图［图 3.14(a)］的作法如下：把从动件的行程 h 作为直径画半圆，将此半圆分成若干等份［图 3.14(a) 中为 6 等份］，得 $1'$、$2'$、$3'$、$4'$、$5'$、$6'$ 点。再把凸轮推程运动角 δ_t 也分成相应等份（6 等份），得 1、2、3、4、5、6 点，并过这些点作垂线；然后将圆周上的等分点投影到相应的垂线上得到不同的点 $1''$、$2''$、$3''$、$4''$、$5''$、$6''$，用光滑的曲线连接这些点即得从动件的位移线图。

余弦加速度运动规律的加速度线图［图 3.14(c)］曲线不连续。在行程的开始和终止位置，加速度有限值的突变，会引起柔性冲击。当远近休止角均为零时，才可以获得连续的加速度曲线［图 3.14(c) 中虚线所示］，避免冲击。

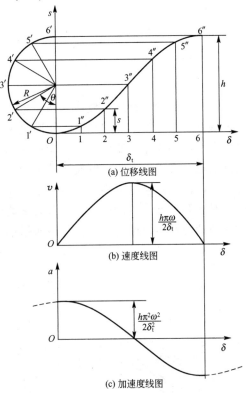

(a) 位移线图

(b) 速度线图

(c) 加速度线图

图 3.14　余弦加速度运动规律在推程运动过程中的运动线图

2）正弦加速度运动规律（又称摆线运动规律）

当采用正弦加速度运动规律时，其推程运动方程为

$$
\begin{cases}
s = h\left[\dfrac{\delta}{\delta_t} - \dfrac{1}{2\pi}\sin\left(\dfrac{2\pi}{\delta_t}\delta\right)\right] \\[2mm]
v = \dfrac{h\omega}{\delta_t}\left[1 - \cos\left(\dfrac{2\pi}{\delta_t}\delta\right)\right] \\[2mm]
a = \dfrac{2h\pi\omega^2}{\delta_t^2}\sin\left(\dfrac{2\pi}{\delta_t}\delta\right)
\end{cases}
\tag{3-9a}
$$

回程运动方程为

$$
\begin{cases}
s = h\left[1 - \dfrac{\delta}{\delta_h} + \dfrac{1}{2\pi}\sin\left(\dfrac{2\pi}{\delta_h}\delta\right)\right] \\[2mm]
v = -\dfrac{h\omega}{\delta_h}\left[1 - \cos\left(\dfrac{2\pi}{\delta_h}\delta\right)\right] \\[2mm]
a = -\dfrac{2h\pi\omega^2}{\delta_h^2}\sin\left(\dfrac{2\pi}{\delta_h}\delta\right)
\end{cases}
\tag{3-9b}
$$

图 3.15 为正弦加速度运动规律在推程运动过程中的运动线图。

正弦加速度运动规律位移线图［图 3.15(a)］的作法如下：以半径 $R = h/2\pi$ 的圆沿纵

坐标滚动一圈，其周长 $2\pi R$ 刚好等于从动件的行程 h，圆上任一点的轨迹是一条摆线。画出坐标轴，以行程 h 和对应的凸轮转角 δ_t 为两边作一矩形，并作矩形对角线 OQ；将代表 δ_t 的线段分成若干等份[图 3.15（a）中为 8 等份]，得 1、2、3、4、5、6、7、8 点，过等分点作横坐标轴的垂线；以坐标原点 O 为圆心，以 $R = h/2\pi$ 为半径，按 δ_t 的等分数等分此圆周，将圆周上的等分点向纵坐标投影，并过各投影点作 OQ 的平行线，这些平行线与上述各垂线对应相交得不同的点 1″、2″、3″、4″、5″、6″、7″、8″，将这些交点连成光滑曲线，即为从动件的位移线图。

正弦加速度运动规律加速度线图［图 3.15(c)］曲线连续，理论上不存在冲击，适用于高速传动。

3. 组合型运动规律

上面介绍的几种运动规律是凸轮机构中从动件常用的基本运动规律。随着现代制造技术的提高，单一的运动规律已不能满足工程的需要，必须把几种基本运动规律进行组合形成组合型运动规律。所谓组合型运动规律，是指将工艺选定但特性较差的运动规律与特性较好的运动规律组合起来以改善其运动特性。例如，等加速等减速运动规律，其加速度有突变，因此在加速度突变处，用正弦加速度曲线过渡而构成改进梯形加速度运动规律。这样既具有等加速等减速运动规律最大加速度值较小的优点，又消除了柔性冲击，从而具有较好的动力性能，可用于凸轮的高速运动，其运动线图如图 3.16 所示。加速度线图由三

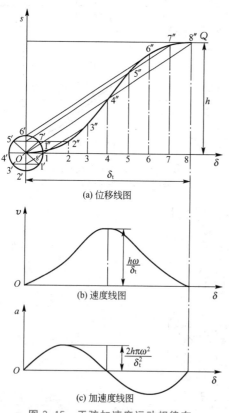

图 3.15　正弦加速度运动规律在
推程运动过程中的运动线图

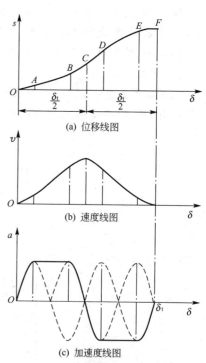

图 3.16　改进等加速等减速运动
规律的运动线图

段曲线组成，第一段 $\left(0\sim\dfrac{\delta_t}{8}\right)$ 和第三段 $\left(\dfrac{7}{8}\delta_t\sim\delta_t\right)$ 为周期等于 $\delta_t/2$ 的 1/4 波正弦加速度曲线，第二段是等加速度等减速度运动线图，这几段曲线在拼接处相切形成连续而光滑的加速度曲线。

需要特别注意：当采用不同的运动规律构成组合运动规律时，它们的运动线图应保持连续，即在连接点的位移、速度和加速度应分别相等。同时各段不同的运动规律要有较好的动力性能和工艺性。

3.2.3 从动件运动规律的选择

选择从动件运动规律时，首先需要满足机器的工作要求，同时还应使凸轮机构具有良好的传力特性和所设计的凸轮轮廓便于加工等。例如，机床中控制刀架进给的凸轮机构，为使机床工作载荷稳定，加工出表面光滑的零件，其进刀行程可选择等速运动规律；为使退刀时刀具快速离开工件，并减少冲击，退刀行程常选取等加速等减速运动规律。特别是对于速度较高的凸轮机构，即使机器工作时对从动件的运动规律没有特定要求，但考虑到机构的速度较高，若从动件的运动规律选择不当，则会使凸轮机构的磨损加剧，使用寿命降低，甚至影响凸轮机构的正常工作。因此，在选择运动规律时，除考虑刚性冲击和柔性冲击外，还应对各种运动规律所具有的最大速度 v_{max} 和最大加速度 a_{max} 及其影响加以比较。一般 v_{max} 越大，则动量 mv 也越大，从动件易出现极大的冲击，危及设备和操作者的人身安全。a_{max} 越大，则惯性力越大，对机构的强度和耐磨性要求也越高。现将从动件常用运动规律特性列于表 3-1，供选择时参考。

表 3-1 从动件常用运动规律特性

运 动 规 律	最大速度 v_{max} $(h\omega/\delta_t)\times$	最大加速度 a_{max} $(h\omega^2/\delta_t^2)\times$	冲 击	应 用 范 围
等速	1.00	∞	刚性	低速轻载
等加速等减速	2.00	4.00	柔性	中速轻载
五次多项式	1.88	5.77	无	高速中载
余弦加速度（简谐）	1.57	4.93	柔性	中速中载
正弦加速度（摆线）	2.00	6.28	无	高速轻载
改进等速运动	1.33	8.38	无	低速重载
改进等加速等减速	2.00	4.89	无	高速轻载

注意上述各种运动规律方程是以直动从动件为对象来推导的，如为摆动从动件，则应将式中的 h、s、v 和 a 分别更换为行程角 ψ_m、角位移 ψ、角速度 ω 和角加速度 ε。摆动从动件凸轮机构运动线图具有的运动特性与上述相同。

3.3 盘形凸轮轮廓曲线的设计

当根据工作要求确定了凸轮的类型、基本参数及从动件的运动规律后，按照结构所允许的空间和具体要求，即可进行凸轮的轮廓曲线设计。凸轮轮廓曲线设计方法有图解法和解析法，它们所依据的设计原理是相同的。图解法简便直观，对于一般机械，用图解法设计凸轮轮廓曲线，可以满足使用要求。计算机辅助设计和计算机辅助制造（CAD/CAM）为用解析法设计和制造凸轮创造了条件。解析法适用于精度要求较高的高速凸轮、靠模凸轮等。本节介绍盘形凸轮轮廓曲线的设计原理和方法。

3.3.1　凸轮轮廓曲线设计的基本原理

由于凸轮机构工作时，凸轮和从动件都在运动，因此在绘制凸轮轮廓曲线时，需要使凸轮与图纸平面保持相对静止，为此设计凸轮轮廓曲线采用了反转法原理。

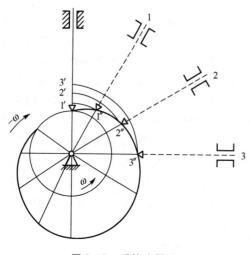

图 3.17　反转法原理

下面以图 3.17 所示的对心尖顶直动从动件盘形凸轮机构为例说明这种方法的原理。

凸轮以等角速度 ω 逆时针方向转动时，从动件将按预期的运动规律在导路中上下往复运动。根据相对运动原理，若给整个机构加上一个绕凸轮回转中心 O 的公共角速度 $(-\omega)$ 后，则机构各构件间的相对运动不变，此时凸轮相对静止，而从动件一方面随机架和导路以角速度 $(-\omega)$ 绕 O 点转动；另一方面又在导路中按原来的运动规律往复运动。由于尖顶始终与凸轮轮廓相接触，因此反转后尖顶的运动轨迹就是凸轮的轮廓曲线。

凸轮机构各构件运动参数的变化即反转法原理，见表 3-2。

表 3-2　反转法原理

构　件	机构的实际运动	给整个机构加上 $(-\omega)$	反转后的结果	说　明
凸　轮	ω	$\omega+(-\omega)$	0	静止不动
从动件	v	$v+(-\omega)$	移动+转动	做复合运动，尖顶运动轨迹为凸轮轮廓曲线
机　架	固定	固定$+(-\omega)$	转动	绕凸轮转动中心转动

3.3.2　用图解法设计盘形凸轮轮廓曲线

1. 直动从动件盘形凸轮轮廓曲线的绘制

1）对心尖顶直动从动件盘形凸轮

图 3.18(a)所示为对心尖顶直动从动件盘形凸轮机构。已知凸轮以等角速度 ω 顺时针方向转动，基圆半径 $r_0=30\text{mm}$，从动件的运动规律见表 3-3。

表 3-3 对心尖顶直动从动件的运动规律

凸轮转角	0°~120°	120°~180°	180°~300°	300°~360°
从动件运动	等速上升 30mm	停止不动	等加速等减速返回到原处	停止不动

对心尖顶直动从动件盘形凸轮轮廓曲线的绘制步骤如下。

（1）选取适当的比例尺，绘制从动件的位移线图。取长度比例尺 $\mu_l=2$，角度比例尺 $\mu_\delta=6$，绘制从动件位移线图 ［图 3.18(b)］，并将推程运动角 4 等分，回程运动角 4 等分，等分点为 1，2，…，10，各分点对应的从动件位移量为 $11'$，$22'$，…，$99'$。

（2）作基圆并确定尖顶从动件的起始位置 ［图 3.18(a)］。取相同的比例尺 u_l，以 O 为圆心，以 $r_0/\mu_l=30\text{mm}/2=15\text{mm}$ 为半径画基圆；过 O 点画从动件导路与基圆交于点 A_0，点 A_0 即为从动件尖顶的起始位置。

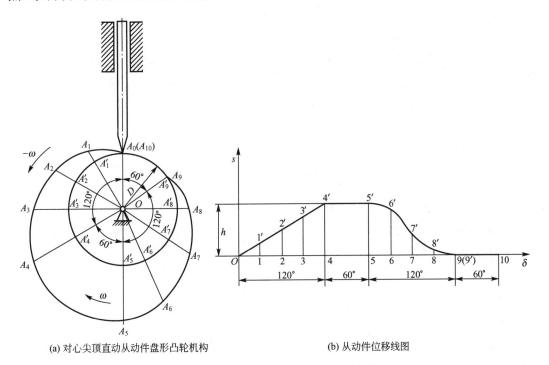

(a) 对心尖顶直动从动件盘形凸轮机构 　　 (b) 从动件位移线图

图 3.18 对心尖顶直动从动件盘形凸轮轮廓曲线的图解法设计

（3）找出尖顶从动件反转过程中所占据的导路位置。自 OA_0 开始沿 $(-\omega)$ 方向在基圆上依次量取推程运动角、远休止角、回程运动角和近休止角，分别为 120°、60°、120°、60°，并将其分成与位移线图中对应的等份，在基圆上得到 A_1'，A_2'，A_3'，…，A_9'。作射线 OA_1'，OA_2'，OA_3'，…，OA_9'，即为从动件反转过程中导路所在的各个位置。

（4）绘制凸轮轮廓曲线。在基圆圆周以外沿从动件反转过程中的导路截取对应位移量，即取 $AA_1'=11'$，$A_2A_2'=22'$，$A_3A_3'=33'$，…，$A_9A_9'=99'$，得反转后尖顶的一系列位置 A_1，A_2，A_3，…，A_9。将 A_0，A_1，A_2，A_3，…，A_9 连成光滑的曲线，便得到凸轮轮廓曲线。

说明：用图解法绘制凸轮轮廓曲线时，推程运动角和回程运动角的等分数目不一定相同，要根据运动规律的复杂程度和精度要求来决定，等分数目越多，绘制的凸轮轮廓精度就越高。

2）偏置尖顶直动从动件盘形凸轮

图 3.19(a)所示为偏置尖顶直动从动件盘形凸轮机构，凸轮转动中心 O 到从动件导路中心线的距离 e 称为偏距。以 O 为圆心，偏距 e 为半径所作的圆称为偏距圆。

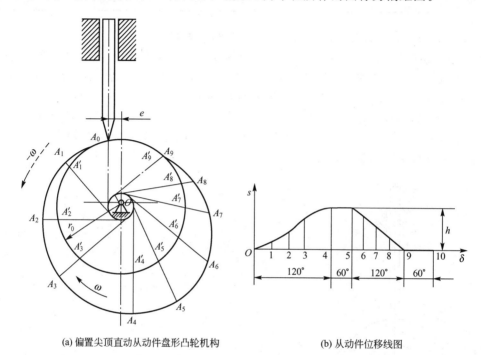

(a) 偏置尖顶直动从动件盘形凸轮机构　　　　(b) 从动件位移线图

图 3.19　偏置尖顶直动从动件盘形凸轮轮廓曲线的图解法设计

已知凸轮以等角速度 ω 顺时针方向转动，基圆半径 $r_0=30\text{mm}$，偏距 $e=10\text{mm}$，从动件的运动规律见表 3-4。

表 3-4　偏置尖顶直动从动件的运动规律

凸 轮 转 角	$0°\sim120°$	$120°\sim180°$	$180°\sim300°$	$300°\sim360°$
从动件运动	等加速等减速 上升 20mm	停止不动	等速下降 20mm	停止不动

偏置尖顶直动从动件盘形凸轮轮廓曲线的绘制步骤如下。

（1）选取适当的比例尺，绘制从动件的位移线图 ［图 3.19(b)］。

（2）作基圆和偏距圆并确定尖顶从动件的起始位置 ［图 3.19(a)］。取相同的比例尺 μ_l，以 O 为圆心，画出基圆和偏距圆，以从动件导路中心线与基圆的交点 A_0 作为从动件的起始位置。

（3）找出尖顶从动件反转过程中导路所占据的位置。自 OA_0 开始沿$(-\omega)$方向在偏距圆上依次量取推程运动角、远休止角、回程运动角和近休止角，分别为 $120°$、$60°$、$120°$、$60°$，并将其分成与位移线图中对应的等份，再过这些等分点分别作偏距圆的切线与基圆交于点 A_1'，A_2'，A_3'，…，即为从动件反转过程中导路所在的各个位置。

（4）绘制凸轮轮廓曲线。沿各切线在基圆圆周以外截取与从动件位移线图上对应的位移量，得反转后尖顶的一系列位置 A_1，A_2，A_3，…，将 A_0，A_1，A_2，A_3，… 连成光滑的曲线，便得到凸轮轮廓曲线。

3）对心滚子直动从动件盘形凸轮

图 3.20 所示为对心滚子直动从动件盘形凸轮机构。滚子直动从动件凸轮机构在运动过程中，滚子一方面随从动件一起移动，一方面又绕自身轴线转动。除滚子中心与从动件的运动规律相同外，滚子上其他各点与从动件的运动规律都不相同。因此，只能根据滚子中心的运动规律进行设计。为此，可以把滚子中心看作尖顶从动件的尖顶，按照前述方法绘制尖顶从动件的凸轮轮廓曲线 β_0，称为凸轮机构的理论轮廓曲线；再以理论轮廓曲线 β_0 上各点为圆心，以滚子半径 r_r 为半径，按照相同的比例尺画一系列圆，这些圆簇的内包络线 β 即为滚子从动件盘形凸轮的实际轮廓曲线。显然，该实际轮廓曲线是上述理论轮廓曲线的等距曲线（法向等距，其距离等于滚子半径）。同时滚子还可以包络出一条外包络线。如果改变滚子半径 r_r，则将得到一个新的实际轮廓曲线，而从动件的运动规律却保持不变。滚子从动件盘形凸轮的基圆半径 r_0 通常是指理论轮廓曲线的基圆半径。显然，凸轮实际轮廓曲线的最小半径等于凸轮基圆半径减去滚子半径。

4）平底直动从动件盘形凸轮

图 3.21 所示为平底直动从动件盘形凸轮机构。当从动件端部为平底时，凸轮轮廓曲线的绘制方法与滚子直动从动件盘形凸轮机构凸轮轮廓的绘制方法相似。将从动件的平底与导路中心线的交点 B_0 看作从动件的尖顶，用尖顶从动件凸轮轮廓的画法找出尖顶的一系列位置 B_1，B_2，B_3，…；然后过这些点分别画出从动件平底的各个位置，这些平底直线的包络线，即为平底从动件盘形凸轮的轮廓曲线。由图 3.21 可见，从动件平底与凸轮轮廓的切点是随机构位置变化的，为了保证平底始终与工作轮廓接触，平底左、右两侧的长度应分别大于导路中心线至左、右最远切点的距离 m、n。为了使平底从动件始终保持与凸轮实际轮廓相切，应要求凸轮实际轮廓曲线全部为外凸曲线。

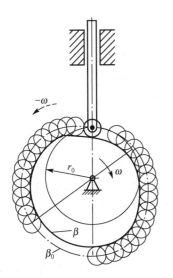

图 3.20 对心滚子直动从动件盘形凸轮机构

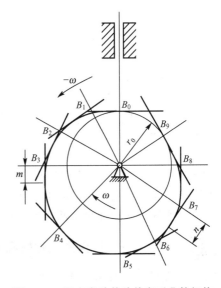

图 3.21 平底直动从动件盘形凸轮机构

2. 摆动从动件盘形凸轮轮廓曲线的绘制

图 3.22(a)所示为尖顶摆动从动件盘形凸轮机构。已知从动件的角位移线图 [图 3.22(b)]，凸轮与摆动从动件的中心距 l_{OA}，摆动从动件的长度 l_{AB}，凸轮的基圆半径 r_0，凸轮以等角速度 ω 顺时针方向回转，推程时从动件逆时针摆动。根据反转法原理，尖顶摆动从动件盘形凸轮轮廓曲线的绘制步骤如下。

（1）选取适当的比例尺 μ_l，根据 l_{OA} 定出 O 点和 A_0 点的位置，以 O 为圆心、以 r_0 为半径作基圆，再以 A_0 为圆心、l_{AB} 为半径作圆弧交基圆于 $B_0(C_0)$ 点，B_0 点即为从动件尖顶的起始位置。若要求从动件推程时顺时针摆动，则 $B_0(C_0)$ 点应在图 3.22(a) 中 OA_0 的左侧。

（2）以 O 为圆心、OA_0 为半径画圆，自 OA_0 开始，并沿 $-\omega$ 的方向取角 δ_t、δ_h、δ_s，再将 δ_t、δ_h 各分为与从动件的角位移线图 [图 3.22(b)] 相对应的若干等份，得 A_1，A_2，A_3，… 各点，即为从动件回转中心在反转过程中所占的各个位置。

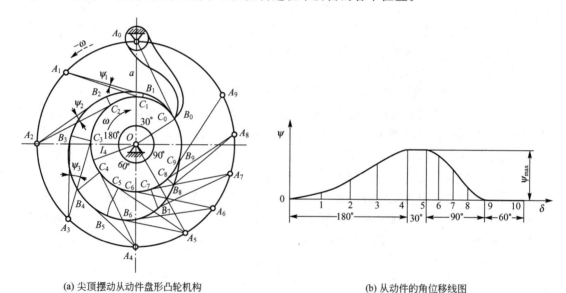

(a) 尖顶摆动从动件盘形凸轮机构　　　　　　　(b) 从动件的角位移线图

图 3.22　尖顶摆动从动件盘形凸轮轮廓曲线的图解法设计

（3）以 A_1，A_2，A_3，… 各点为圆心，以 l_{AB} 为半径画圆弧与基圆交于 C_1，C_2，C_3，…，并作 $\angle C_1 A_1 B_1$，$\angle C_2 A_2 B_2$，$\angle C_3 A_3 B_3$，…，分别等于从动件相应位置的摆角 ψ_1，ψ_2，ψ_3，…，各角边 $A_1 B_1$，$A_2 B_2$，$A_3 B_3$，… 与相应圆弧的交点为 B_1，B_2，B_3，…。

（4）将 B_1，B_2，B_3，… 连成光滑的曲线，即得到所求的凸轮轮廓曲线。

若采用滚子或平底从动件，则上述所得凸轮轮廓曲线为理论轮廓曲线，其实际轮廓曲线可按对心滚子直动从动件盘形凸轮实际轮廓曲线的绘制方法作出。

3.3.3　用解析法设计盘形凸轮轮廓曲线

用图解法设计凸轮轮廓曲线简便、直观，但设计精度不高，难以获得凸轮轮廓曲线上各点的精确坐标。按图解法所设计的凸轮只能用于低速或不重要的场合。对于精度要求较高的高速凸轮、检验用的样板凸轮等需要用解析法设计，以数控机床加工。用解析法设计凸轮轮廓曲线的实质是建立凸轮的理论轮廓曲线方程和实际轮廓曲线方程。

1. 滚子直动从动件盘形凸轮机构

1) 理论轮廓曲线方程

图 3.23 所示为偏置滚子直动从动件盘形凸轮机构。已知凸轮以等角速度 ω 逆时针转动、基圆半径 r_0、偏距 e、滚子半径 r_r 和从动件的运动规律 $s=s(\delta)$。

以凸轮的回转中心 O 为原点，建立图 3.23 所示的直角坐标系 xOy。B_0 点为凸轮推程段轮廓曲线的起始点。当凸轮自初始位置转过角 δ 时，从动件上升位移 s，这时滚子中心将从 $B_0(s_0, e)$ 外移 s 到达 B。根据反转法原理，此时滚子中心 B 点的坐标即为凸轮理论轮廓曲线上的对应点的坐标。

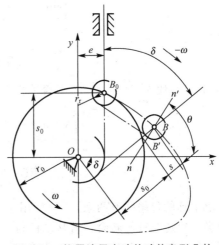

图 3.23　偏置滚子直动从动件盘形凸轮轮廓曲线的解析法设计

$$\begin{cases} x=(s_0+s)\sin\delta+e\cos\delta \\ y=(s_0+s)\cos\delta-e\sin\delta \end{cases} \quad (3-10)$$

式(3-10)即为滚子直动从动件盘形凸轮理论轮廓曲线的直角坐标参数方程，其中 $s_0=\sqrt{r_0{}^2-e^2}$。

对于尖顶直动从动件盘形凸轮，式(3-10)也是其实际轮廓曲线的直角坐标参数方程。

2) 实际轮廓曲线方程

对于滚子直动从动件凸轮机构，其实际轮廓曲线是滚子圆簇的包络线，是理论轮廓曲线的法向等距曲线，并且距离为滚子的半径 r_r。因此，如果已知理论轮廓曲线上的任一点 $B(x, y)$，沿理论轮廓曲线在该点公法线方向上取距离 r_r(图 3.23)，即可得实际轮廓曲线上相应点 $B'(X, Y)$，则可得凸轮实际轮廓曲线方程

$$\begin{cases} X=x\pm r_r\cos\theta \\ Y=y\pm r_r\sin\theta \end{cases} \quad (3-11)$$

式中，X、Y 是包络线上点的直角坐标；"+"表示外包络线；"−"表示内包络线。

由高等数学的理论知识可知，过理论轮廓曲线 B 点所作的公法线 nn'，其斜率为 $\tan\theta$，与该点的切线的斜率互为倒数，即

$$\tan\theta=-\frac{\mathrm{d}x}{\mathrm{d}y}=-\frac{\mathrm{d}x/\mathrm{d}\delta}{\mathrm{d}y/\mathrm{d}\delta}=\frac{\sin\theta}{\cos\theta}$$

根据式(3-10)，有

$$\begin{cases} \dfrac{\mathrm{d}x}{\mathrm{d}\delta} = \left(\dfrac{\mathrm{d}s}{\mathrm{d}\delta} - e\right)\sin\delta + (s_0 + s)\cos\delta \\[3mm] \dfrac{\mathrm{d}y}{\mathrm{d}\delta} = \left(\dfrac{\mathrm{d}s}{\mathrm{d}\delta} - e\right)\cos\delta - (s_0 + s)\sin\delta \end{cases}$$

可得
$$\begin{cases} \sin\theta = \dfrac{\mathrm{d}x/\mathrm{d}\delta}{\sqrt{(\mathrm{d}x/\mathrm{d}\delta)^2 + (\mathrm{d}y/\mathrm{d}\delta)^2}} \\[4mm] \cos\theta = \dfrac{-\mathrm{d}y/\mathrm{d}\delta}{\sqrt{(\mathrm{d}x/\mathrm{d}\delta)^2 + (\mathrm{d}y/\mathrm{d}\delta)^2}} \end{cases} \qquad (3-12)$$

将式(3-12)代入式(3-11)，得滚子直动从动件盘形凸轮实际轮廓曲线方程，即

$$\begin{cases} X = x \pm r_{\mathrm{r}} \dfrac{\mathrm{d}y/\mathrm{d}\delta}{\sqrt{(\mathrm{d}x/\mathrm{d}\delta)^2 + (\mathrm{d}y/\mathrm{d}\delta)^2}} \\[4mm] Y = y \pm r_{\mathrm{r}} \dfrac{\mathrm{d}x/\mathrm{d}\delta}{\sqrt{(\mathrm{d}x/\mathrm{d}\delta)^2 + (\mathrm{d}y/\mathrm{d}\delta)^2}} \end{cases} \qquad (3-13)$$

滚子圆的包络线有两条，"＋"用于求解外包络线方程，"－"用于求解内包络线方程。当凸轮逆时针旋转时，若从动件位于凸轮回转中心的右侧，e 为正，反之为负；当凸轮顺时针旋转时，若从动件位于凸轮回转中心的左侧，e 为正，反之为负。

2. 平底直动从动件盘形凸轮机构

图 3.24 所示为平底直动从动件盘形凸轮机构。已知凸轮以等角速度 ω 顺时针转动、基圆半径 r_0 和从动件的运动规律 $s = s(\delta)$。

以凸轮的回转中心 O 为坐标原点，建立图 3.24 所示的直角坐标系 xOy。当凸轮自初始位置转过角 δ 时，导路与平底的交点自 B_0 外移 s 到达 B'。根据反转法原理，将点 B' 沿 $(-\omega)$ 方向绕凸轮回转中心转过角 δ，便得到表示反转后平底的直线 AB。由图 3.24 可知，B 点的坐标为

$$\begin{cases} x = (r_0 + s)\cos\delta \\ y = (r_0 + s)\sin\delta \end{cases} \qquad (3-14)$$

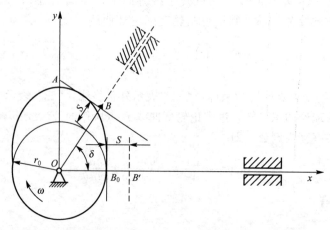

图 3.24　平底直动从动件盘形凸轮轮廓曲线的解析法设计

对于平底直动从动件盘形凸轮机构，其实际轮廓曲线是过 B 点所作的一系列平底直线簇的包络线。过点 B 的平底直线簇方程为

$$Y-(r_0+s)\sin\delta=k[X-(r_0+s)\cos\delta] \qquad (3-15)$$

式中，k 为平底直线的斜率。

由图 3.24 可知 $k=\tan(90°+\delta)=-\cot\delta$，将 k 代入式(3-15)，可求得

$$f(X,Y,\delta)=X\cos\delta+Y\sin\delta-(r_0+s)=0 \qquad (3-16)$$

和

$$\frac{\partial f(X,Y,\delta)}{\partial\delta}=-X\sin\delta+Y\cos\delta-\frac{\mathrm{d}s}{\mathrm{d}\delta}=0 \qquad (3-17)$$

将式(3-16)、式(3-17)联立求解，得平底直动从动件盘形凸轮实际轮廓曲线的直角坐标参数方程，即

$$\begin{cases} X=(r_0+s)\cos\delta-\dfrac{\mathrm{d}s}{\mathrm{d}\delta}\sin\delta \\ Y=(r_0+s)\sin\delta+\dfrac{\mathrm{d}s}{\mathrm{d}\delta}\cos\delta \end{cases} \qquad (3-18)$$

3. 摆动从动件盘形凸轮机构理论轮廓曲线方程

图 3.25 所示为滚子摆动从动件盘形凸轮机构。已知凸轮以等角速度 ω 顺时针转动，凸轮与摆动从动件的中心距为 a，摆动从动件的长度为 b，凸轮的基圆半径 r_0 和从动件的运动规律 $\psi=\psi(\delta)$，从动件推程的摆动方向与凸轮回转方向相同。

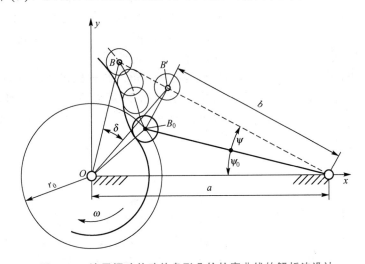

图 3.25 滚子摆动从动件盘形凸轮轮廓曲线的解析法设计

以凸轮的回转中心 O 为坐标原点，建立图 3.25 所示的直角坐标系 xOy。当主动件自初始位置转过角 δ，从动件摆过角 ψ，这时滚子中心将从 B_0 到达 $B'[a-b\cos(\psi_0+\psi)$，$b\sin(\psi_0+\psi)]$。根据反转法原理，将 B' 点沿$(-\omega)$方向绕凸轮回转中心转过角 δ，便得到凸轮理论轮廓曲线上的对应 B 点，点 B 的坐标为

$$\begin{cases} x=a\cos\delta-b\cos(\psi_0+\psi-\delta) \\ y=a\sin\delta+b\sin(\psi_0+\psi-\delta) \end{cases} \qquad (3-19)$$

当从动件推程摆动方向与凸轮转动方向相反时，B 点的坐标为

$$\begin{cases} x = a\cos\delta - b\cos(\psi_0 + \psi + \delta) \\ y = a\sin\delta - b\sin(\psi_0 + \psi + \delta) \end{cases} \tag{3-20}$$

式中，ψ_0 为摆动从动件的初位角，$\psi_0 = \arccos\dfrac{a^2 + b^2 - r_0^2}{2ab}$。

滚子摆动从动件盘形凸轮的实际工作轮廓曲线方程，只要将式(3-19)或式(3-20)中的 x、y 值代入式(3-13)便可求得。

3.4　凸轮机构基本参数的确定

凸轮的基圆半径 r_0 直接决定着凸轮机构的尺寸。在前面介绍盘形凸轮轮廓曲线设计时，都是假定凸轮的基圆半径已经给出。而实际上，凸轮的基圆半径的选择要考虑许多因素，如要考虑凸轮机构中的作用力，保证机构有较好的受力情况。为此，在选择凸轮的基本参数如基圆半径 r_0、偏距 e、滚子半径 r_r 等时，除应保证从动件能够准确地实现给定的运动外，还应考虑机构的传动效率、运动是否失真、结构是否紧凑等方面的问题。下面就这几方面的问题加以讨论。

3.4.1　压力角的确定

如图 3.26 所示，F_Q 为推杆所承受的外载荷（从动件的自重和弹簧压力等），当不计凸轮与从动件之间的摩擦时，凸轮给从动件的力 F 是沿公法线 nn' 方向的，把从动件在高副 B 处所受的法向压力 F 与从动件在该点的绝对线速度 v 方向所夹的锐角 α 称为凸轮机构的压力角。凸轮机构的压力角是凸轮设计的重要参数。由图 3.26 可以看出，力 F 可分解为沿从动件运动方向的有用分力 F_y 和使从动件压紧导路的有害分力 F_x，即

$$\begin{cases} F_x = F\sin\alpha \\ F_y = F\cos\alpha \end{cases}$$

上式表明，在驱动力 F 一定的条件下，压力角 α 越大，有害分力 F_x 越大，所引起的摩擦阻力越大，机构的效率就越低。当 α 增大到某一数值时，有效分力 F_y 减小到与从动件的外载荷相平衡状态，这时无论凸轮给从动件的作用力有多大，从动件都不能运动，这种现象称为自锁。为了保证凸轮机构正常工作且具有一定的传动效率，设计时应对压力角有所限制。由于凸轮轮廓上各点的压力角通常是变化的，因此须限制最大压力角不超过许用值，即 $\alpha_{max} \leqslant [\alpha]$。

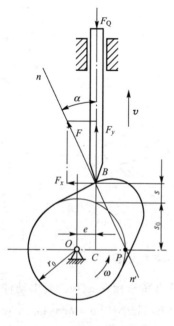

图 3.26　尖顶偏置直动从动件盘形凸轮机构的压力角

在一般设计中，推荐推程时许用压力角：直动从动件凸轮机构，$[\alpha] = 30° \sim 38°$；摆动从动件凸轮机构，$[\alpha] = 40° \sim 50°$。

常用的力锁合式凸轮机构，无论是直动从动件还是摆动从动件，回程中从动件通常是靠外力或自重作用返回的，一般不会出现自锁现象，故回程许用压力角可取 $[\alpha]=70°\sim80°$。对于这类凸轮机构，通常只需校核推程压力角。

1. 直动从动件盘形凸轮机构的压力角

图 3.26 所示为尖顶偏置直动从动件盘形凸轮机构在推程的位置，偏距为 e，接触点 B 的公法线 nn' 与过点 O 的导路垂线交于 P 点，即 P 点为凸轮与从动件在此位置时的相对速度瞬心。若此时从动件的速度为 v，凸轮的角速度为 ω，则 $v_P=v=OP\omega$，所以 $OP=\dfrac{v}{\omega}=\dfrac{\mathrm{d}s}{\mathrm{d}\delta}$，由 $\triangle BCP$ 知

$$\tan\alpha=\frac{OP\mp OC}{BC}=\frac{OP\mp e}{s_0+s}$$

可得到直动从动件盘形凸轮机构的压力角计算公式为

$$\tan\alpha=\frac{\dfrac{\mathrm{d}s}{\mathrm{d}\delta}\mp e}{\sqrt{r_0^2-e^2}+s} \tag{3-21}$$

式中，正负号与偏置方向有关。由凸轮的回转中心作从动件轴线的垂线得垂足 C，若凸轮在垂足 C 的速度沿从动件的推程方向，则凸轮机构为正偏置，反之为负偏置。若为正偏置，式中 e 取"$-$"，压力角将减小；若为负偏置，式中 e 取"$+$"，压力角将增大。即当凸轮顺时针转动时，从动件偏置在凸轮回转中心的左侧时为正偏置，反之为负偏置；当凸轮逆时针转动时，从动件偏置在凸轮回转中心的右侧时为正偏置，反之为负偏置。

2. 摆动从动件盘形凸轮机构的压力角

图 3.27 所示为尖顶摆动从动件盘形凸轮机构在推程的位置，过接触点 B 作公法线 nn'，交连心线 OA 于 P 点，P 点为凸轮与从动件在此位置时的相对速度瞬心，并且

$$\frac{\mathrm{d}\psi}{\mathrm{d}\delta}=\frac{\omega_2}{\omega_1}=\frac{OP}{AP}=\frac{a-AP}{AP} \tag{3-22}$$

由 $\mathrm{Rt}\triangle PDB$ 得

$$\tan\alpha=\frac{BD}{PD}=\frac{l-AP\cos(\psi_0+\psi)}{AP\sin(\psi_0+\psi)} \tag{3-23}$$

联立式(3-22)、式(3-23)，解得

$$\tan\alpha=\frac{-a\cos(\psi_0+\psi)+l\left(1+\dfrac{\omega_2}{\omega_1}\right)}{a\sin(\psi_0+\psi)} \tag{3-24}$$

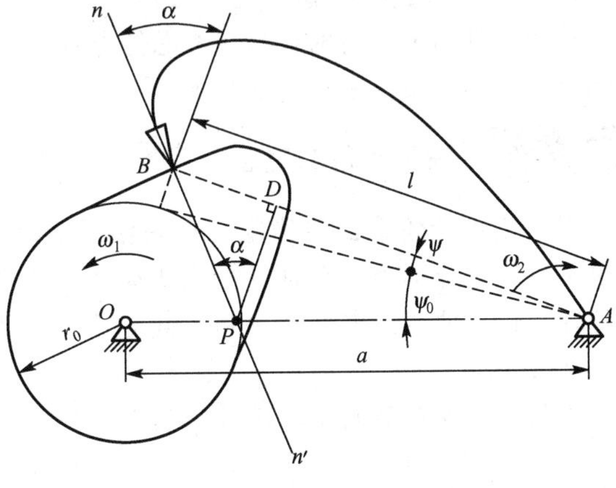

图 3.27 尖顶摆动从动件盘形凸轮机构的压力角

式(3-24)是按 ω_1 和 ω_2 转向相反推导出的，若 ω_1 和 ω_2 同向，则

$$\tan\alpha=\frac{a\cos(\psi_0+\psi)-l\left(1-\dfrac{\omega_2}{\omega_1}\right)}{a\sin(\psi_0+\psi)} \tag{3-25}$$

式中，$\cos\psi_0 = \dfrac{a^2 + l^2 - r_0{}^2}{2al}$；$\psi_0$ 为摆动从动件的初始角；ψ 为摆动从动件的角位移；a 为凸轮回转中心与摆动从动件转动中心间的距离；l 为摆动从动件的摆杆长。

由以上分析可知，凸轮机构的压力角 α 除了与给定的从动件和运动规律有关外，还与基圆半径 r_0 和中心距 a、偏距 e、摆杆长度 l 有关。

3.4.2　基圆半径的确定

凸轮的基圆半径的大小，不仅影响凸轮机构的结构尺寸，还影响凸轮机构的压力角。由式(3-21)可知，在其他条件都不变的情况下，若基圆半径增大，则凸轮的尺寸也将随之增大，因此，欲使机构结构紧凑就应当采用较小的基圆半径。但是，基圆半径减小会引起压力角增大，降低机构的传动效率。在实际设计中，确定凸轮机构的基圆半径时，应综合考虑以下因素。

1. 按机构的最大压力角不超过许用压力角确定凸轮机构的基圆半径

令式(3-21)中的 $\alpha = [\alpha]$，得到基圆半径

$$r_0 = \left[\left(\frac{\dfrac{\mathrm{d}s}{\mathrm{d}\delta} \mp e}{\tan[\alpha]} - s \right)^2 + e^2 \right]^{\frac{1}{2}} \tag{3-26}$$

由式(3-26)知，对应不同的凸轮转角 δ，$\alpha = [\alpha]$ 时的基圆半径 r_0 不同。因此根据不同的 δ 值计算对应的一系列 r_0 值，选择最大值作为基圆半径。这样所求得的基圆半径可保证在工作行程中满足 $\alpha_{\max} \leqslant [\alpha]$。

2. 根据支承轴的结构和强度确定凸轮机构的基圆半径

凸轮与轴做成一体或单独加工后装在轴上，通常可按下述经验公式初取基圆半径。

$$r_0 \geqslant 0.9d + (4 \sim 10)\,\mathrm{mm}$$

式中，d 为安装凸轮处轴的直径（mm）。

显然，基圆半径的确定既应考虑传力效果，也应考虑凸轮的安装及结构。因此，应同时满足以上两个条件来确定基圆半径。

3.4.3　滚子半径的确定

当凸轮理论轮廓曲线确定之后，滚子半径的选取对凸轮实际轮廓曲线有很大影响。若滚子半径选择不当，有时可能使从动件不能准确地实现预期的运动规律。滚子半径 r_r、凸轮理论轮廓曲线曲率半径 ρ 和实际轮廓曲线曲率半径 ρ' 三者之间存在一定的关系，如图3.28所示。

当凸轮理论轮廓曲线内凹时 [图3.28(a)]，有

$$\rho' = \rho + r_r$$

这时，无论滚子半径大小，凸轮实际轮廓总是光滑曲线。

当凸轮理论轮廓外凸时 [图3.28(b)]，有

$$\rho' = \rho - r_r$$

这时，若 $\rho > r_r$，则 $\rho' > 0$，即能完整地加工出光滑的凸轮实际轮廓；若 $\rho = r_r$，则 $\rho' = 0$ [图3.28(c)]，即凸轮实际轮廓出现尖点，工作时极易磨损并产生振动；若 $\rho < r_r$，则

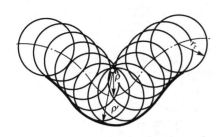
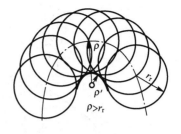

(a) 凸轮理论轮廓曲线内凹

(b) 凸轮理论轮廓曲线外凹

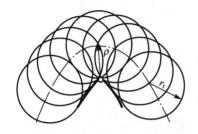
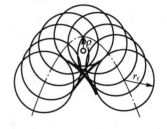

(c) 凸轮理论轮廓曲线外凸 $\rho = r_r$

(d) 凸轮理论轮廓曲线外凸 $\rho < r_r$

图 3.28　滚子半径的选择

$\rho' < 0$ [图 3.28(d)]，作图时实际轮廓出现交叉现象，加工时这部分交叉廓线将被刀具切去，致使从动件不能实现预期的运动规律，这种现象称为运动失真。为避免运动失真现象发生，必须使滚子半径 r_r 小于凸轮理论轮廓曲线外凸部分的最小曲率半径 ρ_{min}。但滚子半径过小，会使接触压力增大，强度降低，所以通常取 $r_r \leqslant 0.8\rho_{min}$，并要求凸轮实际轮廓曲线的最小曲率半径 $\rho'_{min} \geqslant 3\text{mm}$。当按上述条件选取的滚子半径不能满足安装和强度要求时，可适当加大凸轮基圆半径，重新进行设计。

3.4.4　平底尺寸的确定

平底从动件平底尺寸的确定必须保证凸轮轮廓与平底始终相切，否则从动件也会出现"失真"，甚至卡住。

通常平底长度 L 应取

$$L = 2l_{max} + (5 \sim 7)\text{mm}$$

式中，l_{max} 为凸轮与平底相切点到从动件运动中心距离的最大值。

如果用图解法设计凸轮的轮廓曲线，当设计出凸轮的轮廓曲线后，可求出平底与凸轮轮廓曲线相切的最左位置 m 和最右位置 n（图 3.21），取两者间的最大值为 l_{max}。

如果用解析法设计凸轮的轮廓曲线，如图 3.29 所示。从动件上升时 [图 3.29(a)]，接触点 T' 在导路右侧，$\mathrm{d}s/\mathrm{d}\delta$ 为正值，其极右位置对应于 $(\mathrm{d}s/\mathrm{d}\delta)_{max}$；从动件下降时 [图 3.29(b)]，接触点 T'' 在导路左侧，$\mathrm{d}s/\mathrm{d}\delta$ 为负值，其极左位置对应于 $(\mathrm{d}s/\mathrm{d}\delta)_{min}$。为了减少磨损，通常平底的底面可做成一圆盘，其平底的直径为

$$L = 2\left|\frac{\mathrm{d}s}{\mathrm{d}\delta}\right|_{max} + \Delta L$$

式中，ΔL 根据结构而定，一般 $\Delta L = 5 \sim 7\text{mm}$。

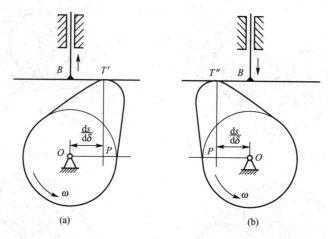

图 3.29　平底从动件平底尺寸的确定

1. 思考题

3－1　什么是刚性冲击、柔性冲击？常见的运动规律哪些会出现刚性冲击？哪些会出现柔性冲击？

3－2　什么是凸轮的理论轮廓曲线？尖顶从动件凸轮机构、滚子从动件凸轮机构和平底从动件凸轮机构的实际轮廓曲线和理论轮廓曲线有何区别？

3－3　什么是凸轮机构的压力角？滚子从动件凸轮机构的压力角如何度量？压力角变化对凸轮机构有何影响？

3－4　什么是正偏置？什么是负偏置？若凸轮以顺时针转动，采用偏置直动从动件时，从动件的导路线应偏向凸轮回转中心的哪一侧较合理？为什么？

3－5　为什么不能为了机构紧凑，而任意减小盘形凸轮的基圆半径？

3－6　设计滚子从动件盘形凸轮机构时，如实际轮廓上出现尖点，将可能出现什么后果？面对这一实际结果，设计上应如何处理？

2. 填空题

3－7　在凸轮机构的几种基本从动件运动规律中，_____运动规律使凸轮机构产生刚性冲击，_____运动规律使凸轮机构产生柔性冲击，_____运动规律则使凸轮机构没有冲击。

3－8　以凸轮的理论轮廓曲线的最小半径所作的圆称为凸轮的_____。

3－9　平底对心直动从动件盘形凸轮机构中，其压力角等于_____。

3－10　凸轮机构主要是由_____、_____和固定机架三个基本构件组成。

3－11　凸轮理论轮廓曲线上的某点的公法线方向（即从动杆的受力方向）与从动杆速度方向之间的夹角称为凸轮在该点的_____。

3－12　从动件与凸轮轮廓的接触形式有_____、_____和平底三种。

3－13　凸轮机构从动件等速运动的位移为一条_____，从动件等加速等减速运动的位移曲线为一条_____。

3－14 凸轮与从动件接触处的运动副属于＿＿＿＿＿。

3－15 按凸轮与从动件维持高副接触的方式分类，凸轮机构可有＿＿＿＿＿锁合和＿＿＿＿＿锁合两种。

3－16 凸轮机构的等加速等减速运动，是从动件＿＿＿＿＿先做等加速上升，然后＿＿＿＿＿做等减速上升完成的。

3. 判断题(正确的在括号内画√，错误的画×)

3－17 在滚子从动件盘形凸轮机构中，当凸轮理论轮廓曲线外凸部分的曲率半径大于滚子半径时，从动件的运动规律将出现"失真"现象。 （ ）

3－18 凸轮机构中，从动件按等加速等减速运动规律是指从动件在推程按等加速运动，在回程按等减速运动。 （ ）

3－19 为了避免从动件运动失真，平底从动件凸轮轮廓不能内凹。 （ ）

3－20 滚子对心从动件盘形凸轮的实际轮廓曲线是理论轮廓曲线的等距曲线，故实际轮廓曲线上各点的向径就等于理论轮廓曲线上各点的向径减去滚子半径。 （ ）

3－21 设计平底直动从动件盘形凸轮机构时，平底左右两侧的宽度必须大于导路至左右最远切点的距离，以保证在所有位置平底都能与轮廓曲线相切。 （ ）

3－22 平底从动件盘形凸轮机构，其压力角的数值随从动件位置而变。 （ ）

3－23 对心直动滚子从动件盘形凸轮，凸轮的压力角就是理论轮廓曲线的压力角。 （ ）

3－24 滚子从动件盘形凸轮基圆半径是凸轮理论轮廓曲线的最小向径。 （ ）

3－25 凸轮机构从动件采用余弦加速度运动规律，既可避免刚性冲击又可避免柔性冲击。 （ ）

3－26 凸轮机构从动杆采用正弦加速度运动规律，既可避免刚性冲击又可避免柔性冲击。 （ ）

4. 选择题

3－27 在尖顶从动件凸轮机构中，基圆半径的大小会影响＿＿＿＿＿。

A. 从动件的位移 　　　　　　　　　B. 从动件的速度
C. 从动件的加速度 　　　　　　　　D. 凸轮机构的压力角

3－28 若对心尖顶直动从动件盘形凸轮机构的推程压力角超过许用值时，可采用＿＿＿＿＿措施来解决。

A. 增大基圆半径 　　　　　　　　　B. 改用滚子从动件
C. 改变凸轮转向 　　　　　　　　　D. 改为偏置尖顶直动从动件

3－29 与连杆机构相比，凸轮机构的最大缺点是＿＿＿＿＿。

A. 惯性力难以平衡 　　　　　　　　B. 点、线接触，易磨损
C. 设计较复杂 　　　　　　　　　　D. 不能实现间歇运动

3－30 若减小凸轮机构的推程压力角 α，则该凸轮机构的凸轮基圆半径将＿＿＿＿＿，从动件上所受的有害分力将＿＿＿＿＿。

A. 增大 　　　　　　　　　　　　　B. 减少
C. 不变

3－31 平底从动件盘形凸轮的基圆半径是由＿＿＿＿＿决定的。

A. 许用压力角 　　　　　　　　　　B. 最小曲率半径

C. 最大行程

5. 作图题

3-32 已知偏置直动从动件盘形凸轮机构(图 3.30),AB 段为凸轮的推程轮廓曲线,请在图上标出从动件的行程 h、推程运动角 δ_t、远休止角 δ_s。

3-33 已知一偏心直动从动件盘形凸轮机构(图 3.31),凸轮为一以 C 为圆心的圆盘,试在图上标出轮廓上 F 点与尖顶接触时的压力角。

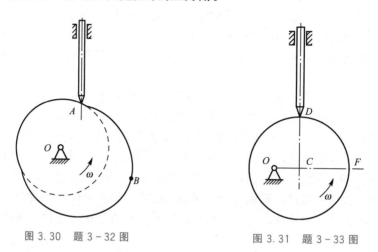

图 3.30 题 3-32 图   图 3.31 题 3-33 图

3-34 已知凸轮机构的起始位置如图 3.32 所示,试用反转法直接在图上标出下面内容。

(1) 凸轮按 ω 方向转过 45°时,从动件的位移或角位移。

(2) 凸轮按 ω 方向转过 45°时,凸轮机构的压力角。

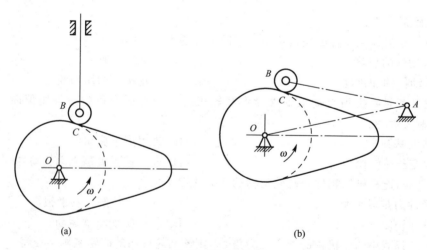

(a)   (b)

图 3.32 题 3-34 图

3-35 设计一对心尖顶直动从动件盘形凸轮机构。已知凸轮的基圆半径 $r_0 = 30$mm,凸轮顺时针等速回转。在推程中,凸轮转过 150°时,从动件等速上升 50mm;凸轮继续转过 30°时,从动件保持不动。在回程中,凸轮转过 120°时,从动件以等加速等减速运动规律回到原处;凸轮转过其余 60°时,从动件又保持不动。试用图解法绘制从动件的位移线图及凸轮的轮廓曲线。

3-36 设计尖顶偏置直动从动件盘形凸轮机构。已知凸轮以等角速度顺时针方向回转，偏距 $e=10$mm，基圆半径 $r_0=40$mm，从动件的行程 $h=20$mm。从动件的运动规律如下：$\delta_t=150°$，$\delta_s=30°$，$\delta_h=120°$，$\delta'_s=60°$，从动件在推程以余弦加速度运动规律上升，在回程以等速运动规律返回原处。试用图解法绘出从动件位移线图及凸轮轮廓曲线。若设计偏置直动滚子从动件盘形凸轮机构，滚子半径 $r_r=5$mm，试绘出凸轮轮廓曲线。

3-37 设计一尖顶摆动从动件盘形凸轮机构。已知凸轮以等角速度顺时针转动，基圆半径 $r_0=30$mm，凸轮转动中心与摆杆摆动中心的距离为 75mm，摆杆的最大摆动角为30°，推程摆杆逆时针摆动。从动件运动规律如下：$\delta_t=180°$，$\delta_s=0°$，$\delta_h=120°$，$\delta'_s=60°$，从动件推程以余弦加速度运动规律摆动，回程以等加速等减速运动规律返回原处。试绘制从动件位移曲线和凸轮的轮廓曲线。

3-38 用图解法设计一平底直动从动件盘形凸轮机构的轮廓曲线（图3.33）。已知凸轮以等角速度 ω 顺时针转动，基圆半径 $r_0=30$mm，平底与从动件导路垂直。当凸轮转过135°时，从动件以余弦加速度运动规律上升30mm，再转过165°时，从动件以等加速等减速运动规律回到原位，凸轮转过其余60°时，从动件静止不动。

6. 设计计算题

3-39 设计图3.24所示平底直动从动件盘形凸轮机构。已知 $\delta_t=90°$，$\delta_s=60°$，$\delta_h=60°$，$\delta'_s=120°$，行程 $h=10$mm，基圆半径 $r_0=30$mm，从动件推程和回程均做余弦加速度运动，凸轮转向为顺时针，$\omega=10$rad/s。试用解析法计算 $\delta=30°$ 时凸轮的实际轮廓坐标。

3-40 设计一偏置直动滚子从动件盘形凸轮机构。如图3.34所示，已知凸轮以等角速度 ω 顺时针转动，凸轮基圆半径 $r_0=40$mm，偏距 $e=10$mm，从动件行程 $h=30$mm，滚子半径 $r_r=10$mm，$\delta_t=150°$，$\delta_s=30°$，$\delta_h=120°$，$\delta'_s=60°$；从动件推程、回程均采用余弦加速运动规律。试用解析法计算该凸轮的理论轮廓曲线和实际轮廓曲线上各点坐标值（每条曲线计算一点），并绘出凸轮理论轮廓曲线和实际工作轮廓曲线。

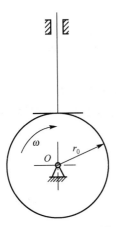

图3.33 题3-38图

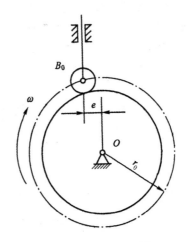

图3.34 题3-40图

第4章
齿轮机构及其设计

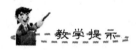

教学提示

　　齿轮机构是本课程的主要内容之一。本章主要介绍齿轮机构的类型及特点；齿廓啮合基本定律与共轭齿廓；渐开线及渐开线齿廓啮合特性；渐开线标准直齿圆柱齿轮及其啮合传动；渐开线齿廓的切削加工；变位齿轮和变位齿轮传动；斜齿圆柱齿轮机构、蜗杆传动机构、锥齿轮机构。本章重点讨论渐开线标准直齿圆柱齿轮的啮合原理和几何设计。

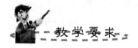

教学要求

　　了解齿轮机构的类型和应用。

　　掌握齿廓啮合基本定律和定传动比条件。

　　掌握渐开线齿轮的啮合特性(定传动比、可分性、力方向不变)。

　　熟练掌握直齿圆柱齿轮的基本参数，啮合传动(正确啮合、正确安装、连续传动)，以及几何尺寸计算。

　　了解渐开线齿廓的切削加工原理、根切现象及无根切的最少齿数。

　　掌握斜齿圆柱齿轮机构、蜗杆传动机构和锥齿轮机构的基本参数、正确啮合条件及几何尺寸计算。

4.1 齿轮机构的类型及特点

齿轮机构是一种高副机构，通过轮齿的直接接触来传递两轴间的运动和动力。齿轮机构的优点是传递功率的范围和圆周速度的范围大、传动效率高、传动比准确、使用寿命长、工作可靠，是应用最广泛的传动机构之一。齿轮机构的缺点是制造和安装精度高，故成本较高。

根据齿轮传递运动和动力时两轴间的相对位置，齿轮机构可以分为平面齿轮机构和空间齿轮机构。

1. 平面齿轮机构

平面齿轮机构用于两平行轴间的运动和动力的传递，两齿轮间的相对运动为平面运动，齿轮的外形呈圆柱形，故又称圆柱齿轮机构。

平面齿轮机构可以分为外啮合齿轮机构、内啮合齿轮机构和齿轮齿条机构。外啮合齿轮机构由轮齿分布在外圆柱表面的齿轮相互啮合组成，两齿轮的转动方向相反，如图 4.1(a)所示。内啮合齿轮机构由一个小外齿轮与轮齿分布在内圆柱表面的大齿轮相互啮合组成，两齿轮的转动方向相同，如图 4.1(b)所示。齿轮齿条机构由一个外齿轮与齿条相互啮合组成，可以实现转动与直线运动的相互转换，如图 4.1(c)所示。

图 4.1(a)～图 4.1(c)中各齿轮轮齿的方向与齿轮的轴线平行，称为直齿轮；图 4.1(d)中齿轮轮齿的方向与齿轮的轴线倾斜了一定的角度，称为斜齿轮；图 4.1(e)中轮齿由方向相反的两部分构成，称为人字齿轮。

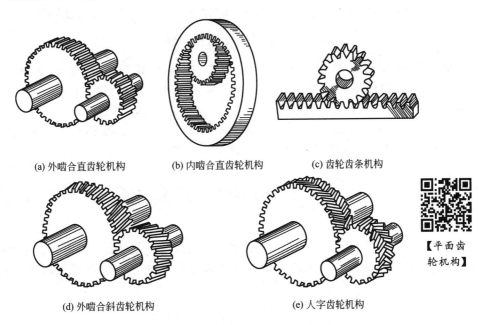

(a) 外啮合直齿轮机构　　　(b) 内啮合直齿轮机构　　　(c) 齿轮齿条机构

【平面齿轮机构】

(d) 外啮合斜齿轮机构　　　(e) 人字齿轮机构

图 4.1　平面齿轮机构

2. 空间齿轮机构

空间齿轮机构用于两相交轴或相互交错轴间的运动和动力的传递，两齿轮间的相对运动为空间运动。

用于两相交轴间的运动和动力传递的齿轮外形呈圆锥形，故称为锥齿轮机构。它有直齿［图 4.2(a)］和曲线齿［图 4.2(b)］两种。

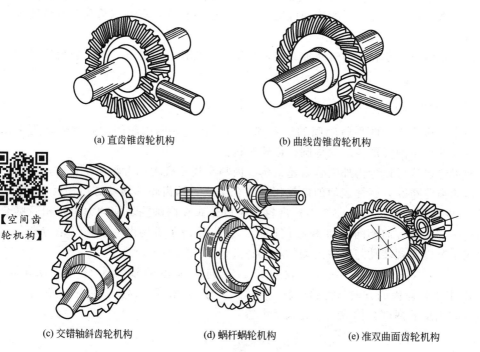

(a) 直齿锥齿轮机构　　　　　　　　　(b) 曲线齿锥齿轮机构

【空间齿轮机构】

(c) 交错轴斜齿轮机构　　　　(d) 蜗杆蜗轮机构　　　　(e) 准双曲面齿轮机构

图 4.2　空间齿轮机构

用于两相互交错轴间的运动和动力传递的齿轮机构有交错轴斜齿轮机构［图 4.2(c)］、蜗杆蜗轮机构［图 4.2(d)］和准双曲面齿轮机构［图 4.2(e)］。

齿轮机构的瞬时传动比若不变($i_{12} = \omega_1/\omega_2 =$ 常数)，则称为定传动比齿轮机构；齿轮机构的瞬时传动比若变化($i_{12} = \omega_1/\omega_2 \neq$ 常数)，则称为变传动比齿轮机构，此时齿轮的外形非圆形。本章只介绍定传动比齿轮机构。

4.2　齿廓啮合基本定律

齿轮是通过齿廓表面的接触来传递运动和动力的，齿廓表面可以由各种曲面构成。无论两齿轮齿廓形状如何，其平均传动比（两齿轮的转速比）总是等于两齿轮齿数的反比，即

$$i_{12} = \frac{n_1}{n_2} = \frac{z_2}{z_1} \tag{4-1}$$

齿轮机构的瞬时传动比是两齿轮的瞬时角速度之比，即

$$i_{12} = \frac{\omega_1}{\omega_2} \qquad\qquad (4-2)$$

而齿轮的瞬时传动比与齿廓曲面形状有关，这一规律可以由齿廓啮合基本定律进行描述。

设图 4.3 中 λ_1 和 λ_2 是一对分别绕 O_1 和 O_2 转动的平面齿轮的齿廓曲线，它们在点 K 相接触，K 称为啮合点。过啮合点 K 作两齿廓的公法线 nn'，nn' 与两齿轮的连心线 O_1O_2 交于点 P。

根据瞬心的概念可知交点 P 是两齿轮的相对瞬心。此时 λ_1 和 λ_2 在 P 点的速度相等。

$$v_P = O_1P \times \omega_1 = O_2P \times \omega_2$$

故两轮的瞬时传动比为

$$i_{12} = \frac{\omega_1}{\omega_2} = \frac{O_2P}{O_1P} \qquad\qquad (4-3)$$

由以上分析可以得出齿廓啮合基本定律：相互啮合的一对齿轮，在任一位置时的传动比，都与其连心线 O_1O_2 被啮合点的公法线所分成的两段长度成反比。

满足齿廓啮合基本定律的一对齿廓称为共轭齿廓。

齿廓啮合基本定律描述了两个齿轮齿廓（两个几何要素）与两个齿轮的角速度（两个运动要素）之间的关系。当已知任意三个要素即可求出第四个，如齿轮传动中已知两个齿轮齿廓及主动轮的角速度 ω_1，即可求出从动轮的角速度 ω_2；又如，用展成法加工齿轮时（见 4.6 节），当刀具与轮坯按一定的传动比 ω_1/ω_2 运动时，已知刀具齿廓形状，则刀具齿廓就在齿坯上加工出所需的共轭齿廓。这说明齿轮的瞬时传动比与齿廓形状有关，可根据齿廓曲线确定齿轮传动比；反之，也可以按照给定的传动比来确定齿廓曲线。

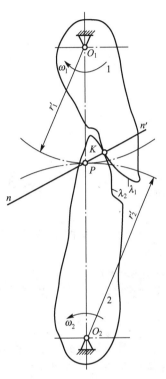

图 4.3 齿廓啮合基本定律

齿廓啮合基本定律适用于定传动比的齿轮机构，也适用于变传动比的齿轮机构。

机械中对齿轮机构的基本要求是瞬时传动比必须为常数，这样可以减小由于机构转速变化所带来的机械系统惯性力、振动、冲击和噪声等。由式（4-3）可知，若要求两齿轮的传动比为常数，则应使 O_2P/O_1P 为常数。而由于在两齿轮的传动过程中，其轴心 O_1 和 O_2 均为定点，因此欲使 O_2P/O_1P 为常数，则必须使 P 点在连心线上为一定点。由此可得出齿轮机构定传动比传动条件：不论两齿轮齿廓在何位置啮合，过啮合点所作的两齿廓公法线必须与两齿轮的连心线相交于一定点。

点 P 称为两齿轮的啮合节点（简称节点）。分别以两齿轮的回转中心 O_1 和 O_2 为圆心，以 $r_1' = O_1P$、$r_2' = O_2P$ 为半径作圆，称为两齿轮的节圆。这两个圆相切于节点 P，因此，两齿轮的啮合传动可以看成两个节圆做纯滚动；两齿轮在节圆上的圆周速度相等；节圆是节点在两齿轮运动平面上的轨迹。

同理，由式（4-3）可知，当要求两齿轮做变传动比传动时，节点 P 就不再是连心线上的一个定点，而应是按传动比的变化规律在连心线上移动的。这时，P 点在齿轮 1、齿轮 2 运动平面上的轨迹也就不再是圆，而是一条非圆曲线，称为节曲线。图 4.4 所示的两个椭圆即为该对非圆齿轮的节曲线。

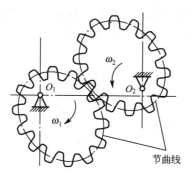

节曲线

图 4.4　非圆形齿轮及节曲线

4.3　渐开线齿廓及其啮合特性

齿轮的齿廓曲线必须满足齿廓啮合基本定律。现代工业中应用最多的齿廓曲线是渐开线曲线。

4.3.1　渐开线的形成及特性

1. 渐开线的形成

如图 4.5 所示，当直线 NK 沿一圆周做纯滚动时，直线上任意点 K 的轨迹 AK，就是该圆的渐开线。该圆称为渐开线的基圆，其半径用 r_b 表示；直线 NK 称为渐开线的发生线；角 θ_K 称为渐开线上 K 点的展角。

2. 渐开线的特性

渐开线具有下列特性。

（1）由于发生线在基圆上做纯滚动，因此发生线沿基圆滚过的直线长度等于基圆上被滚过的圆弧长度，即

$$NK = \overset{\frown}{NA}$$

（2）由于发生线在基圆上做纯滚动，因此发生线与基圆的切点 N 即为其速度瞬心，发生线 NK 即为渐开线在点 K 的法线。故可得出结论：渐开线上任意点的法线必切于基圆。

（3）发生线与基圆的切点 N 也是渐开线在点 K 处的曲率中心，而线段 NK 就是渐开线在点 K 处的曲率半径。又由图 4.5 可知，在基圆上的曲率半径最小，其值为零。渐开线越远离基圆，其曲率半径越大。

（4）渐开线的形状取决于基圆的大小。如图 4.6 所示，在展角 θ_K 相同的条件下，基圆半径越大，其曲率半径越大，渐开线的形状越平直。当基圆半径为无穷大时，其渐开线就

变为一条直线。故齿条的齿廓曲线为直线。

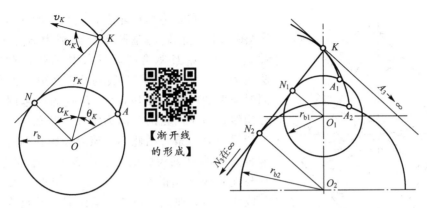

图 4.5　渐开线的形成　　　　　图 4.6　渐开线的形状取决于基圆的大小

（5）基圆以内无渐开线。

4.3.2　渐开线函数及渐开线方程

如图 4.5 所示，以 O 为极点，以 OA 为极坐标轴，渐开线上任一点 K 的极坐标可以用向径 r_K 和展角 θ_K 来确定。当以此渐开线作为齿轮的齿廓，并与其共轭齿廓在点 K 啮合时，则此齿廓在该点所受正压力的方向（法线 NK 方向）与该点速度方向（垂直于直线 OK 方向）之间所夹的锐角称为渐开线在该点的压力角，用 α_K 表示。

由图 4.5 可知，$\alpha_K = \angle NOK$，并且有

$$\cos\alpha_K = \frac{r_b}{r_K} \tag{4-4}$$

因为

$$\tan\alpha_K = \frac{NK}{ON} = \frac{\widehat{AN}}{r_b} = \frac{r_b(\alpha_K + \theta_K)}{r_b} = \alpha_K + \theta_K$$

故

$$\theta_K = \tan\alpha_K - \alpha_K$$

上式说明，展角 θ_K 是压力角 α_K 的函数。又因该函数是根据渐开线的特性推导出来的，故称其为渐开线函数，工程上常用 $\mathrm{inv}\alpha_K$ 来表示，即

$$\mathrm{inv}\alpha_K = \theta_K = \tan\alpha_K - \alpha_K$$

综上所述，可得渐开线的极坐标方程为

$$\begin{cases} r_K = \dfrac{r_b}{\cos\alpha_K} \\ \theta_K = \mathrm{inv}\alpha_K = \tan\alpha_K - \alpha_K \end{cases} \tag{4-5}$$

4.3.3　渐开线齿廓的啮合特性

一对渐开线齿廓在啮合传动中，具有以下特性。

1. 渐开线齿廓能保证定传动比传动

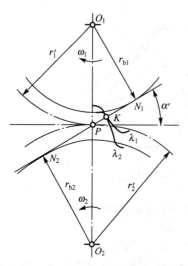

图 4.7　渐开线齿廓的啮合特性

现设 λ_1 和 λ_2 为两齿轮上相互啮合的一对渐开线齿廓(图 4.7),它们的基圆半径分别为 r_{b1}、r_{b2}。当 λ_1 和 λ_2 在任一点 K 啮合时,过点 K 所作这对齿廓的公法线为 N_1N_2。根据渐开线的特性可知,此公法线必同时与两轮的基圆相切,即 N_1N_2 为两基圆的一条内公切线。由于两轮的基圆为定圆,其在同一方向的内公切线只有一条,因此不论该对齿廓在何处啮合,过啮合点 K 所作两齿廓的公法线必为一条固定的直线,它与连心线 O_1O_2 的交点 P 必为一定点。故两个以渐开线作为齿廓曲线的齿轮,其瞬时传动比为常数,即

$$i_{12}=\frac{\omega_1}{\omega_2}=\frac{O_2P}{O_1P}=\text{常数}$$

机械传动中为保证机械系统运转的平稳性,要求齿轮能做定传动比传动,渐开线齿廓能满足此要求,故任意两个渐开线齿廓都是共轭齿廓。

2. 渐开线齿廓传动具有可分性

由图 4.7 可知,因 $\triangle O_1N_1P \backsim \triangle O_2N_2P$,故两轮的传动比又可写成

$$i_{12}=\frac{\omega_1}{\omega_2}=\frac{O_2P}{O_1P}=\frac{r_2'}{r_1'}=\frac{r_{b2}}{r_{b1}} \tag{4-6}$$

式(4-6)说明,一对渐开线齿轮的传动比等于两轮基圆半径的反比。对于渐开线齿轮来说,齿轮加工完成后,其基圆的大小就已完全确定,所以两轮传动比即完全确定,因而即使两齿轮的实际安装中心距与设计中心距略有偏差,也不会影响两齿轮的传动比。渐开线齿廓传动的这一特性称为传动的可分性。该特性对于渐开线齿轮的加工、制造、装配、调整、使用和维修都十分有利。

3. 渐开线齿廓之间的正压力方向不变

既然一对渐开线齿廓在任何位置啮合时,过接触点的公法线都是同一条直线 N_1N_2,这就说明一对渐开线齿廓从开始啮合到脱离接触,所有的啮合点均在直线 N_1N_2 上,即直线 N_1N_2 是两齿廓接触点的轨迹,称直线 N_1N_2 为渐开线齿轮传动的啮合线。由于在齿轮传动中两啮合齿廓间的正压力方向就是其接触点的公法线方向,而对于渐开线齿廓啮合传动来说,该公法线与啮合线是同一直线 N_1N_2,因此可知渐开线齿轮在传动过程中,两啮合齿廓之间的正压力方向始终不变。这对提高齿轮传动的平稳性十分有利。

正是由于渐开线齿廓具有上述这些特性,才使得渐开线齿轮在机械工程中获得广泛的应用。

4.4 渐开线标准直齿圆柱齿轮的几何尺寸

4.4.1 齿轮各部分的名称

图4.8所示为一标准直齿圆柱外齿轮的一部分，齿轮的各个部分都分布在不同的圆周上。

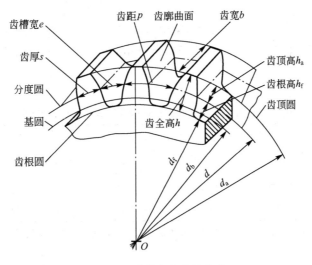

图4.8 齿轮各部分的名称

（1）齿顶圆。过所有轮齿顶端的圆称为齿顶圆，其半径和直径分别用 r_a 和 d_a 表示。

（2）齿根圆。过所有轮齿槽底的圆称为齿根圆，其半径和直径分别用 r_f 和 d_f 表示。

（3）分度圆。它是设计齿轮的基准圆，其半径和直径分别用 r 和 d 表示。

（4）齿厚、齿槽宽和齿距。沿任意圆周，同一轮齿左右两侧齿廓间的弧长称为该圆周上的齿厚，以 s_i 表示；相邻两轮齿，任意圆周上齿槽的弧线长度，称为该圆周上的齿槽宽，以 e_i 表示；沿任意圆周，相邻两齿同侧齿廓之间的弧长称为该圆周上的齿距，以 p_i 表示。在同一圆周上，齿距等于齿厚与齿槽宽之和，即

$$p_i = s_i + e_i \qquad (4-7)$$

分度圆上的齿厚、齿槽宽和齿距分别以 s、e 和 p 表示。

（5）齿顶高、齿根高和齿全高。轮齿介于分度圆与齿顶圆之间的部分称为齿顶，其径向高度称为齿顶高，以 h_a 表示；介于分度圆与齿根圆之间的部分称为齿根，其径向高度称为齿根高，以 h_f 表示；齿顶高与齿根高之和称为齿全高，以 h 表示，即

$$h = h_a + h_f \qquad (4-8)$$

4.4.2 齿轮的基本参数

（1）齿数。在齿轮整个圆周上轮齿的总数称为齿数，用 z 表示。

（2）模数。由于齿轮分度圆的周长等于 zp，因此分度圆直径 d 可表示为

$$d = \frac{zp}{\pi}$$

为了便于设计、计算、制造和检验,现令

$$m = \frac{p}{\pi}$$

m 称为齿轮的模数,其单位为 mm。于是得

$$d = mz \qquad (4-9)$$

模数 m 已经标准化,表 4-1 为国家标准 GB/T 1357—2008《通用机械和重型机械用圆柱齿轮 模数》所规定的标准模数系列。齿数相同的齿轮,若模数不同,则其尺寸也不同(图 4.9)。

表 4-1　圆柱齿轮标准模数系列表(GB/T 1357—2008)　　　　　(单位:mm)

第Ⅰ系列	1	1.25	1.5	2	2.5	3	4	5	6
	8	10	12	16	20	25	32	40	50
第Ⅱ系列	1.125	1.375	1.75	2.25	2.75	3.5	4.5	5.5	(6.5)
	7	9	11	14	18	22	28	36	45

注:选用模数时,应优先采用第Ⅰ系列,其次是第Ⅱ系列,括号内的模数尽可能不用。

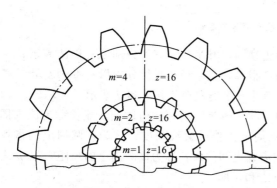

$m=4$　$z=16$

$m=2$　$z=16$

$m=1$　$z=16$

图 4.9　相同齿数、不同模数齿轮尺寸的比较

(3) 分度圆压力角(简称压力角)。由式(4-4)可知,同一渐开线齿廓上各点的压力角不同。通常所说的齿轮压力角是指在分度圆上的压力角,以 α 表示。根据式(4-4)有

$$\alpha = \arccos\left(\frac{r_b}{r}\right)$$

或

$$r_b = r\cos\alpha = \frac{1}{2}zm\cos\alpha \qquad (4-10)$$

国家标准 GB/T 1356—2001《通用机械和重型机械用圆柱齿轮 标准基本齿条齿廓》中规定,分度圆压力角的标准值为 $\alpha = 20°$。在某些特殊场合,α 也有采用其他值的情况,如 $\alpha = 15°$ 等。

(4) 齿顶高系数和顶隙系数。齿顶高系数和顶隙系数分别用 h_a^* 和 c^* 表示。

齿轮的齿顶高

$$h_a = h_a^* m \qquad (4-11)$$

齿根高

$$h_f = (h_a^* + c^*) m \qquad (4-12)$$

齿根高略大于齿顶高,这样从一个齿轮的齿顶到另一个齿轮的齿根的径向形成顶隙,即

$$c = c^* m \qquad (4-13)$$

顶隙既可以储存润滑油,也可以防止轮齿干涉。表 4-2 为 GB/T 1357—2008《通用

机械和重型机械用圆柱齿轮 模数》中规定的齿顶高系数和顶隙系数。

表 4-2 齿顶高系数和顶隙系数(GB/T 1357—2008)

	正常齿制	短齿制
齿顶高系数 h_a^*	1	0.8
顶隙系数 c^*	0.25	0.3

4.4.3 渐开线齿轮的尺寸计算公式

若齿轮基本参数中的 m、a、h_a^*、c^* 均为标准值，而且 $e=s$，则这种齿轮称为标准齿轮。表 4-3列出了渐开线标准直齿圆柱齿轮传动几何尺寸的计算公式。

表 4-3 渐开线标准直齿圆柱齿轮传动几何尺寸的计算公式

名 称	代 号	计 算 公 式	
		小 齿 轮	大 齿 轮
模 数	m	根据齿轮受力情况和结构需要确定，选取标准值	
压 力 角	α	选取标准值	
分度圆直径	d	$d_1 = mz_1$	$d_2 = mz_2$
齿 顶 高	h_a	$h_{a1} = h_{a2} = h_a^* m$	
齿 根 高	h_f	$h_{f1} = h_{f2} = (h_a^* + c^*)m$	
齿 全 高	h	$h_1 = h_2 = (2h_a^* + c^*)m$	
齿顶圆直径	d_a	$d_{a1} = (z_1 + 2h_a^*)m$	$d_{a2} = (z_2 + 2h_a^*)m$
齿根圆直径	d_f	$d_{f1} = (z_1 - 2h_a^* - 2c^*)m$	$d_{f2} = (z_2 - 2h_a^* - 2c^*)m$
基圆直径	d_b	$d_{b1} = d_1 \cos\alpha$	$d_{b2} = d_2 \cos\alpha$
齿 距	p	$p = \pi m$	
基圆齿距	p_b	$p_b = p\cos\alpha$	
齿 厚	s	$s = \pi m/2$	
齿 槽 宽	e	$e = \pi m/2$	
顶 隙	c	$c = c^* m$	
标准中心距	a	$a = m(z_1 + z_2)/2$	
节圆直径	d'	(当中心距为标准中心距 a 时)$d' = d$	
传 动 比	i	$i_{12} = \omega_1/\omega_2 = d_2'/d_1' = d_{b2}/d_{b1} = d_2/d_1 = z_2/z_1$	

4.4.4　内齿轮和齿条的尺寸

1. 内齿轮

图 4.10 所示为一内齿圆柱齿轮。由于内齿轮的轮齿分布在空心圆柱体的内表面上，因此它与外齿轮相比有下列特点。

（1）内齿轮的齿根圆大于齿顶圆。

（2）内齿轮的轮齿相当于外齿轮的齿槽，内齿轮的齿槽相当于外齿轮的轮齿，故内齿轮的齿廓是内凹的。

（3）为了使内齿轮齿顶的齿廓全部为渐开线，其齿顶圆必须大于基圆。

内齿轮与外齿轮的不同，使其部分基本尺寸的计算公式也不同，如齿顶圆直径 $d_a = d - 2h_a$，齿根圆直径 $d_f = d + 2h_f$ 等。

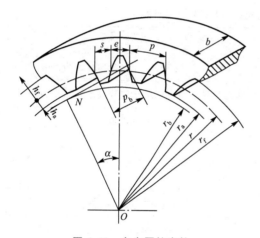

图 4.10　内齿圆柱齿轮

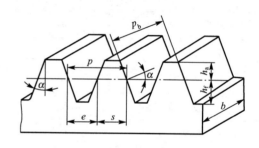

图 4.11　标准齿条

2. 齿条

图 4.11 所示为一标准齿条。齿条与齿轮相比有以下两个主要特点。

（1）由于齿条的齿廓是直线，因此齿廓上各点的法线是平行的。而且由于在传动时齿条是做直线移动的，因此齿条齿廓上各点的压力角相同，其大小等于齿廓直线的齿形角 α。

（2）由于齿条上各齿同侧的齿廓是平行的，因此不论在分度线上或与其平行的其他直线上，其齿距都相等，即 $p_i = p = \pi m$。

齿条的部分基本尺寸（如 h_a、h_f、s、e、p、p_b）可参照外齿轮几何尺寸的计算公式进行计算。

4.5　渐开线标准直齿圆柱齿轮的啮合传动

渐开线齿廓虽能够满足定传动比传动条件，但要实现一对渐开线齿轮的正常工作，还需要满足以下一些基本条件。

4.5.1　正确啮合条件

　　如果两个齿轮能够一起啮合，则必须使一个齿轮的轮齿能够正常进入到另一齿轮的齿槽，否则，将无法进行啮合传动。现结合图 4.12 加以说明。

　　如前所述，一对渐开线齿轮在传动时，它们的齿廓啮合点都应位于啮合线 N_1N_2 上，因此要使齿轮能正确啮合传动，应使处于啮合线上的各对轮齿都能同时进入啮合，为此两齿轮相邻两齿同侧齿廓的法向距离（法向齿距 p_n）应相等，即

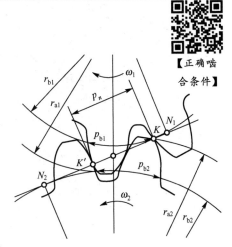

【正确啮合条件】

$$p_{n1}=K_1K_1'=K_2K_2'=p_{n2}$$

根据渐开线的特性1，法向齿距 p_n 应等于基圆上的齿距 p_b，所以有

图 4.12　齿轮正确啮合条件

$$p_{b1}=p_{b2}$$

$$m_1\cos\alpha_1=m_2\cos\alpha_2$$

式中，m_1、m_2 及 α_1、α_2 分别为两齿轮的模数和压力角。由于模数和压力角均已标准化，为满足上式应使

$$m_1=m_2=m,\quad \alpha_1=\alpha_2=\alpha \tag{4-14}$$

故一对渐开线齿轮正确啮合条件是两齿轮的模数和压力角应分别相等。这也是渐开线齿轮互换的必要条件。

4.5.2　正确安装条件

　　一对齿轮应满足的正确安装条件是两齿轮的顶隙为标准值，齿侧间隙为零。

　　如前所述，一对渐开线齿廓在啮合传动中具有可分性，即齿轮传动的中心距的变化不影响传动比，但会改变齿轮传动的顶隙和齿侧间隙的大小。

　　（1）两齿轮的顶隙为标准值。在一对齿轮传动时，为了避免一个齿轮的齿顶与另一个齿轮的齿槽底部及齿根过渡曲线部分相抵触，并且留一些空隙以便储存润滑油，在一个齿轮的齿顶圆与另一个齿轮的齿根圆之间留有一定的间隙，称为顶隙。顶隙的标准值为 $c=c^*m$。而由图 4.13(a) 可见，两轮的顶隙大小与两轮的中心距有关。

　　设当顶隙为标准值时，两轮的中心距为 a，则

$$a=r_{a1}+c+r_{f2}=(r_1+h_a^*m)+c^*m+(r_2-h_a^*m-c^*m)$$

$$=r_1+r_2=\frac{m(z_1+z_2)}{2} \tag{4-15}$$

即两轮的中心距应等于两轮分度圆半径之和，这种中心距称为标准中心距。

　　由前可知，一对齿轮啮合时两齿轮的节圆总是相切的，当两齿轮按标准中心距安装时，两齿轮的分度圆也是相切的，即 $r_1'+r_2'=r_1+r_2$。又因为 $i_{12}=r_2'/r_1'=r_2/r_1$，所以在此情况下，两齿轮的节圆分别与其分度圆重合。

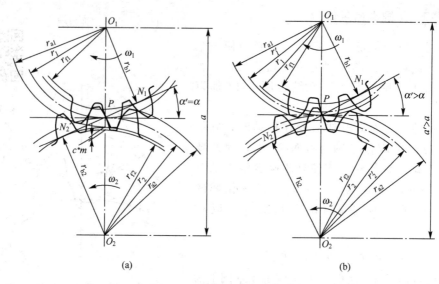

图 4.13　齿轮正确安装条件

（2）两齿轮的齿侧间隙为零。由图 4.13 可见，一对齿轮侧隙的大小显然也与中心距的大小有关。虽然实际齿轮传动中，在两齿轮的非工作齿侧间总要留有一定的间隙，但为了减小或避免轮齿间的反向冲撞和空程，这种齿侧间隙一般都很小，并由制造公差来保证。而在计算齿轮的公称尺寸和中心距时，都是按齿侧间隙为零来考虑的。

若一对齿轮在传动时其齿侧间隙为零，需使一个齿轮在节圆上的齿厚等于另一个齿轮在节圆上的齿槽宽。当一对标准齿轮按标准中心距安装时，两轮的节圆与其分度圆重合，而分度圆上的齿厚与齿槽宽相等，因此有 $s_1' = e_1' = s_2' = e_2' = \pi m/2$。故当标准齿轮按标准中心距安装时，其无齿侧间隙的要求也能得到满足。

一对齿轮在啮合时，其节点 P 的速度方向与啮合线 $N_1 N_2$ 之间所夹的锐角称为啮合角，用 α' 表示。由此定义可知，啮合角 α' 总是等于节圆压力角。当两轮按标准中心距安装时，因为齿轮的节圆与其分度圆重合，所以此时的啮合角 α' 也等于齿轮的分度圆压力角 α。

当两齿轮的实际中心距 a' 与标准中心距 a 不相同时，两齿轮的分度圆将不再相切。设将原来的中心距 a 增大 ［图 4.13(b)］，这时两齿轮的分度圆不再相切，而是相互分开一段距离。两齿轮的节圆半径将大于各自的分度圆半径，其啮合角 α' 也将大于分度圆的压力角

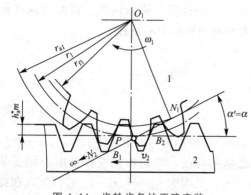

图 4.14　齿轮齿条的正确安装

α。因 $r_b = r\cos\alpha = r'\cos\alpha'$，故有

$$r_{b1} + r_{b2} = (r_1 + r_2)\cos\alpha = (r_1' + r_2')\cos\alpha'$$

则齿轮的中心距与啮合角的关系式为

$$a'\cos\alpha' = a\cos\alpha \qquad (4-16)$$

对于图 4.14 所示的齿轮齿条传动，由于齿条的渐开线齿廓变为直线，而且不论齿轮与齿条是标准安装（此时齿轮的分度圆与齿条的分度线相切），还是齿条沿径向线 $O_1 P$ 远离或靠近齿轮（相当于中心距改变），齿条的直线齿廓总是保持原始方向不变，因此啮

合线 N_1N_2 及节点 P 的位置也始终保持不变。这说明，对于齿轮和齿条传动，不论两者是否为标准安装，齿轮的节圆始终与其分度圆重合，其啮合角 α' 始终等于齿轮的分度圆压力角 α。只是在非标准安装时，齿条的节线与其分度线将不再重合。

4.5.3　连续传动条件

图 4.15 所示为一对满足正确啮合条件的渐开线直齿圆柱齿轮传动。设齿轮 1 为主动轮，以角速度 ω_1 顺时针转动；齿轮 2 为从动轮，以角速度 ω_2 逆时针转动。直线 N_1N_2 为这对齿轮传动的啮合线。现分析这对轮齿的啮合过程，B_2 点是从动轮即齿轮 2 的齿顶圆与啮合线 N_1N_2 的交点，B_1 是主动轮即齿轮 1 的齿顶圆与啮合线 N_1N_2 的交点，两齿轮轮齿在 B_2 点进入啮合。随着传动的进行，两齿廓的啮合点将沿着主动轮的齿廓，由齿根逐渐移向齿顶；而该啮合点沿着从动轮的齿廓，由齿顶逐渐移向齿根。B_1 点就是两轮齿脱离啮合的点。从一对轮齿的啮合过程来看，啮合点实际所走过的轨迹只是啮合线 N_1N_2 上的 B_1B_2 一段，故把 B_1B_2 称为实际啮合线段。若将两齿轮的齿顶圆加大，则 B_1、B_2 将分别趋近于啮合线与两基圆的切点 N_1、N_2。但因基圆以内没有渐开线，所以两齿轮的齿顶圆与啮合线的交点不得超过点 N_1 与 N_2。因此，啮合线 N_1N_2 是理论上可能达到的最长啮合线段，称为理论啮合线段，而点 N_1、N_2 则称为啮合极限点。

由此可见，一对轮齿啮合传动的区间是有限的，所以，为了使两轮能够连续传动，应使前一对轮齿在 B_1 点脱离啮合前，后一对轮齿就已经在 B_2 点开始进入啮合。为此，要求实际啮合线段 B_1B_2 的长度应大于或等于齿轮的法向齿距 p_b，即 $B_1B_2 \geqslant p_b$，如图 4.16 所示。

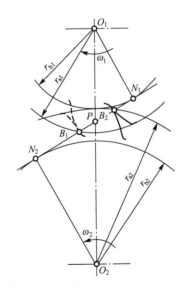

图 4.15　轮齿的啮合过程

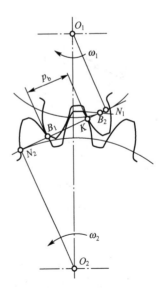

图 4.16　连续传动条件

通常把实际啮合线段 B_1B_2 的长度与齿轮的法向齿距 p_b 的比值称为齿轮传动的重合度，用 ε_a 表示。因此，齿轮连续传动的条件为

$$\varepsilon_a = \frac{B_1B_2}{p_b} \geqslant 1 \tag{4-17}$$

理论上，重合度 $\varepsilon_a = 1$ 就能保证连续传动。实际应用中，ε_a 应大于或等于许用值 $[\varepsilon_a]$，即

$$\varepsilon_a \geqslant [\varepsilon_a]$$

$[\varepsilon_a]$ 是由齿轮传动的使用要求和制造精度而定的。常用 $[\varepsilon_a]$ 的推荐值见表 4-4。

表 4-4　常用 $[\varepsilon_a]$ 的推荐值

使用场合	一般机械制造业	汽车拖拉机	金属切削机床
$[\varepsilon_a]$	1.4	1.1~1.2	1.3

由图 4.17(a)得

$$B_1 B_2 = PB_1 + PB_2$$

$$PB_1 = N_1 B_1 - N_1 P = r_{b1}(\tan\alpha_{a1} - \tan\alpha') = \frac{mz_1}{2}\cos\alpha(\tan\alpha_{a1} - \tan\alpha')$$

同理

$$PB_2 = \frac{mz_2}{2}\cos\alpha(\tan\alpha_{a2} - \tan\alpha')$$

式中，α' 为啮合角；z_1、z_2 及 α_{a1}、α_{a2} 分别为齿轮 1、2 的齿数及齿顶圆压力角。

将 $B_1 B_2$ 的表达式及 $p_b = \pi m \cos\alpha$ 代入式(4-17)，可得重合度的计算公式，即

$$\varepsilon_a = \frac{1}{2\pi}\left[z_1(\tan\alpha_{a1} - \tan\alpha') + z_2(\tan\alpha_{a2} - \tan\alpha')\right] \tag{4-18}$$

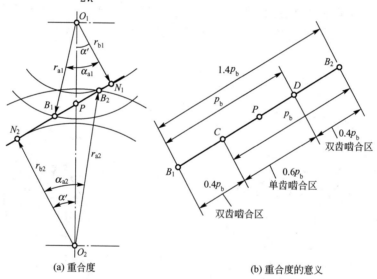

(a) 重合度　　　　　　　　　　　　(b) 重合度的意义

图 4.17　外啮合齿轮的重合度计算

重合度 ε_a 的意义：ε_a 的大小表示了同时参与啮合的轮齿对数的平均值。当 $\varepsilon_a = 1$ 时，表示前面一对轮齿即将在 B_1 点脱离啮合时，后一对轮齿恰好在 B_2 点进入啮合，啮合过程中始终仅有一对轮齿参与啮合。在图 4.17(b)中，当 $\varepsilon_a = 1.4$ 时，表示实际啮合线 $B_1 B_2$ 是法向齿距 p_b 的 1.4 倍；CD 段为单齿啮合区，当轮齿在此段啮合时，只有一对轮齿相啮合；$B_2 D$ 段和 $B_1 C$ 段为双齿啮合区，当轮齿在其上任一段啮合时，必有相邻的一对轮齿在另一段上啮合。

由式(4-18)可见：重合度 ε_a 与模数 m 无关，随着齿数 z 的增多而加大，对于按标准

中心距安装的标准齿轮传动，当两齿轮的齿数趋于无穷大时，极限重合度 $\varepsilon_{amax}=1.981$。此外，重合度 ε_a 还随啮合角 α' 的减小和齿顶高系数 h_a^* 的增大而增大。齿轮传动的重合度 ε_a 越大，意味着同时参与啮合的轮齿对数越多或双齿啮合区越长，这对于提高齿轮传动的平稳性及提高承载能力有重要意义。

【例 4.1】 已知一对外啮合渐开线标准直齿圆柱齿轮，$z_1=22$，$z_2=49$，$\alpha=20°$，$m=2.5\text{mm}$，$h_a^*=1$，试求：

(1) 当按标准中心距安装时，这对齿轮传动的重合度 ε_a；

(2) 当两轮中心距增大 1mm 时，这对齿轮传动的重合度 ε_a。

解： (1) 由题设条件得两齿轮的分度圆半径分别为

$$r_1=mz_1/2=2.5\text{mm}\times22/2=27.50\text{mm}$$
$$r_2=mz_2/2=2.5\text{mm}\times49/2=61.25\text{mm}$$

两齿轮的齿顶圆半径分别为

$$r_{a1}=r_1+m=27.5\text{mm}+2.5\text{mm}=30.00\text{mm}$$
$$r_{a2}=r_2+m=61.25\text{mm}+2.5\text{mm}=63.75\text{mm}$$

两齿轮的齿顶圆压力角分别为

$$\alpha_{a1}=\arccos(r_1\cos\alpha/r_{a1})=\arccos(27.50\times\cos20°/30.00)=30.53°$$
$$\alpha_{a2}=\arccos(r_2\cos\alpha/r_{a2})=\arccos(61.25\times\cos20°/63.75)=25.47°$$

因两齿轮是按标准中心距安装的，故 $\alpha'=\alpha$。于是，由式(4-18)可得这对齿轮传动的重合度为

$$\begin{aligned}\varepsilon_a&=[z_1(\tan\alpha_{a1}-\tan\alpha')+z_2(\tan\alpha_{a2}-\tan\alpha')]/(2\pi)\\&=[22\times(\tan30.53°-\tan20°)+49\times(\tan25.47°-\tan20°)]/(2\pi)\\&=1.667\end{aligned}$$

(2) 当两齿轮中心距增大 1mm 时，其实际中心距 a' 为

$$a'=a+1=r_1+r_2+1=27.50\text{mm}+61.25\text{mm}+1\text{mm}=89.75\text{mm}$$

由式(4-16)可得啮合角为

$$\alpha'=\arccos(a\cos\alpha/a')=\arccos(88.75\times\cos20°/89.75)=21.69°$$

此时，这对齿轮传动的重合度为

$$\begin{aligned}\varepsilon_a&=[z_1(\tan\alpha_{a1}-\tan\alpha')+z_2(\tan\alpha_{a2}-\tan\alpha')]/(2\pi)\\&=[22\times(\tan30.53°-\tan21.69°)+49\times(\tan25.47°-\tan21.69°)]/(2\pi)\\&=1.285\end{aligned}$$

可见，中心距 a 增大，重合度 ε_a 减小。

4.6 渐开线齿廓的切削加工

4.6.1 渐开线齿廓切削加工的基本原理

齿轮的加工可采用铸造法、冲压法、冷轧法、热轧法和切削加工法等，一般机械中使用的齿轮通常采用切削加工方法制作。根据加工原理的不同，切削加工法可以分为仿形法和展成法。

仿形法是用刀刃形状与齿轮的齿槽形状相同的铣刀，在铣床上逐个切出齿轮齿槽。齿轮铣刀分为盘状铣刀［图 4.18(a)］和指状铣刀［图 4.18(b)］。理论上，用仿形法加工齿轮时，一把齿轮铣刀只能精确地加工出模数和压力角与刀具相同的一种齿数的齿轮，该齿轮被称为精确齿轮。而实际生产中，为减少刀具的数量，通常同一模数和压力角的齿轮铣刀只配备数种，因此，每把齿轮铣刀要加工出与精确齿轮齿数接近的一定范围的齿数。所以，这种方法所加工齿轮精度低、生产效率低，只适合单件、小批且精度要求不高的使用对象。仿形法加工齿轮的主要运动有铣刀转动所形成的切削运动，为加工出全部齿轮宽度齿数所需的进给运动和分度运动。

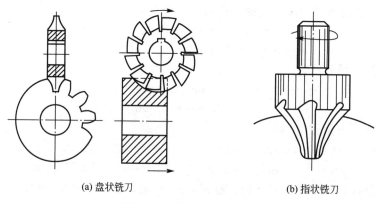

(a) 盘状铣刀 (b) 指状铣刀

图 4.18 仿形法加工齿轮

展成法也称为范成法，根据齿廓啮合基本定律，当刀具与轮坯按给定的传动比 $i = \omega_刀 / \omega_坯 = z_坯 / z_刀$ 运动，并且刀具齿廓为渐开线或直线形状时，刀具齿廓就可以在齿坯上加工出与其共轭的渐开线齿廓。齿轮加工中的插齿、滚齿、磨齿等方法都是依据这种原理。

图 4.19(a)所示是在插齿机上用齿轮插刀切制齿轮的情形。齿轮插刀相当于有 $z_刀$ 个齿且有刀刃的外齿轮。加工时，插刀沿轮坯轴线方向做往复切削运动；同时，插刀与轮坯按给定的传动比 $i = \omega_刀 / \omega_坯 = z_坯 / z_刀$ 做展成运动［图 4.19(b)］；为逐步加工出齿轮的全部高度，插刀要向轮坯中心方向做慢速径向进给运动；为防止刀具向上退刀时擦伤已加工好的齿面，轮坯还需做微量让刀运动。这样，刀具的渐开线齿廓就可在轮坯上切出与其共轭的渐开线齿廓。

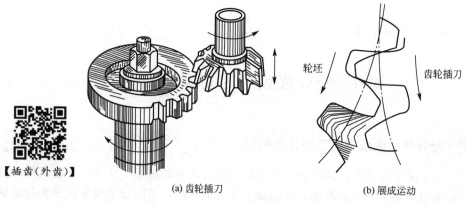

【插齿(外齿)】

(a) 齿轮插刀 (b) 展成运动

轮坯 齿轮插刀

图 4.19 用齿轮插刀加工齿轮

图 4.20(a)所示是用齿条插刀切制齿轮的情形。加工时，轮坯以角速度 $\omega_{坯}$ 转动，齿条插刀沿轮坯切向的圆周速度和轮坯分度圆的线速度 $\left(v=\dfrac{mz}{2}\omega_{坯}\right)$ 相等，形成展成运动 [图 4.20(b)]。其他运动与齿轮插刀切齿时的情况类似。

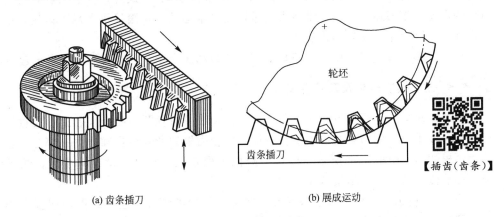

(a) 齿条插刀 (b) 展成运动

图 4.20 用齿条插刀加工齿轮

在插齿机上加工齿轮，由于切削运动不连续，因此生产率不高。故在生产中更广泛地采用在滚齿机上用齿轮滚刀加工齿轮的方法 [图 4.21(a)]。

齿轮滚刀的形状像螺杆，在与螺旋线垂直的方向上开有若干个槽，从而形成刀刃 [图 4.21(b)]。加工直齿圆柱齿轮时，滚刀的轴线与齿轮轮坯端面的夹角等于滚刀的导程角 γ [图 4.21(c)]。这样，在轮坯被切削点上，滚刀螺纹的切线方向与轮坯的齿向相同，滚刀在轮坯端面上的投影相当于齿条。滚刀转动时，完成了对轮坯的切削运动，而在轮坯端面上的投影相当于齿条在移动，从而与轮坯的转动一起形成了展成运动 [图 4.21(d)]。

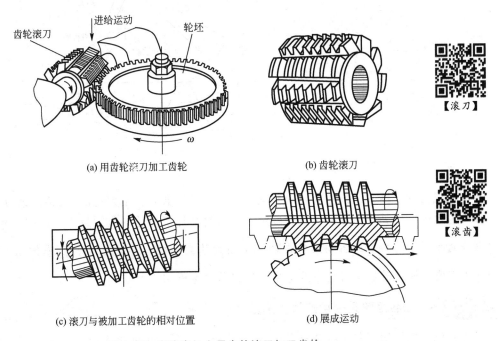

(a) 用齿轮滚刀加工齿轮 (b) 齿轮滚刀

(c) 滚刀与被加工齿轮的相对位置 (d) 展成运动

图 4.21 在滚齿机上用齿轮滚刀加工齿轮

因此，齿轮滚刀与齿条插刀切制齿轮的工作原理相似，都属于齿条型刀具。只是滚刀用连续的旋转运动代替了插齿刀的切削运动和展成运动。在齿条型刀具上，平行于齿顶线且齿厚与齿槽相等的直线称为中线，相当于普通齿条的分度线。加工标准齿轮时，刀具的中线与被加工齿轮的分度圆相切，并做纯滚动(展成运动)。此外，为了切制具有一定轴向宽度的齿轮，滚刀还需沿轮坯轴线方向做慢速进给运动。在滚齿机上加工齿轮，由于切削运动连续，因此生产率较插齿法高。

理论上用展成法可以用一把刀具加工出模数和压力角与刀具相同的任意齿数的齿轮。

4.6.2 根切现象及其产生的原因

用展成法加工渐开线齿轮时，若刀具的齿顶线或齿顶圆与啮合线的交点超过被加工齿轮的啮合极限点，则刀具的齿顶会将被加工齿轮齿根的渐开线齿廓切去一部分，这种现象称为"根切"，如图 4.22 所示。根切会降低齿根强度，降低传动的重合度，缩短使用寿命，影响传动质量，应尽量避免。

图 4.23 所示为用标准齿条型刀具切制标准齿轮的情况，通过该图说明根切产生的原因。图中刀具的分度线与被加工齿轮的分度圆相切，B_1B_2 是啮合线。刀具的切削刃从啮合线上的 B_1 点开始切削齿轮齿廓，切制到啮合线与刀具的齿顶线的交点 B_2 处，则被加工齿轮齿廓的渐开线部分已被全部切出。若 B_2 点位于啮合极限点 N_1 以下，则被加工齿轮的齿廓从 B_2 点开始至齿顶为渐开线，而在 B_2 点到齿根圆之间的曲线是由刀具齿顶所形成的非渐开线过渡曲线。

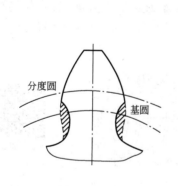

图 4.22 齿轮的根切现象

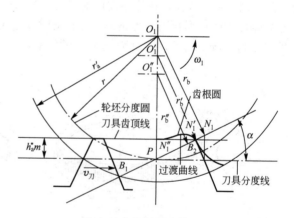

图 4.23 根切产生的原因

用展成法加工渐开线齿轮时，对于某一刀具，其模数 m、压力角 α、齿顶高系数 h_a^* 和齿数 z 为定值，故其齿顶圆的位置就确定了。这时被加工齿轮的基圆越小，则啮合极限点 N 越接近节点 P，也就越容易发生根切。又因为基圆半径 $r_b = \dfrac{mz}{2}\cos\alpha$，而模数 m 和压力角 α 为定值，所以被加工齿轮齿数越少，越容易发生根切。

4.6.3 标准齿轮无根切的最少齿数

为避免产生根切现象，啮合极限点 N_1 必须位于刀具齿顶线之上(图 4.23)，即应使

$$PN_1\sin\alpha \geqslant h_a^* m$$

而
$$PN_1 = r\sin\alpha = \frac{1}{2}mz\sin\alpha$$

由此可以求出齿轮无根切的最小齿数为

$$z_{\min} = \frac{2h_a^*}{\sin^2\alpha} \tag{4-19}$$

当 $h_a^* = 1$，$\alpha = 20°$时，$z_{\min} = 17$。

*4.7 变位齿轮概述

4.7.1 问题的提出

前面各节介绍的是渐开线标准齿轮传动，其具有设计简单、互换性好等一系列优点，但是，标准齿轮传动有时不能满足工程实际的要求，具体如下。

(1) 当采用展成法加工渐开线齿轮时，如果被加工的齿轮齿数过少，则其齿廓会发生图 4.22 所示的根切现象。齿轮传动比 $i = n_1/n_2 = z_2/z_1$，因为受到主动齿轮 $z_1 \geqslant 17$ 的限制，所以在确保模数 m 不变，并且要满足传动比要求的情况下，主、从动齿轮的中心距 $a = m(z_1 + z_2)/2$ 是不能减小的，这样标准齿轮传动就很难满足某些场合对齿轮机构结构紧凑的要求。

(2) 标准齿轮的标准中心距等于两齿轮的分度圆半径之和 $a = r_1 + r_2 = m(z_1 + z_2)/2$，而机器中齿轮传动的实际中心距 a' 不一定总是等于标准中心距 a。此时，标准齿轮就无法满足中心距有些变动的要求。

(3) 在一对相互啮合的标准齿轮中，由于小齿轮齿廓渐开线的曲率半径较小，齿根厚度也较薄，而且参与啮合的次数又较多，因此强度较低，容易损坏。标准齿轮不能满足轮齿等强度的要求。

为了拓展齿轮的应用范围，改善和解决标准齿轮存在的上述不足，就必须突破标准齿轮的限制，对齿轮进行必要的修正，使其尽可能多的满足工程实际的要求。对齿轮进行修正的方法有很多，现在广泛采用的则是"变位修正法"。

4.7.2 变位齿轮的概念

为使结构紧凑，有时需要制造少于最少齿数 $z_{\min}$，而又不产生根切现象的齿轮。由式(4-19)可知，为了使不产生根切的被加工齿轮的齿数更少，可以减小齿顶高系数 h_a^* 及加大压力角 α。但是，减小 h_a^* 将使重合度降低，增大 α 将使功率损耗增加，传动效率降低，而且要采用非标准刀具。因此，这两种方法应尽量不采用。解决上述问题的最好的方法是将齿条刀具由切削标准齿轮的位置相对轮坯中心向外移出一段距离 xm（由图 4.24 中的虚线位置移至实线位置），从而使刀具的齿顶线不超过点 N，这样就不会再发生根切现象了。这种用改变刀具与轮坯的相对位置来切制齿轮的方法，即所谓的变位修正法。

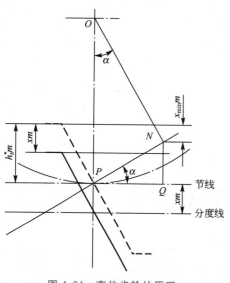

图 4.24 变位齿轮的原理

由于刀具与齿轮轮坯相对位置的改变，使刀具的分度线与齿轮的分度圆不再相切，这样加工出来的齿轮 $s \neq e$，已不再是标准齿轮，故称为变位齿轮。齿条刀具分度线与齿轮轮坯分度圆之间的距离 xm 称为径向变位量，其中 m 为模数，x 称为径向变位系数（简称变位系数）。当把刀具向远离齿轮轮坯中心方向移动时，称为正变位，x 为正值（$x > 0$），这样加工出来的齿轮称为正变位齿轮；如果被加工齿轮的齿数比较多，为了满足齿轮传动的某些要求，有时刀具也可以由标准位置向靠近被加工齿轮的中心方向移动，称为负变位，x 为负值（$x < 0$），这样加工出来的齿轮称为负变位齿轮。

4.7.3　避免根切的最小变位系数

如图 4.24 所示，当用展成法加工齿轮的实际齿数 $z < z_{\min}$ 时，为避免根切，刀具向远离齿轮中心的方向移动一段距离，使刀具的齿顶线刚好通过轮坯与刀具的啮合极限点 N，齿轮就不会产生根切。此时刀具沿径向方向所需移动的最小位移为 $x_{\min}m$，$x_{\min}$ 称为最小变位系数，故有

$$NQ = (h_a^* - x_{\min})m$$

而

$$NQ = r\sin^2\alpha$$

所以

$$\frac{mz}{2}\sin^2\alpha = (h_a^* - x_{\min})m$$

由式（4-19）有

$$\sin^2\alpha = \frac{2h_a^*}{z_{\min}}$$

代入上式，有

$$x_{\min} = h_a^* \frac{z_{\min} - z}{z_{\min}} \tag{4-20}$$

由式（4-20）可以看出，当被加工齿轮的齿数 $z < z_{\min}$ 时，$x_{\min} > 0$，故必须采用正变位，才能消除根切；当被加工齿轮的齿数 $z > z_{\min}$ 时，$x_{\min} < 0$，加工齿轮时刀具向轮坯轮心方向移动一段距离（采用负变位）才不会出现根切，移动的最大距离是 $x_{\min}m$。

4.7.4　变位齿轮的几何尺寸

若变位齿轮与标准齿轮的基本参数（m、z、α、h_a^*、c^*）相同，则它们的齿廓曲线都是由同一个基圆所生成的渐开线，只是正、负变位及标准齿轮分别使用了同一渐开线的不同部分（图 4.25）。因此，变位齿轮与标准齿轮相比有些几何尺寸相同（如分度圆、基圆、齿距和基圆齿距），而有些几何尺寸则发生了变化（如齿顶圆、齿根圆、齿顶高、齿根高、分度圆的齿厚和齿槽宽）。

如图 4.26 所示，对于正变位齿轮，由于与被加工齿轮分度圆相切的已不再是刀具的分

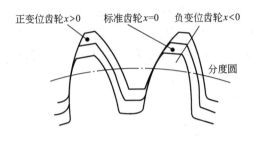

图 4.25　变位齿轮与标准齿轮比较

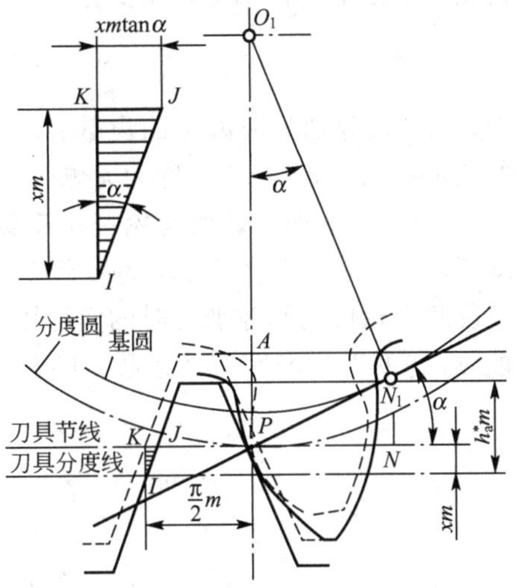

图 4.26　变位齿轮齿厚的变化

度线，而是刀具节线，刀具节线上的齿槽宽较分度线上的齿槽宽增大了 $2KJ$。因为轮坯分度圆与刀具节线做纯滚动，故知轮坯分度圆齿厚也增大了 $2KJ$。而由 $\triangle IJK$ 可知，$KJ = xm\tan\alpha$。因此，正变位齿轮的齿厚为

$$s = \frac{\pi m}{2} + 2KJ = \left(\frac{\pi}{2} + 2x\tan\alpha\right)m \tag{4-21}$$

又由于齿条型刀具的齿距恒等于 πm，可知正变位齿轮的齿槽宽为

$$e = \frac{\pi m}{2} - 2KJ = \left(\frac{\pi}{2} - 2x\tan\alpha\right)m \tag{4-22}$$

由图 4.26 可见，当刀具采取正变位 xm 后，切出的正变位齿轮其齿根高较标准齿轮减小了一段 xm，即

$$h_f = h_a^* m + c^* m - xm = (h_a^* + c^* - x)m \tag{4-23}$$

为了保持齿全高不变，其齿顶高应较标准齿轮增大一段 xm（暂不计它对顶隙的影响），这时齿顶高为

$$h_a = h_a^* m + xm = (h_a^* + x)m \tag{4-24}$$

其齿顶圆半径为

$$r_a = r + (h_a^* + x)m \tag{4-25}$$

对于负变位齿轮，上述公式同样适用，只需注意其变位系数 x 为负即可。

4.7.5　变位齿轮传动

一对变位齿轮相互啮合需要满足的正确啮合条件和连续传动条件与标准齿轮传动相同。下面主要介绍变位齿轮传动如何满足正确安装的条件及设计问题。

1. 变位齿轮传动的正确安装

与标准齿轮一样，变位齿轮传动的正确安装条件同样是要求同时满足齿轮的齿侧间隙为零、顶隙为标准值两个条件。

首先，一对变位齿轮要做无侧隙啮合传动，其中一个齿轮在节圆上的齿厚应等于另一

个齿轮在节圆上的齿槽宽，由此条件即可推得式（4-26）[①]。

$$\text{inv}\alpha' = \frac{2\tan\alpha(x_1+x_2)}{z_1+z_2} + \text{inv}\alpha \qquad (4-26)$$

式中，z_1、z_2分别为两齿轮的齿数；α为分度圆压力角；α'为啮合角；x_1、x_2分别为两齿轮的变位系数。式（4-26）称为无侧隙啮合方程。

式（4-26）表明：若两齿轮变位系数之和（x_1+x_2）不等于零，则其啮合角α'将不等于分度圆压力角α。此时两齿轮的实际中心距不等于标准中心距。

设两齿轮做无侧隙啮合时的实际中心距为a'，它与标准中心距a之差为ym，其中m为模数，y称为中心距变动系数，则

$$a' = a + ym \qquad (4-27)$$

即

$$ym = a' - a = \frac{(r_1+r_2)\cos\alpha}{\cos\alpha'} - (r_1+r_2)$$

故

$$y = \frac{z_1+z_2}{2m}\left(\frac{\cos\alpha}{\cos\alpha'} - 1\right) \qquad (4-28)$$

此外，为了保证两齿轮之间具有标准的顶隙$c = c^* m$，两齿轮的中心距a''应等于

$$a'' = r_{a1} + c + r_{f2} = r_1 + (h_a^* + x_1)m + c^* m + r_2 - (h_a^* + c^* - x_2)m$$
$$= a + (x_1+x_2)m \qquad (4-29)$$

由式（4-27）与式（4-29）可知，如果$y = x_1 + x_2$，就可同时满足上述两个条件。但经证明：只要$x_1 + x_2 \neq 0$，总是有$x_1 + x_2 > y$，即$a'' > a'$。工程上为了解决这一矛盾，采用如下方法：两齿轮按无侧隙中心距$a' = a + ym$安装，而将两齿轮的齿顶高各减小σm，以满足标准顶隙要求。σ称为齿顶高降低系数，其值为

$$\sigma = (x_1+x_2) - y \qquad (4-30)$$

这时，齿轮的齿顶高为

$$h_a = h_a^* m + xm - \sigma m = (h_a^* + x - \sigma)m \qquad (4-31)$$

2. 变位齿轮传动的类型及特点

按照相互啮合的两齿轮的变位系数和（x_1+x_2）之值的不同，可将变位齿轮传动分为以下三种基本类型。

（1）$x_1 + x_2 = 0$且$x_1 = x_2 = 0$。此类齿轮传动就是标准齿轮传动。

（2）$x_1 + x_2 = 0$且$x_1 = -x_2 \neq 0$。此类齿轮传动称为等变位齿轮传动（又称高度变位齿轮传动）。根据式（4-16）、式（4-26）、式（4-28）和式（4-30），可得

$$a' = a, \quad \alpha' = \alpha, \quad y = 0, \quad \sigma = 0$$

即其中心距等于标准中心距，啮合角等于分度圆压力角，节圆与分度圆重合，并且齿顶高不需要降低。

等变位齿轮传动的两齿轮变位系数一正一负，从强度观点出发，显然小齿轮应采用正变位，而大齿轮应采用负变位，这样可使大、小齿轮的强度趋于接近，从而使一对齿轮的承载能力可以相对地提高。而且，采用正变位可以制造$z_1 < z_{\min}$且无根切的小齿轮，可以减少小齿轮的齿数。这样，在模数和传动比不变的情况下，能使整个齿轮机构的尺寸更加

[①] 参见西北工业大学编《机械原理》（第五版）。

紧凑。

(3) $x_1 + x_2 \neq 0$。此类齿轮传动称为不等变位齿轮传动（又称为角度变位齿轮传动）。当 $x_1 + x_2 > 0$ 时，称为正传动；当 $x_1 + x_2 < 0$ 时，称为负传动。

① 正传动。由于 $x_1 + x_2 > 0$，根据式(4-16)、式(4-26)、式(4-28)和式(4-30)，可知

$$a' > a, \quad \alpha' > \alpha, \quad y > 0, \quad \sigma > 0$$

即在正传动中，其中心距 a' 大于标准中心距 a，啮合角 α' 大于分度圆压力角 α，又由于 $\sigma > 0$，因此两轮的齿全高都比标准齿轮减短了 σm。

正传动的优点：可以减小齿轮机构的尺寸；由于两齿轮均采用正变位，或小齿轮采用较大的正变位，而大齿轮采用较小的负变位，能使齿轮机构的承载能力有较大的提高。

正传动的缺点：由于啮合角增大和实际啮合线段减短，使重合度降低较多。

② 负传动。由于 $x_1 + x_2 < 0$，故

$$a' < a, \quad \alpha' < \alpha, \quad y < 0, \quad \sigma > 0$$

负传动的优缺点正好与正传动的优缺点相反，即其重合度略有提高，但轮齿的强度有所下降，所以负传动只用于配凑中心距这种特殊需要的场合。

综上所述，采用变位修正法制造渐开线齿轮，不仅当被加工齿轮的齿数 $z < z_{min}$ 时可以避免根切，而且与标准齿轮相比，这样切出的齿轮除了分度圆、基圆及齿距不变外，其齿厚、齿槽宽、齿廓曲线的工作段、齿顶高和齿根高等都发生了变化。因此，可以运用这种方法来提高齿轮机构的承载能力、配凑中心距和减小机构的几何尺寸等，而且在切制这种齿轮时，仍使用标准刀具，并不增加制造难度。所以，变位齿轮传动在各种机械中被广泛地采用。

3. 变位齿轮传动的设计步骤

根据已知条件的不同，变位齿轮的设计可以分为如下两类。

1) 已知中心距的设计

这时的已知条件是 z_1、z_2、m、a、a'，其设计步骤如下。

(1) 由式(4-16)确定啮合角。

$$\alpha' = \arccos\left(\frac{a}{a'}\cos\alpha\right)$$

(2) 由式(4-26)确定变位系数和。

$$x_1 + x_2 = \frac{z_1 + z_2}{2\tan\alpha}(\text{inv}\alpha' - \text{inv}\alpha)$$

(3) 由式(4-27)确定中心距变动系数。

$$y = \frac{a' - a}{m}$$

(4) 由式(4-30)确定齿顶高降低系数。

$$\sigma = (x_1 + x_2) - y$$

(5) 分配变位系数 x_1、x_2，并按表4-5计算齿轮的几何尺寸。

2) 已知变位系数的设计。

这时的已知条件是 z_1、z_2、m、α、x_1、x_2，其设计步骤如下。

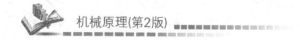

（1）由式（4-26）确定啮合角。

$$\mathrm{inv}\alpha' = \frac{2(x_1+x_2)}{z_1+z_2}\tan\alpha + \mathrm{inv}\alpha$$

（2）由式（4-16）确定中心距。

$$a' = a\frac{\cos\alpha}{\cos\alpha'}$$

（3）由式（4-28）及式（4-30）确定中心距变动系数 y 及齿顶高降低系数 σ。

（4）按表 4-5 计算变位齿轮的几何尺寸。

表4-5　外啮合直齿圆柱齿轮传动的计算公式

名　　称	代　　号	计　算　公　式		
		标准齿轮传动	等变位齿轮传动	不等变位齿轮传动
变位系数	x	$x_1+x_2=0$	$\begin{array}{c}x_1=-x_2\\x_1+x_2=0\end{array}$	$x_1+x_2\neq0$
节圆直径	d'	$d'_i=d_i=mz_i$　$(i=1,2)$		$d'_i=d_i\cos\alpha/\cos\alpha'$
啮合角	α'	$\alpha'=\alpha$		$\alpha'=\arccos\dfrac{a\cos\alpha}{a'}$
齿顶高	$h_{\mathrm a}$	$h_{\mathrm a}=h_{\mathrm a}^*m$	$h_{\mathrm ai}=(h_{\mathrm a}^*+x_i)m$	$h_{\mathrm ai}=(h_{\mathrm a}^*+x_i-\Delta y)m$
齿根高	$h_{\mathrm f}$	$h_{\mathrm f}=(h_{\mathrm a}^*+c^*)m$		$h_{\mathrm fi}=(h_{\mathrm a}^*+c^*-x_i)m$
齿顶圆直径	$d_{\mathrm a}$	$d_{\mathrm ai}=d_i+2h_{\mathrm ai}$		
齿根圆直径	$d_{\mathrm f}$	$d_{\mathrm fi}=d_i-2h_{\mathrm fi}$		
中心距	a	$a=(d_1+d_2)/2$		$a'=(d'_1+d'_2)/2$
中心距变动系数	y	$y=0$		$y=(a'-a)/m$
齿顶高降低系数	σ	$\sigma=0$		$\sigma=x_1+x_2-y$

4.8　斜齿圆柱齿轮机构

斜齿圆柱齿轮的轮齿与轴线倾斜了一定的角度，可用于两平行轴间运动和动力的传递。

4.8.1　斜齿圆柱齿轮齿面的形成

由于直齿圆柱齿轮的轮齿与轴线平行，因此前面讨论直齿圆柱齿轮时，是在齿轮的端面（垂直于齿轮轴线的平面）上加以研究的。而齿轮是有一定宽度的，在端面上的点和线，实际上代表着齿轮上的线和面。直齿圆柱齿轮上的渐开线齿廓的生成，实际上是发生面 G 在基圆柱上做纯滚动时，发生面 G 上一条与基圆柱轴线相平行的直线 KK' 所生成的曲面（渐开线曲面），即为直齿圆柱齿轮齿面，是母线平行于齿轮轴线的渐开线柱面（图4.27）。

斜齿圆柱齿轮齿面的形成原理与直齿圆柱齿轮相似，不同之处是，发生面 G 上的直线 KK' 不与基圆柱轴线平行，而是相对于轴线倾斜了一个角度 $\beta_{\mathrm b}$，如图4.28所示。当发

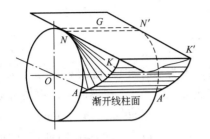

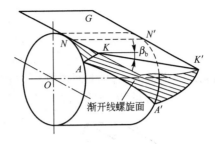

图 4.27 渐开线直齿圆柱齿轮齿面的生成　　　图 4.28 渐开线斜齿圆柱齿轮齿面的生成

生面 G 在基圆柱上做纯滚动时，发生面 G 上斜直线 KK' 所生成的曲面就是斜齿圆柱齿轮齿面，是渐开线螺旋面。β_b 称为基圆柱上的螺旋角。β_b 越大，轮齿越偏斜。当 $\beta_b = 0°$ 时，斜齿圆柱齿轮成为直齿圆柱齿轮。

4.8.2　斜齿圆柱齿轮的基本参数及几何尺寸计算

在斜齿圆柱齿轮上，垂直于其轴线的平面称为端面，垂直于轮齿螺旋线方向的平面称为法面。在这两个面上齿轮齿形是不同的，因而两个面的参数也不相同，端面与法面参数分别用下标 t 和 n 表示。由于在切制斜齿轮的轮齿时，刀具进刀的方向一般是垂直于其法面的，因此其法面参数（m_n、a_n、h_{an}^*、c_n^* 等）与刀具的参数相同，取为标准值。但在计算斜齿圆柱齿轮的几何尺寸时却需要按端面的参数来进行计算，因此就需要建立法面参数与端面参数的换算关系。

1. 螺旋角 β

斜齿圆柱齿轮的齿廓曲面与其分度圆柱面相交的螺旋线的切线与齿轮轴线之间所夹的锐角（以 β 表示）称为斜齿圆柱齿轮分度圆柱的螺旋角（简称斜齿轮的螺旋角）。轮齿螺旋的旋向有左右之分，故螺旋角 β 也有正负之别，如图 4.29 所示。

2. 法面参数与端面参数之间的关系

图 4.30 所示的斜齿圆柱齿轮沿其分度圆柱的展开图中，阴影线部分为轮齿，空白部分为齿槽。由图可见，法面齿距 p_n 与端面齿距 p_t 的关系如下。

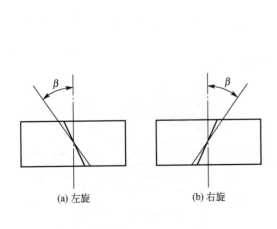

图 4.29　斜齿圆柱齿轮的旋向

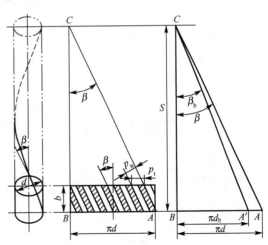

图 4.30　法面参数与端面参数之间的关系

$$p_n = p_t \cos\beta$$

即
$$\pi m_n = \pi m_t \cos\beta$$

故得
$$m_n = m_t \cos\beta \qquad (4-32)$$

这就是法面模数 m_n 与端面模数 m_t 之间的关系。因为 $\cos\beta < 1$，所以 $m_n < m_t$。

图 4.31 所示为斜齿条的一个轮齿，$\triangle a'b'c$ 在法面上，$\triangle abc$ 在端面上。由图可见

$$\tan\alpha_n = \tan\angle a'b'c = a'c/a'b', \quad \tan\alpha_t = \tan\angle abc = ac/ab$$

由于 $ab = a'b'$，$a'c = ac\cos\beta$，因此法面压力角 α_n 与端面压力角 α_t 之间的关系为

$$\tan\alpha_n = \tan\alpha_t \cos\beta \qquad (4-33)$$

同理，$\cos\beta < 1$，所以 $\alpha_n < \alpha_t$。

对于斜齿圆柱齿轮，无论在端面上还是在法面上，轮齿的齿顶高是相同的，顶隙也是相同的，因此

$$h_a = h_{an}^* m_n = h_{at}^* m_t$$

$$c = c_n^* m_n = c_t^* m_t$$

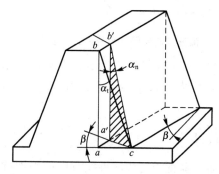

图 4.31 法面压力角与端面压力角

将式(4-32)代入上式，可得出法面齿顶高系数 h_{an}^* 和顶隙系数 c_n^* 与端面齿顶高系数 h_{at}^* 和顶隙系数 c_t^* 之间的关系

$$h_{at}^* = h_{an}^* \cos\beta$$

$$c_t^* = c_n^* \cos\beta \qquad (4-34)$$

因为 $\cos\beta < 1$，所以 $h_{at}^* < h_{an}^*$，$c_t^* < c_n^*$。

3. 斜齿圆柱齿轮其他尺寸的计算

斜齿圆柱齿轮的分度圆直径为

$$d = z m_t = \frac{z m_n}{\cos\beta} \qquad (4-35)$$

斜齿圆柱齿轮传动的标准中心距为

$$a = \frac{d_1 + d_2}{2} = \frac{m_t}{2}(z_1 + z_2) = \frac{m_n}{2\cos\beta}(z_1 + z_2) \qquad (4-36)$$

由式(4-36)可知，在设计斜齿圆柱齿轮传动时，可以用改变螺旋角 β 的方法来调整中心距的大小。

斜齿圆柱齿轮的参数及几何尺寸的计算公式见表 4-6。

表 4-6 斜齿圆柱齿轮的参数及几何尺寸的计算公式

名　称	符　号	计　算　公　式
螺旋角	β	（一般取 $8°\sim20°$）
基圆柱螺旋角	β_b	$\tan\beta_b = \tan\beta \cos\alpha_t$
法面模数	m_n	（按表 4-1，取标准值）
端面模数	m_t	$m_t = m_n/\cos\beta$
法面压力角	α_n	$\alpha_n = 20°$

续表

名　　称	符　　号	计算公式
端面压力角	α_t	$\tan\alpha_t = \tan\alpha_n / \cos\beta$
法面齿距	p_n	$p_n = \pi m_n$
端面齿距	p_t	$p_t = \pi m_t = p_n / \cos\beta$
法面基圆齿距	p_{bn}	$p_{bn} = p_n \cos\alpha_n$
法面齿顶高系数	h_{an}^*	$h_{an}^* = 1$
法面顶隙系数	c_n^*	$c_n^* = 0.25$
分度圆直径	d	$d = zm_t = zm_n / \cos\beta$
基圆直径	d_b	$d_b = d\cos\alpha_t$
当量齿数	z_v	$z_v = z / \cos^3\beta$
最少齿数	z_{min}	$z_{min} = z_{vmin}\cos^3\beta$
齿顶高	h_a	$h_a = m_n h_{an}^*$
齿根高	h_f	$h_f = m_n(h_{an}^* + c^*)$
齿顶圆直径	d_a	$d_a = d + 2h_a$
齿根圆直径	d_f	$d_f = d - 2h_f$
法面齿厚	s_n	$s_n = \pi m_n / 2$
端面齿厚	s_t	$s_t = \pi m_t / 2$

注：m_t 应计算到小数点后第 4 位，其余长度尺寸应计算到小数点后第 3 位。

4.8.3　斜齿圆柱齿轮的当量齿数

为了切制斜齿圆柱齿轮和简化斜齿圆柱齿轮的强度计算，需要进一步了解斜齿圆柱齿轮的法面齿形。

根据渐开线的特性，渐开线的形状取决于基圆半径 $r_b = mz\cos\alpha/2$ 的大小。而在模数、压力角一定的情况下，基圆的大小取决于齿数，即齿形与齿数有关。

如图 4.32 所示，过斜齿圆柱齿轮分度圆柱表面上的一点 P 作轮齿的法面，将此斜齿圆柱齿轮的分度圆柱剖开，其断面为椭圆。在此断面上，点 P 附近的齿形可视为斜齿圆柱齿轮法面上的齿形。现以椭圆上点 P 的曲率半径 ρ 为半径作圆，作为虚拟直齿圆柱齿轮的分度圆，并设此虚拟直齿轮的模数和压力角分别等于该斜齿圆柱齿轮的法面模数和法面压力角。该虚拟直齿圆柱齿轮的齿形与上述斜齿圆柱齿轮的法面齿形十分相近，故此虚拟直齿圆柱齿轮即为该斜齿圆柱齿轮的当量齿轮，而其齿数即为当量齿数 z_v。

由图 4.32 可知，椭圆的长半轴 $a = \dfrac{d}{2\cos\beta}$，短半轴 $b=$

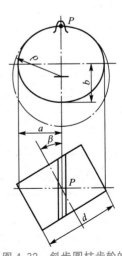

图 4.32　斜齿圆柱齿轮的
当量齿轮

$\dfrac{d}{2}$，而

$$\rho = \frac{a^2}{b} = \frac{d}{2\cos^2\beta}$$

故得

$$z_v = \frac{2\rho}{m_n} = \frac{d}{m_n\cos^2\beta} = \frac{zm_t}{m_n\cos^2\beta} = \frac{z}{\cos^3\beta} \qquad (4-37)$$

斜齿圆柱齿轮不发生根切的最少齿数为

$$z_{\min} = z_{v\min}\cos^3\beta \qquad (4-38)$$

式中，$z_{v\min}$ 为当量直齿标准齿轮不发生根切的最少齿数。

4.8.4 斜齿圆柱齿轮啮合传动

1. 斜齿圆柱齿轮正确啮合的条件

斜齿圆柱齿轮的正确啮合条件除要求两个齿轮分度圆的模数及压力角应分别相等外，为使两轮的轴线能够实现平行，它们的螺旋角还必须相匹配，以保证两轮在啮合处的齿廓螺旋面相切。因此，一对斜齿圆柱齿轮正确啮合的条件如下。

（1）对外啮合斜齿圆柱齿轮，螺旋角 β 应大小相等，方向相反，即

$$m_{n1} = m_{n2}, \quad \alpha_{n1} = \alpha_{n2}, \quad \beta_1 = -\beta_2$$

（2）对内啮合斜齿圆柱齿轮，螺旋角 β 应大小相等，方向相同，即

$$m_{n1} = m_{n2}, \quad \alpha_{n1} = \alpha_{n2}, \quad \beta_1 = \beta_2$$

又因相互啮合的两轮的螺旋角的绝对值相等，故其端面模数及压力角也分别相等，即

$$m_{t1} = m_{t2}, \quad \alpha_{t1} = \alpha_{t2}$$

2. 斜齿圆柱齿轮传动的重合度

现将一对斜齿圆柱齿轮传动与一对直齿圆柱齿轮传动进行对比。图 4.33 示出了两个端面参数（齿数、模数、压力角及齿顶高系数）完全相同的直齿圆柱齿轮和斜齿圆柱齿轮的基圆柱面展开图。图 4.33(a)所示为直齿圆柱齿轮传动的啮合面，图 4.33(b)所示为斜齿圆柱齿轮传动的啮合面，$B_1 B_1' B_2' B_2$ 为啮合区。

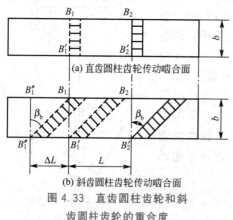

(a) 直齿圆柱齿轮传动啮合面

(b) 斜齿圆柱齿轮传动啮合面

图 4.33 直齿圆柱齿轮和斜齿圆柱齿轮的重合度

对于直齿圆柱齿轮传动来说，轮齿在 $B_2 B_2'$ 处进入啮合时，沿整个齿宽接触，在 $B_1 B_1'$ 处脱离啮合时，也是沿整个齿宽同时分开，故直齿圆柱齿轮传动的重合度为

$$\varepsilon_a = L/p_b$$

式中，p_b 为端面上的齿距。对于直齿圆柱齿轮而言，也就是它的法向齿距。

对于斜齿圆柱齿轮传动来说，轮齿也是在 $B_2 B_2'$ 处进入啮合的，不过它不是沿整个齿宽同时进入啮合，而是由轮齿的一端先进入啮合；

在 B_1B_1' 处脱离啮合时也是由轮齿的一端先脱离啮合，直到该轮齿转到图 4.33(b) 中 $B_1''B_1''$ 位置时，这个轮齿才完全脱离接触。这样，斜齿圆柱齿轮传动的实际啮合区就比直齿圆柱齿轮传动增大了 $\Delta L = b\tan\beta_b$ 一段。因此斜齿圆柱齿轮传动的重合度也就比直齿圆柱齿轮的重合度大，设其增加的一部分重合度以 ε_β 表示，则 ε_β 为

$$\varepsilon_\beta = \frac{\Delta L}{p_{bt}} = \frac{b\tan\beta_b}{p_{bt}} \tag{4-39}$$

式中，β_b 为斜齿圆柱齿轮的基圆柱螺旋角。由于 ε_β 与斜齿圆柱齿轮的轴向宽度 b 有关，因此称为轴向重合度(又称为纵向重合度)。

参考图 4.30，设 S 为螺旋线的导程，有 $\tan\beta_b = \dfrac{\pi d_b}{S} = \dfrac{\pi d}{S}\cos\alpha = \tan\beta\cos\alpha$。又因为 $p_{bt} = p_t\cos\alpha = \pi m_t\cos\alpha$，$m_t = \dfrac{m_n}{\cos\beta}$，将这些关系式代入式(4-39)，则有

$$\varepsilon_\beta = \frac{b\sin\beta}{\pi m_n}$$

所以斜齿圆柱齿轮传动的总重合度 ε_γ 为 ε_α 与 ε_β 两部分之和，即

$$\varepsilon_\gamma = \varepsilon_\alpha + \varepsilon_\beta \tag{4-40}$$

式中，ε_α 为端面重合度，可将斜齿圆柱齿轮端面参数代入式(4-18)求得，即

$$\varepsilon_\alpha = \frac{1}{2\pi}\left[z_1(\tan\alpha_{at1} - \tan\alpha_t') + z_2(\tan\alpha_{at2} - \tan\alpha_t')\right] \tag{4-41}$$

由上述分析可见，斜齿圆柱齿轮在其他参数相同的情况下，比直齿圆柱齿轮增加了轴向重合度 ε_β，并且轴向重合度随齿宽和螺旋角 β 的增大而增大，因此，斜齿圆柱齿轮比直齿圆柱齿轮工作更加平稳，传动性能更加可靠，适用于高速重载的传动中。

4.8.5　斜齿圆柱齿轮传动的特点

与直齿圆柱齿轮传动相比，斜齿圆柱齿轮传动的主要优点是啮合性能好，传动平稳，与直齿圆柱齿轮传动每对轮齿都是同时进入啮合和同时脱离啮合不同，斜齿圆柱齿轮传动中，每对轮齿是逐渐进入啮合和逐渐脱离啮合(图 4.34)的，所以振动、冲击和噪声小；重合度大，在其他参数相同的条件下，由于增加了轴向重合度 ε_β，降低了每对轮齿的载荷，提高了齿轮的承载能力，延长了齿轮的使用寿命；结构紧凑，由式(4-38)可知，斜齿标准齿轮不产生根切的最少齿数较直齿圆柱齿轮少。因此，采用斜齿圆柱齿轮传动可以得到更加紧凑的结构；制造成本与直齿圆柱齿轮相同，用展成法加工斜齿圆柱齿轮时，所使用的设备、刀具和方法与制造直齿圆柱齿轮基本相同，并不会增加加工的成本。

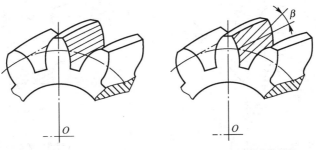

(a) 直齿圆柱齿轮的接触线　　　　(b) 斜齿圆柱齿轮的接触线

图 4.34　齿轮的接触线

斜齿圆柱齿轮传动的主要缺点是在运转时会产生轴向力，并且轴向力也随螺旋角 β 的增大而增大。为了不使斜齿圆柱齿轮传动产生过大的轴向推力，设计时一般取 $\beta=8°\sim20°$。若要消除传动中轴向推力对轴承的作用，可采用齿向左右对称的人字齿轮 ［图 4.1(e)］。因为这种齿轮的轮齿左右对称，所产生的轴向力可相互抵消，故其螺旋角 β 可达 $25°\sim40°$。但人字齿轮对加工、制造、安装等技术要求都较高。人字齿轮常用于高速重载传动中。

*4.8.6　交错轴斜齿轮传动

交错轴斜齿轮传动用来传递空间两交错轴之间的运动和动力。就其单个齿轮而言，它仍然是斜齿圆柱齿轮，只是两个齿轮的安装轴线不是平行的，而是交错的(图 4.35)。

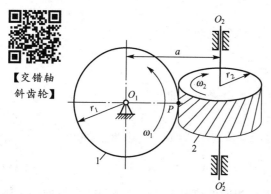

【交错轴斜齿轮】

图 4.35　交错轴斜齿轮传动

1. 正确啮合条件

图 4.35 所示为一对交错轴斜齿轮传动，两齿轮的分度圆柱相切于 P 点。因轮齿是在法面内相啮合的，故两齿轮的法面模数及法面压力角必须分别相等。它与平行轴斜齿轮传动不同的是，在传动中两齿轮的螺旋角不一定相等，所以两齿轮的端面模数和端面压力角也不一定相等。

两齿轮轴线在两齿轮分度圆柱公切面上投影的夹角 Σ 称为两齿轮的轴交角 ［图 4.36(a)］。设两斜齿轮的螺旋角分别为 β_1 和 β_2，则交错轴斜齿轮传动的正确啮合条件为

$$\begin{cases} m_{n1}=m_{n2}, \ \alpha_{n1}=\alpha_{n2} \\ \Sigma=|\beta_1+\beta_2| \end{cases} \tag{4-42}$$

轴交角 Σ 与两齿轮螺旋角的旋向有关，所以 β_1 和 β_2 应为代数值。当两齿轮的螺旋角旋向相同时，β_1 和 β_2 均以正号代入，如图 4.36(a)所示；当两齿轮的螺旋角旋向相反时，β_1 和 β_2 按一正一负代入，如图 4.36(b)所示；当轴交角 $\Sigma=0°$ 时，即为斜齿圆柱齿轮机构。

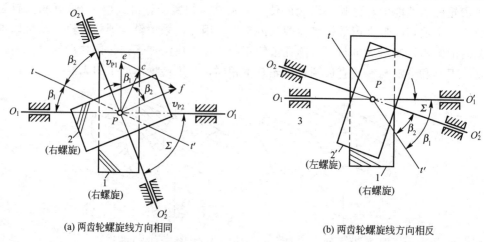

(a) 两齿轮螺旋线方向相同　　　　　　　(b) 两齿轮螺旋线方向相反

图 4.36　交错轴斜齿轮的螺旋线方向

2. 传动比及从动轮转向

设两齿轮的齿数分别为 z_1、z_2，因为 $z = \dfrac{d}{m_t} = \dfrac{d\cos\beta}{m_n}$，所以两轮的传动比为

$$i_{12} = \frac{\omega_1}{\omega_2} = \frac{z_2}{z_1} = \frac{d_2\cos\beta_2}{d_1\cos\beta_1} \tag{4-43}$$

即交错轴斜齿轮传动的传动比不仅与分度圆的大小有关，还与各齿轮的螺旋角大小有关。

从动轮的转向则与两齿轮螺旋角的方向有关。在图 4.36(a) 所示的传动中，主动轮 1 及从动轮 2 在节点 P 处的速度分别为 $\bar{v}_{P1}$ 及 $\bar{v}_{P2}$，由两构件的速度关系可得

$$\bar{v}_{P2} = \bar{v}_{P1} + \bar{v}_{P2P1}$$

式中，v_{P2P1} 为两齿廓啮合点沿公切线 tt' 方向的相对速度。而由 v_{P2} 的方向即可确定从动轮的转向。

3. 中心距

在图 4.35 中，过点 P 作两交错轴斜齿轮轴线的公垂线，此公垂线的长度 a 即为交错轴斜齿轮传动的中心距，而且

$$a = r_1 + r_2 = \frac{m_n}{2}\left(\frac{z_1}{\cos\beta_1} + \frac{z_2}{\cos\beta_2}\right) \tag{4-44}$$

即交错轴斜齿轮传动的中心距不仅与模数、齿数有关，而且与各齿轮的螺旋角大小有关。

4. 交错轴斜齿轮传动的主要优缺点

根据上述分析可知，交错轴斜齿轮传动的主要优点是可以实现两交错轴间回转运动传递，同时因其设计待定参数较多（z_1、z_2、m_n、β_1、β_2），可更方便地满足设计要求。

交错轴斜齿轮传动的主要缺点是在传动中，相互啮合的一对齿廓为点接触，而且轮齿间除了有沿齿高方向的相对滑动外，在轮齿啮合点的螺旋面切线 tt' 方向上还有较大的相对滑动 [图 4.36(a)]，因而轮齿的磨损较快，机械效率较低。所以交错轴斜齿轮传动不宜用于高速重载传动的场合，通常仅用于仪表及载荷不大的辅助传动中。

4.9 蜗杆传动机构

蜗杆传动也是用来传递空间交错轴之间的运动和动力的。最常用的是两轴的轴交角 $\Sigma = 90°$ 的减速传动。

如图 4.37 所示，在分度圆柱上具有完整螺旋齿的构件 1 称为蜗杆，而与蜗杆相啮合的构件 2 则称为蜗轮。通常以蜗杆为原动件，机构做减速运动。当其反行程不自锁时，也可以蜗轮为原动件，此时机构做增速运动。

蜗杆与螺旋相似，也有右旋与左旋之分。

蜗杆传动的类型有多种，下面仅就阿基米德蜗杆

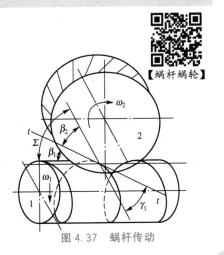

【蜗杆蜗轮】

图 4.37 蜗杆传动

传动做简单介绍。

4.9.1 蜗杆传动的基本参数

（1）齿数。蜗杆的齿数是指其端面上的齿数，也称蜗杆的头数，用 z_1 表示，一般可取 $z_1=1\sim10$，推荐取 $z_1=1$，2，4，6。当要求传动比大或反行程具有自锁性时，常取 $z_1=1$，即单头蜗杆；当要求具有较高传动效率或较高传动速度时，则 z_1 应取大值。蜗轮的齿数 z_2 则可根据传动比及选定的 z_1 计算而得。对于动力传动，一般推荐 $z_2=29\sim70$。

（2）模数 m。蜗杆模数系列与齿轮模数系列有所不同。蜗杆模数 m 见表 4-7。

表 4-7　蜗杆模数 m　　　　　　　　　（单位：mm）

第一系列	··· 1　1.25　1.6　2　2.5　3.15　4　5　6.3　8　10　12.5　16　20　25　31.5　40
第二系列	··· 1.5　3　3.5　4.5　5.5　6　7　12　14

注：摘自 GB/T 10088—2018《圆柱蜗杆模数和直径》，优先采用第一系列。

（3）齿形角 α。国家标准 GB/T 10087—2018《圆柱蜗杆基本齿廓》规定，阿基米德蜗杆的轴向齿形角 $\alpha_x=20°$。在动力传动中，允许增大齿形角，推荐用 25°；在分度传动中，允许减小齿形角，推荐用 15°或 12°。

（4）导程角 γ_1。蜗杆螺旋线与蜗杆端面的夹角称为导程角，用 γ_1 表示（图 4.38）；蜗杆上相邻两条螺旋线沿轴向的距离称为轴向齿距 p_a，$p_a=\pi m$；而蜗杆上同一条螺旋线沿轴向的距离称为导程 S，$S=p_a z_1=\pi m z_1$。设蜗杆分度圆直径为 d_1，蜗杆的齿数为 z_1，则蜗杆分度圆柱螺旋线的导程角 γ_1 可由式（4-45）确定。

$$\tan\gamma_1=\frac{S}{\pi d_1}=\frac{p_a z_1}{\pi d_1}=\frac{\pi m z_1}{\pi d_1}=\frac{m z_1}{d_1} \tag{4-45}$$

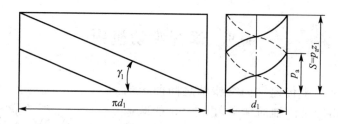

图 4.38　蜗杆传动的导程角 γ_1、齿距 p_a 和导程 S

（5）分度圆直径。因为在用蜗轮滚刀切制蜗轮时，滚刀的分度圆直径必须与工作蜗杆的分度圆直径相同，为了限制蜗轮滚刀的数目，国家标准 GB/T 10085—2018《圆柱蜗杆传动基本参数》中规定将蜗杆的分度圆直径标准化，并且与其模数相匹配。当蜗杆的齿数 $z_1=1$ 时，d_1 与 m 匹配的标准系列值见表 4-8。由该表可根据模数 m 选定蜗杆的分度圆直径 d_1。

蜗轮的分度圆直径的计算公式与齿轮一样，即

$$d_2 = mz_2 \qquad (4-46)$$

表 4-8　蜗杆分度圆直径与其模数的匹配标准系列　　　　（单位：mm）

m	d_1	m	d_1	m	d_1	m	d_1
1	18	2.5	(22.4) 28 (35.5) 45	4	40 (50) 71	6.3	(80) 112
1.25	20 22.4						
1.6	20 28	3.15	(28) 35.5 (45) 56	5	(40) 50 (63) 90	8	(63) 80 (100) 140
2	(18) 22.4 (28) 35.5	4	(31.5)	6.3	(50) 63	⋮	⋮

注：摘自 GB/T 10085—2018《圆柱蜗杆传动基本参数》，括号中的数字尽可能不采用。

4.9.2　蜗杆传动正确啮合条件

图 4.39 所示为蜗轮与阿基米德蜗杆啮合的情况。过蜗杆的轴线作一平面垂直于蜗轮的轴线，该平面对于蜗杆是轴面，对于蜗轮是端面，称为蜗杆传动的中间平面。在此平面内蜗轮与蜗杆的啮合就相当于齿轮与齿条的啮合。因此蜗杆蜗轮正确啮合的条件为蜗轮的端面模数 m_{t2} 和压力角 α_{t2} 分别等于蜗杆的轴面模数 m_{a1} 和压力角 α_{a1}，并且均取为标准值 m 和 α，即

$$m_{t2} = m_{a1} = m, \quad \alpha_{t2} = \alpha_{a1} = \alpha \qquad (4-47)$$

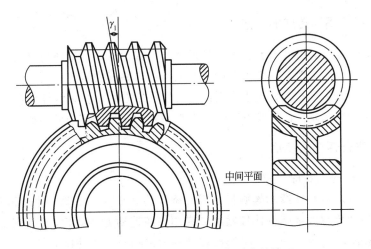

图 4.39　蜗轮与阿基米德蜗杆啮合的情况

蜗杆螺旋齿的导程角 $\gamma_1 = 90° - \beta_1$，而蜗杆与蜗轮的轴交角 $\Sigma = \beta_1 + \beta_2$，故当 $\Sigma = 90°$ 时，还需保证 $\gamma_1 = \beta_2$，并且蜗轮与蜗杆螺旋线的旋向必须相同。

4.9.3 蜗杆传动几何尺寸计算

阿基米德圆柱蜗杆的几何参数及尺寸计算公式见表 4-9。

表 4-9 阿基米德圆柱蜗杆的几何参数及尺寸计算公式

名　称	代　号	计　算　公　式	说　明
蜗杆齿数	z_1		
蜗轮齿数	z_2	$z_2 = iz_1$	i 为传动比，z_2 应为整数
模数	m		按表 4-8 选取
齿形角	α	$\alpha = 20°$	标准值
蜗杆分度圆直径	d_1		按表 4-8 选取
蜗杆轴向齿距	p_a	$p_a = \pi m$	
蜗杆螺旋线导程	S	$S = p_a z_1$	
蜗杆分度圆导程角	γ_1	$\tan\gamma_1 = S/(\pi d_1)$	等于蜗轮螺旋角 β_2
蜗杆齿顶圆直径	d_{a1}	$d_{a1} = d_1 + 2h_a^* m$	$h_a^* = 1$（正常齿） $h_a^* = 0.8$（短齿）
蜗杆齿根圆直径	d_{f1}	$d_{f1} = d_1 - 2(h_a^* + c^*)m$	$c^* = 0.2$
蜗轮分度圆直径	d_2	$d_2 = mz_2$	
蜗轮齿顶圆直径	d_{a2}	$d_{a2} = d_2 + 2h_a^* m$	中间平面内蜗轮齿顶圆直径
蜗轮齿根圆直径	d_{f2}	$d_{f2} = d_2 - 2(h_a^* + c^*)m$	
标准中心距	a	$a = (d_1 + d_2)/2$	

4.9.4 蜗杆蜗轮转向的判定

在蜗杆传动机构中，除了要计算其几何尺寸外，有时还需要正确判定蜗杆蜗轮的转动方向。蜗杆蜗轮的转动方向既与其螺旋线旋向有关，也与蜗杆的转向有关，通常用左、右手规则来判定蜗轮的转动方向。左、右手规则：右旋蜗杆用右手，左旋蜗杆用左手，四指握住蜗杆，四指弯曲方向代表蜗杆的转动方向，与大拇指指向相反的方向就是蜗轮转动方向。

4.9.5 蜗杆传动的特点

蜗杆传动机构的主要特点如下。

（1）由于蜗杆轮齿是连续的螺旋齿，因此蜗杆传动平稳，振动、冲击和噪声均较小。

（2）单级传动比较大，结构比较紧凑。在用作减速动力传动时，传动比的范围为 $i_{12} = 5 \sim 70$，最常用的为 $i_{12} = 15 \sim 50$；在用作增速动力传动时，传动比 $i_{21} = 1/15 \sim 1/5$。

（3）由于蜗杆蜗轮啮合时轮齿间的相对滑动速度较大，使得摩擦损耗较大，因而传动效率较低，易出现发热和温升过高的现象，磨损也较严重，故常需用减摩耐磨的材料（如锡青铜）来制造蜗轮，因而成本较高。

（4）在一定条件下，蜗杆传动的反行程具有自锁性。此时，只能由蜗杆带动蜗轮，而不能由蜗轮带动蜗杆。

4.10 锥齿轮机构

4.10.1 锥齿轮传动的特点

锥齿轮传动用来传递两相交轴之间的运动和动力（图4.40）。两轴之间的夹角（轴交角）Σ可以根据结构需要而定，在一般机械中多采用$\Sigma = 90°$的传动。由于锥齿轮是一个锥体，因此轮齿是分布在圆锥面上的。与圆柱齿轮相对应，在锥齿轮上有齿顶圆锥、分度圆锥和齿根圆锥等，并且有大端和小端之分。为了计算和测量的方便，通常取锥齿轮大端的参数为标准值，即大端的模数按表4-10选取，压力角$\alpha = 20°$，齿顶高系数$h_a^* = 1$，顶隙系数$c^* = 0.2$。

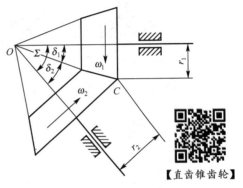

图4.40 锥齿轮传动

【直齿锥齿轮】

表4-10 锥齿轮模数（GB/T 12368—1990《锥齿轮模数》）　　　　（单位:mm）

...	1	1.125	1.25	1.375	1.5	1.75	2	2.25	2.5	2.75	3
3.25	3.5	3.75	4	4.5	5	5.5	6	6.5	7	8	...

锥齿轮的轮齿有直齿、斜齿及曲齿（圆弧齿、螺旋齿）等多种形式。直齿锥齿轮的设计、制造和安装均较简便，故应用最广泛。曲齿锥齿轮由于传动平稳、承载能力较强，常用作高速重载传动，如用于飞机、汽车、拖拉机等的传动机构中。

下面只讨论直齿锥齿轮传动。

4.10.2 直齿渐开线锥齿轮齿廓曲面的形成

直齿渐开线锥齿轮齿廓曲面与直齿渐开线圆柱齿轮齿廓曲面的形成相似。如图4.41所示，一半径为R的圆平面S（即发生面）与基圆锥相切于OP，发生面的圆心与基圆锥的锥顶O重合。当发生面沿基圆锥做纯滚动时，发生面上任意点K的轨迹形成了球面渐开线AK（曲线AK在半径为R的球面上）。在发生面上，半径为OK的所有的点所形成的球面渐开线就构成了球面渐开面（即曲面OAK），即锥齿轮的齿廓曲面。也就是说，锥齿轮的齿廓曲面理论上是球面渐开面。显然，球面无法展开成平面，因而给锥齿轮的设计、制造和检测带来不便，通常采用近似的方法来研究锥齿轮的齿廓曲线。

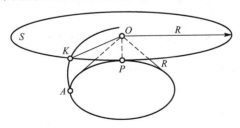

图4.41 球面渐开线的生成

4.10.3　锥齿轮的背锥与当量齿数

图 4.42 所示为一直齿锥齿轮的断面图。其齿数为 z，大端分度圆半径为 r，分度圆锥角为 δ。$\triangle OAB$ 代表分度圆锥，$\triangle Oaa$ 及 $\triangle Obb$ 分别代表齿根圆锥和齿顶圆锥。作圆锥与

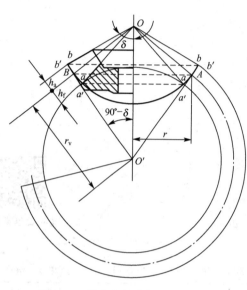

锥齿轮大端球面相切于分度圆 AB，其锥顶为 O'，这个圆锥称为锥齿轮的背锥或辅助圆锥。将锥齿轮的球面渐开线齿廓向背锥上投影，可得曲线 $a'b'$。由图 4.42 可见，投影到背锥上的曲线 $a'b'$ 与原球面曲线 ab 相差很小，所以球面渐开线可近似地用其在背锥上的投影来代替，作为锥齿轮的齿廓。

将背锥展开后就形成了一个扇形齿轮，该扇形齿轮的齿形就是以锥齿轮大端的模数和压力角为标准参数形成的近似齿形。扇形齿轮的分度圆半径为 r_v，即为背锥母线长。

设想把背锥展开形成的扇形齿轮的缺口补满，则将获得一个圆柱齿轮。这个假想的圆柱齿轮称为锥齿轮的当量齿轮，其齿数 z_v 称为锥齿轮的当量齿数。当量齿轮的齿形和锥齿轮在背锥上的齿形是一致的，故当量齿轮的模数和压力角与锥齿轮大端的模数和压

图 4.42　锥齿轮的背锥和当量齿数

力角是一致的。当量齿数 z_v 与真实齿数 z 的关系可按下面的方法求出。

由图 4.42 可见，当量齿轮的分度圆半径为

$$r_v = O'B = \frac{r}{\cos\delta} = \frac{zm}{2\cos\delta}$$

而

$$r_v = \frac{mz_v}{2}$$

故得

$$z_v = \frac{z}{\cos\delta} \tag{4-48}$$

这就是锥齿轮当量齿数 z_v 与实际齿数 z 的关系，显然，$z_v > z$，并且一般不是整数。

借助锥齿轮当量齿轮的概念，可以将圆柱齿轮传动研究结论直接应用于锥齿轮传动，列举如下。

（1）一对锥齿轮的正确啮合条件：两轮大端的模数和压力角分别相等，即

$$m_1 = m_2 = m，\quad \alpha_1 = \alpha_2 = \alpha \tag{4-49}$$

（2）一对锥齿轮传动的重合度可以近似地按其当量齿轮传动的重合度来计算，即

$$\varepsilon = \frac{1}{2\pi} \left[z_{v1}(\tan\alpha_{va1} - \tan\alpha_v') + z_{v2}(\tan\alpha_{va2} - \tan\alpha_v') \right] \tag{4-50}$$

（3）锥齿轮不发生根切的最小齿数为

$$z_{min} = z_{vmin}\cos\delta \tag{4-51}$$

式中，z_{vmin} 为当量齿轮不发生根切的最小齿数，当 $h_a^* = 1$，$\alpha = 20°$ 时，$z_{vmin} = 17$，故锥齿轮不发生根切的最小齿数 $z_{min} < 17$。

　　锥齿轮的几何尺寸计算

前面已指出，锥齿轮以大端参数为标准值，故在计算其几何尺寸时，也应以大端为准。如图 4.43 所示，两锥齿轮的分度圆直径分别为

$$d_1 = 2R\sin\delta_1, \quad d_2 = 2R\sin\delta_2 \tag{4-52}$$

式中，R 为分度圆锥锥顶到大端的距离，称为锥距；δ_1、δ_2 分别为两锥齿轮的分度圆锥角（简称分锥角）。

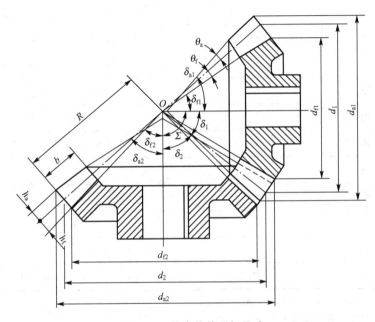

图 4.43　锥齿轮的几何尺寸

两轮的传动比为

$$i_{12} = \frac{\omega_1}{\omega_2} = \frac{z_2}{z_1} = \frac{d_2}{d_1} = \frac{\sin\delta_2}{\sin\delta_1} \tag{4-53}$$

当两轮轴间的夹角 $\Sigma = 90°$ 时，因 $\delta_1 + \delta_2 = 90°$，则式（4-53）变为

$$i_{12} = \frac{\omega_1}{\omega_2} = \frac{z_2}{z_1} = \frac{d_2}{d_1} = \cot\delta_1 = \tan\delta_2 \tag{4-54}$$

在设计锥齿轮传动时，可根据给定的传动比 i_{12}，按式（4-54）确定两齿轮分锥角的值。

锥齿轮齿顶圆锥角和齿根圆锥角的大小与两锥齿轮啮合传动时对其顶隙的要求有关。根据国家标准 GB/T 12369—1990《直齿及斜齿锥齿轮基本齿廓》和 GB/T 12370—1990《锥齿轮和准双曲面齿轮　术语》的规定，现多采用等顶隙锥齿轮传动，如图 4.43 所示。在这种传动中，两齿轮的顶隙从轮齿大端到小端是相等的，两轮的分度圆锥及齿根圆锥的锥顶重合于一点，但齿顶圆锥的母线与另一锥齿轮的齿根圆锥的母线平行，故其锥顶就不再与分度圆锥锥顶相重合。这种锥齿轮的强度有所提高。

标准直齿锥齿轮传动的几何参数及尺寸计算公式见表 4-11。

表 4-11 标准直齿锥齿轮传动的几何参数及尺寸计算公式($\Sigma = 90°$)

名　称	代　号	计算公式	
		小　齿　轮	大　齿　轮
分　锥　角	δ	$\delta_1 = \arctan(z_1/z_2)$	$\delta_2 = 90° - \delta_1$
齿　顶　高	h_a	$h_a = h_a^* m = m(h_a^* = 1)$	
齿　根　高	h_f	$h_f = (h_a^* + c^*)m = 1.2m(c^* = 0.2)$	
分度圆直径	d	$d_1 = mz_1$	$d_2 = mz_2$
齿顶圆直径	d_a	$d_{a1} = d_1 + 2h_a\cos\delta_1$	$d_{a2} = d_2 + 2h_a\cos\delta_2$
齿根圆直径	d_f	$d_{f1} = d_1 - 2h_f\cos\delta_1$	$d_{f2} = d_2 - 2h_f\cos\delta_2$
锥　　距	R	$R = m\sqrt{z_1^2 + z_2^2}/2$	
齿　根　角	θ_f	$\tan\theta_f = h_f/R$	
顶　锥　角	δ_a	$\delta_{a1} = \delta_1 + \theta_f$	$\delta_{a2} = \delta_2 + \theta_f$
根　锥　角	δ_f	$\delta_{f1} = \delta_1 - \theta_f$	$\delta_{f2} = \delta_2 - \theta_f$
顶　　隙	c	$c = c^* m$	
分度圆齿厚	s	$s = \pi m/2$	
当量齿数	z_v	$z_{v1} = z_1/\cos\delta_1$	$z_{v2} = z_2/\cos\delta_2$
齿　　宽	B	$B \leqslant R/3$(取整)	

注：1. 当 $m \leqslant 1$mm 时，$c^* = 0.25$，$h_f = 1.25m$。

2. 各角度计算应准确到 ××°××′。

习　题

1. 简答题

4-1　为了实现定传动比传动，对齿轮的齿廓曲线有什么要求？渐开线齿廓为什么能够实现定传动比传动？

4-2　渐开线齿廓上任一点的压力角是如何确定的？渐开线齿廓上各点的压力角是否相同？何处的压力角为零？何处的压力角为标准值？

4-3　标准渐开线直齿圆柱齿轮在标准中心距安装条件下具有哪些特性？

4-4　分度圆和节圆有何区别？在什么情况下，分度圆和节圆是重合的？

4-5　啮合角与压力角有什么区别？在什么情况下，啮合角与压力角是相等的？

4-6　什么是根切？它有何危害？如何避免？

4-7　齿轮为什么要进行变位修正？正变位齿轮与标准齿轮比较，其尺寸(m、α、h_a、h_f、d、d_a、d_f、d_b、s、e)哪些变化了？哪些没有变化？

4-8　什么是正变位？什么是正传动？

4-9　什么是斜齿圆柱齿轮的当量齿轮？为什么要提出当量齿轮的概念？

4-10 平行轴和交错轴斜齿轮传动有哪些异同点？

4-11 什么是蜗杆传动的中间平面？蜗杆传动正确啮合的条件是什么？

4-12 什么是直齿锥齿轮的当量齿轮和当量齿数？

2. 填空题

4-13 渐开线齿轮齿廓上任意点的压力角是_____与_____所夹的锐角。

4-14 渐开线齿轮齿廓上_____圆上的压力角为零，_____圆上的压力角最大。

4-15 按标准中心距安装的一对渐开线标准直齿圆柱齿轮，节圆与_____圆重合，啮合角在数值上等于_____上的压力角。

4-16 当采用展成法切制渐开线齿轮齿廓时，可能会产生根切，若被加工齿轮 $h_a^* = 1$，$\alpha = 20°$，则渐开线标准齿轮产生不根切的最少齿数为_____。

4-17 一对渐开线直齿圆柱齿轮传动，若重合度等于1.3，则表明啮合点沿着啮合线等速移动一个法向齿距时，有_____％时间是两对齿啮合，有_____％时间是一对齿啮合。

4-18 在模数、齿数、压力角相同的情况下，正变位齿轮与标准齿轮相比较，齿厚_____，基圆半径_____，齿根高_____。

4-19 渐开线斜齿圆柱齿轮的标准参数在_____面上，其几何尺寸计算在_____面上。

4-20 斜齿圆柱齿轮的重合度将随着_____和_____的增大而增大。

4-21 渐开线直齿锥齿轮的标准模数和压力角是定义在锥齿轮的_____端。

4-22 蜗杆蜗轮的标准模数和压力角是定义在_____面上。

3. 选择题

4-23 渐开线齿轮的齿廓形状取决于_____。

A. 分度圆   B. 齿根圆

C. 基圆   D. 齿顶圆

4-24 当一对渐开线齿轮制成后，若两轮的中心距稍有变化，其瞬时角速度比仍保持不变的原因是_____。

A. 压力角不变   B. 啮合角不变

C. 节圆半径不变   D. 基圆半径不变

4-25 渐开线直齿圆柱齿轮实现连续传动时，其重合度应_____。

A. ε＜0   B. ε＝0

C. ε＜1   D. ε≥1

4-26 一对直齿圆柱齿轮的中心距_____等于两分度圆半径之和，但_____等于两节圆半径之和。

A. 一定   B. 不一定

C. 一定不

4-27 标准直齿圆柱齿轮传动的重合度应等于_____。

A. 理论啮合线长度与齿距之比   B. 实际啮合线长度与齿距之比

C. 理论啮合线长度与基圆齿距之比   D. 实际啮合线长度与基圆齿距之比

4-28 渐开线直齿圆柱齿轮与直齿条啮合时，若齿条相对齿轮做远离齿轮圆心的径向平移，其啮合角_____。

A. 加大   B. 减小

C. 不变   D. 上述选项都不对

4-29　已知四对齿轮的参数：①$m_1 = 2.5\text{mm}$，$\alpha_1 = 15°$；②$m_2 = 2.5\text{mm}$，$\alpha_2 = 20°$；③$m_3 = 2\text{mm}$，$\alpha_3 = 15°$；④$m_4 = 2.5\text{mm}$，$\alpha_4 = 20°$。试问能够正确啮合的一对齿轮是齿轮_____。

A. ①和②   B. ①和③

C. ①和④   D. ②和④

4-30　渐开线斜齿圆柱齿轮在啮合过程中，一对轮齿齿廓上的接触线长度是_____。

A. 由小到大逐渐变化的   B. 由大到小逐渐变化的

C. 由小到大再由大到小逐渐变化的   D. 始终保持定值

4-31　一对渐开线外啮合斜齿圆柱齿轮的正确啮合条件是_____。

A. $m_{n1} = m_{n2} = m$，$\alpha_{n1} = \alpha_{n2} = \alpha$，$\beta_1 = -\beta_2$ B. $m_{n1} = m_{n2} = m$，$\alpha_{n1} = \alpha_{n2} = \alpha$，$\beta_1 = \beta_2$

C. $m_1 = m_2 = m$，$\alpha_1 = \alpha_2 = \alpha$

4-32　蜗杆蜗轮传动中，_____。

A. 蜗杆蜗轮的螺旋方向一定相同   B. 蜗杆蜗轮的螺旋方向一定不同

C. 蜗杆的螺旋角小于蜗轮的螺旋角   D. 上述选项都不对

4. 设计与计算题

4-33　设有一渐开线标准直齿圆柱齿轮，$z = 20$，$m = 2.5\text{mm}$，$h_a^* = 1$，$\alpha = 20°$。试求其齿廓曲线在分度圆和齿顶圆上的曲率半径及齿顶圆压力角。

4-34　已知一对正确安装的渐开线标准直齿圆柱齿轮传动，中心距 $a = 100\text{mm}$，模数 $m = 4\text{mm}$，压力角 $\alpha = 20°$，传动比 $i = \omega_1/\omega_2 = 1.5$。试计算齿轮 1 和齿轮 2 的齿数，分度圆、基圆、齿顶圆和齿根圆直径。

4-35　有 4 个渐开线标准直齿圆柱齿轮，$\alpha = 20°$，$h_a^* = 1$，$c^* = 0.25$。①$m_1 = 5\text{mm}$，$z_1 = 20$；②$m_2 = 4\text{mm}$，$z_2 = 25$；③$m_3 = 4\text{mm}$，$z_3 = 50$；④$m_4 = 3\text{mm}$，$z_4 = 60$。试回答下列问题。

(1) 齿轮 2 和齿轮 3 哪个齿轮齿廓较平直？为什么？

(2) 哪个齿轮的全齿高最大？为什么？

(3) 哪个齿轮的尺寸最大？为什么？

(4) 齿轮 1 和齿轮 2 能正确啮合吗？为什么？

4-36　试问渐开线标准外齿轮的齿根圆一定大于基圆吗？当齿根圆与基圆重合时，其齿数应为多少？当齿数小于以上求得的齿数时，基圆与齿根圆哪个大？

4-37　设有一对外啮合齿轮：$z_1 = 28$，$z_2 = 41$，$m = 10\text{mm}$，$\alpha = 20°$，$h_a^* = 1$。试求当中心距 $a' = 350\text{mm}$ 时，两轮的啮合角 α'。当 $\alpha' = 23°$时，试求其中心距 a'。

4-38　已知一对标准外啮合直齿圆柱齿轮传动，$m = 5\text{mm}$，$\alpha = 20°$，$z_1 = 19$，$z_2 = 42$。试求其重合度 ε_α。如图 4.44 所示，当有一对轮齿在节点 P 处啮合时，是否还有其他轮齿也处于啮合状态？而当一对轮齿在 B_1 点啮合时，情况又如何？

4-39　图 4.45 中已知一对齿轮的基圆和齿顶圆，齿轮 1 为主动轮。试在图中画出齿轮的啮合线，并标出极限啮合点 N_1、N_2，实际啮合线的开始点和终止点 B_1、B_2，啮合角 α'，节点 P 和节圆半径 r_1'、r_2'。

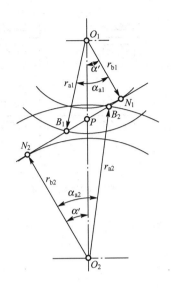

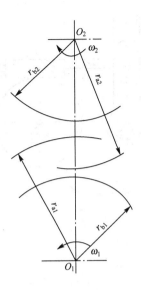

图 4.44 题 4-38 图   图 4.45 题 4-39 图

4-40 用展成法加工 $z=12$，$m=12\text{mm}$，$\alpha=20°$ 的渐开线直齿圆柱齿轮。为避免根切，应采用什么变位方法加工？最小变位量是多少？并计算按最小变位量变位时齿轮分度圆的齿厚和齿槽宽。

4-41 设已知一对标准斜齿圆柱齿轮传动的参数为 $z_1=21$，$z_2=37$，$m_n=5\text{mm}$，$\alpha_n=20°$，$h_{an}^*=1$，$c_n^*=0.25$，$b=70\text{mm}$，初选 $\beta=15°$。试求中心距 a（圆取整，并精确重算 β），总重合度 ε_γ，当量齿数 z_{v1} 及 z_{v2}。

4-42 一蜗轮的齿数 $z_2=40$，$d_2=200\text{mm}$，与一单头蜗杆啮合，试求：

(1) 蜗轮端面模数 m_{t2} 及蜗杆轴面模数 m_{x1}；

(2) 蜗杆的轴面齿距 p_{a1} 及导程 S；

(3) 两轮的中心距 a。

4-43 已知一对直齿圆锥齿轮的 $z_1=15$，$z_2=30$，$m=5\text{mm}$，$h_a^*=1$，$c^*=0.2$，$\Sigma=90°$。试确定这对锥齿轮的几何尺寸（参照表 4-11）。

4-44 如图 4.46 所示，已知两对蜗轮蜗杆传动中的蜗轮 2 及蜗杆 3 的旋向。试说明蜗杆 1 和蜗轮 4 的旋向，并判断蜗轮 4 的转向。

4-45 已知一对正常齿制外啮合圆柱齿轮传动，$z_1=19$，$z_2=100$，$m=2\text{mm}$，为提高传动性能而采用变位齿轮时，若取 $x_1=1.0$，$x_2=-1.6$，试求该对齿轮的分度圆直径、齿顶圆直径和齿根圆直径。

4-46 图 4.47 所示的齿轮传动系统中，已知 $z_1=27$，$z_2=z_{2'}=60$，$z_3=38$，$\alpha=20°$，$m=5\text{mm}$。试问该轮系有几种设计方案？哪一种较合理？确定此方案各齿轮的变位系数。

4-47 已知一交错轴斜齿轮传动，$\Sigma=80°$，$\beta_1=30°$，$i_{12}=2$，$z_1=35$，$p_n=12.56\text{mm}$。试计算其中心距。

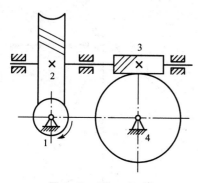

图 4.46　题 4 - 44 图

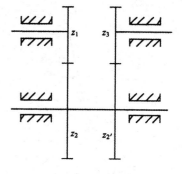

图 4.47　题 4 - 46 图

第 5 章
轮系及其设计

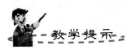

教学提示

本章主要介绍轮系的分类，各种轮系传动比的计算方法，轮系在实际工程中的应用，周转轮系的设计及各轮齿数的确定。

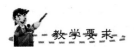

教学要求

了解轮系的分类方法，能正确区分各种轮系。

重点掌握定轴轮系、周转轮系及混合轮系传动比的计算方法。

了解轮系的应用、周转轮系的设计及各轮齿数的确定。

5.1 轮系及其分类

在第 4 章中，研究了一对齿轮的啮合原理和几何尺寸的计算等问题。但是在实际机械中用一对齿轮传动往往满足不了工程实际的需要，经常采用若干个相互啮合的齿轮将主动轴和从动轴连接起来传递运动和动力。这种由一系列齿轮组成的传动系统称为轮系。

在一个轮系中可以同时包括圆柱齿轮、蜗杆蜗轮、锥齿轮等各种类型的齿轮传动。

根据轮系运转时各个齿轮的轴线相对于机架的位置是否固定，可将轮系分为定轴轮系、周转轮系和混合轮系三大类。

5.1.1 定轴轮系

如图 5.1 所示，动力由齿轮 1 输入，经过一系列齿轮传动，带动齿轮 5 转动将运动和动力输出。在该轮系中，因各个齿轮均绕固定轴线转动，故该轮系称为定轴轮系。

5.1.2 周转轮系

图 5.2 所示的轮系运转时，外齿轮 1 和内齿轮 3 都是绕固定的轴线 OO 回转的，齿轮 2 安装在构件 H 上，而构件 H 则绕轴线 OO 回转。所以当轮系运转时，齿轮 2 一方面绕自己的轴线 O_1O_1 自转，另一方面又随着构件 H 一起绕着固定轴线 OO 公转，即齿轮 2 做行星运动。绕固定轴线回转的齿轮称为中心轮(齿轮 1、3)。绕自身轴线自转，同时绕固定轴线公转的齿轮称为行星齿轮(齿轮 2)。支撑行星齿轮的构件称为行星架(构件 H)。

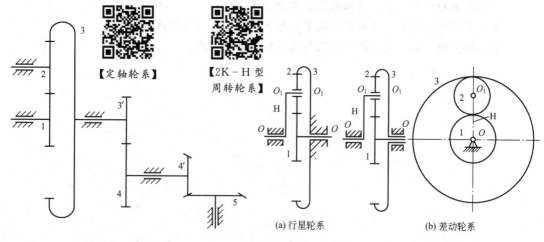

【定轴轮系】　【2K-H 型周转轮系】

(a) 行星轮系　　　(b) 差动轮系

图 5.1　定轴轮系　　　图 5.2　2K-H 型周转轮系

轮系运转时，若有一个或几个齿轮轴线是绕其他固定轴线回转的轮系，称为周转轮系。周转轮系由中心轮、行星齿轮、行星架及机架组成，一般都以中心轮和行星架作为运动的输入和输出构件，故又称其为周转轮系中的基本构件。基本构件都绕同一固定轴线回转。

根据周转轮系所具有的自由度不同，周转轮系可分为自由度为 1 的行星轮系 [图 5.2(a)，齿轮 3 为固定轮〕和自由度为 2 的差动轮系〔图 5.2(b)〕。

此外,周转轮系还常根据其基本构件的不同分为 2K - H 型(图 5.2)、3K 型(图 5.3)。K 表示中心轮,H 表示行星架。

5.1.3 **混合轮系**

在实际机械中,常把由周转轮系和定轴轮系〔图 5.4(a)〕或者是由两个以上的周转轮系〔图 5.4(b)〕组合而成的复杂轮系称为混合轮系(或称复合轮系)。

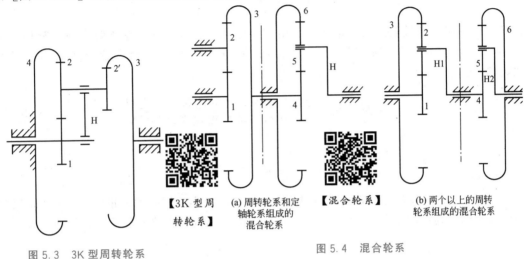

【3K 型周转轮系】　(a) 周转轮系和定轴轮系组成的混合轮系　【混合轮系】　(b) 两个以上的周转轮系组成的混合轮系

图 5.3　3K 型周转轮系　　　　图 5.4　混合轮系

5.2　轮系的传动比计算

单独一对齿轮的传动比是指两个直接啮合齿轮的角速度之比。而轮系的传动比,则是指在轮系中首、末两构件的角速度之比。轮系传动比的计算包括计算轮系传动比的大小和确定首、末构件之间的转向关系。

5.2.1 **定轴轮系的传动比计算**

1. 传动比大小的计算

以图 5.1 所示的定轴轮系为例介绍传动比大小的计算方法。该轮系由齿轮对 1 - 2,2 - 3,3' - 4 和 4' - 5 组成,设齿轮 1 为首轮,齿轮 5 为末轮,其轮系的传动比为 $i_{15} = \omega_1 / \omega_5$。轮系中各对啮合齿轮的传动比的大小为

$$i_{12} = \frac{\omega_1}{\omega_2} = \frac{z_2}{z_1}$$

$$i_{23} = \frac{\omega_2}{\omega_3} = \frac{z_3}{z_2}$$

$$i_{3'4} = \frac{\omega_{3'}}{\omega_4} = \frac{z_4}{z_{3'}}$$

$$i_{4'5} = \frac{\omega_{4'}}{\omega_5} = \frac{z_5}{z_{4'}}$$

将上述各级传动比连乘起来，可得

$$i_{15} = \frac{\omega_1}{\omega_5} = i_{12} \cdot i_{23} \cdot i_{3'4} \cdot i_{4'5} = \frac{z_2 z_3 z_4 z_5}{z_1 z_2 z_{3'} z_{4'}} \tag{5-1}$$

式（5-1）说明，定轴轮系的传动比等于组成该轮系的各对啮合齿轮传动比的连乘积；其大小等于各对啮合齿轮所有从动齿轮齿数的连乘积与所有主动齿轮齿数的连乘积之比，即

$$定轴轮系传动比 = \frac{所有从动齿轮齿数的连乘积}{所有主动齿轮齿数的连乘积} \tag{5-2}$$

2. 首、末轮转向关系的确定

1）正、负号法

当首、末两齿轮的轴线彼此平行时，两齿轮的转向不是相同就是相反。当两者的转向相同时，规定其传动比为"＋"，反之为"－"。图 5.5 所示的定轴轮系，其传动比为

$$i_{15} = \frac{\omega_1}{\omega_5} = +\frac{z_2 z_3 z_5}{z_1 z_2 z_4}$$

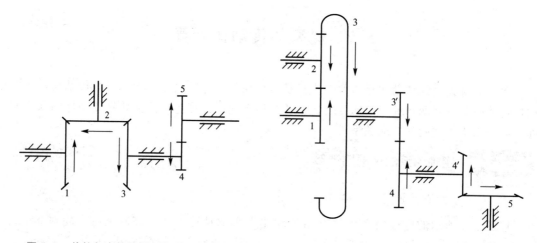

图 5.5　首轮与末轮轴线平行的定轴轮系　　　　图 5.6　首轮与末轮轴线不平行的定轴轮系

2）画箭头法

当首、末两齿轮的轴线不平行时，两齿轮是在不同的平面内转动，因此不能采用在传动比前加"＋"或"－"的方法来表示首、末轮的转向关系，其转向关系可以用画箭头的方法来确定。

如图 5.6 所示，设首轮 1 的转向已知，如图中箭头所示（箭头代表齿轮可见侧圆周速度方向），则首、末两齿轮的转向关系可用标注箭头的方法来确定。因为任何一对啮合传

动的齿轮，其节点的圆周速度相同，表示两齿轮转向的箭头应同时指向节点或同时背离节点。据此，根据首轮1的转向，依次可用箭头标出其余各轮的转向。

定轴轮系中，3个以上互相啮合的齿轮中，中间齿轮(如图5.6中的齿轮2)是齿轮1-2啮合的从动轮，又是齿轮2-3啮合的主动轮，其齿数对传动比大小没有影响，而仅改变从动轮的转向，这种齿轮称为惰轮或过轮。

5.2.2　周转轮系的传动比计算

图5.7(a)所示的2K-H型周转轮系，其中心轮1和3及行星架H均绕同一固定轴线OO回转；行星轮2既绕自己的轴O_1O_1自转，又随着构件H一起绕着固定轴线OO公转。因此，周转轮系不能像定轴轮系那样直接求解传动比。但是，根据相对运动原理，设想给整个周转轮系加上一个绕固定轴线OO转动的公共角速度$(-\omega_H)$，显然各构件之间的相对运动关系并没有改变，但此时行星架H的角速度为$\omega_H-\omega_H=0$，即行星架H相对静止不动，而齿轮1、2、3则变成了绕定轴转动的齿轮，于是原周转轮系便转化为假想的定轴轮系。这种假想的定轴轮系称为原周转轮系的转化轮系或转化机构[图5.7(b)]。

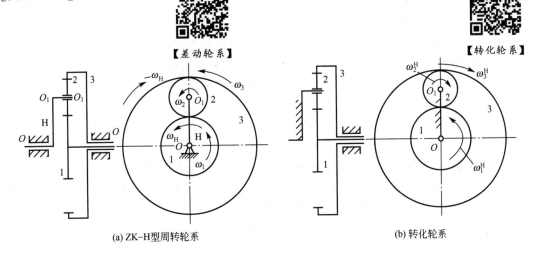

(a) ZK-H型周转轮系　　　　　　　(b) 转化轮系

图5.7　周转轮系和转化轮系

周转轮系和转化轮系各构件的角速度见表5-1。

表5-1　周转轮系和转化轮系各构件的角速度

构　件	在周转轮系中的转速	在转化轮系中的转速
行星架 H	ω_H	$\omega_H^H=\omega_H-\omega_H=0$
齿轮 1	ω_1	$\omega_1^H=\omega_1-\omega_H$
齿轮 2	ω_2	$\omega_2^H=\omega_2-\omega_H$
齿轮 3	ω_3	$\omega_3^H=\omega_3-\omega_H$

既然周转轮系的转化轮系是定轴轮系，那么就可以应用求解定轴轮系传动比的方法求出转化轮系中齿轮1与齿轮3的传动比i_{13}^H，即

$$i_{13}^{H} = \frac{\omega_1^{H}}{\omega_3^{H}} = \frac{\omega_1 - \omega_H}{\omega_3 - \omega_H} = -\frac{z_2 z_3}{z_1 z_2} = -\frac{z_3}{z_1} \qquad (5-3)$$

显然，转化轮系的传动比 i_{13}^{H} 表示周转轮系基本构件齿轮 1、3 和行星架 H 的角速度与各齿轮齿数间的相对比例关系。在式(5-3)中，当齿轮齿数已知，若 ω_1、ω_3、ω_H 这三个参数中有两者已知(包括大小和方向)，就可以求出第三者(大小和方向)。

推广到一般情况，设 G 和 K 为同一周转轮系中两个轴线平行的齿轮，行星架为 H，则其转化轮系的传动比 i_{GK}^{H} 可表示为

$$i_{GK}^{H} = \frac{\omega_G^{H}}{\omega_K^{H}} = \frac{\omega_G - \omega_H}{\omega_K - \omega_H} = \pm \frac{\text{转化轮系中从 G 到 K 所有从动齿轮齿数的乘积}}{\text{转化轮系中从 G 到 K 所有主动齿轮齿数的乘积}} \qquad (5-4)$$

在周转轮系中，若有一个中心轮固定不动，该轮系即为行星轮系。设固定轮为 K，即 $\omega_K = 0$，则其传动比为

$$i_{GK}^{H} = \frac{\omega_G^{H}}{\omega_K^{H}} = \frac{\omega_G - \omega_H}{0 - \omega_H} = 1 - i_{GH}$$

即

$$i_{GH} = 1 - i_{GK}^{H} \qquad (5-5)$$

使用式(5-4)时的注意事项如下。

(1) 该式仅仅适用于 G、K 和 H 三者轴线平行(或重合)的情况。

(2) 式中的"±"不表示周转轮系中的 G 轮和 K 轮的实际转向关系，仅表示转化轮系中 G 轮和 K 轮的转向关系。须强调的是，这种转向关系会直接影响 ω_G、ω_K、ω_H 之间的数值关系，进而影响传动比计算结果的正确性，因此不能漏判或误判。

(3) ω_G、ω_K、ω_H 这 3 个参数均为代数值，运用该式计算时，必须注意已知数值的正、负号。如转向相同，用同号代入，转向不同应分别用"+""-"代入。

【例 5.1】 在图 5.8 所示的周转轮系中，已知各齿轮的齿数为 $z_1 = 30$，$z_2 = 25$，$z_{2'} = 20$，$z_3 = 75$。齿轮 1 的角速度为 210rad/s(实线箭头向上)，齿轮 3 的角速度为 54rad/s(实线箭头向下)，求行星架角速度 ω_H 的大小和方向。

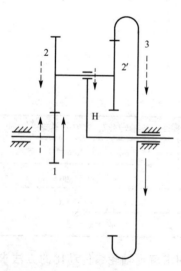

图 5.8 周转轮系

解：根据式(5-3)可知，转化轮系的传动比

$$i_{13}^{H} = \frac{\omega_1^{H}}{\omega_3^{H}} = \frac{\omega_1 - \omega_H}{\omega_3 - \omega_H} = -\frac{z_2 z_3}{z_1 z_{2'}}$$

由于已知条件给出齿轮 1、3 转向相反(齿轮 1 转向箭头向上，齿轮 3 转向箭头向下)，因此若假设 ω_1 为正，则应将 ω_3 以负值代入上式，得

$$\frac{210 - \omega_H}{-54 - \omega_H} = -\frac{25 \times 75}{20 \times 30}$$

解得 $\omega_H = 10$rad/r。

因为 ω_H 为正，可知 ω_H 的转向与 ω_1 相同。

在已知 ω_1、ω_H 或 ω_3、ω_H 的情况下，利用式(5-4)还可算出行星齿轮 2 的转速 ω_2。

由式(5-3)可得 $i_{23}^{H} = \frac{\omega_2 - \omega_H}{\omega_3 - \omega_H} = \frac{z_3}{z_{2'}}$

整理，得

$$\omega_2 = \frac{z_3 \omega_3 + (z_{2'} - z_3)\omega_H}{z_{2'}}$$

代入已知数值 $\omega_H = 10 \text{rad/s}$，$\omega_3 = -54 \text{rad/s}$，可求得 $\omega_2 = -230 \text{rad/s}$，负号表示 ω_2 的方向与 ω_1 的方向相反。

5.2.3 混合轮系的传动比计算

如前所述，由于混合轮系中包含定轴轮系和周转轮系，或者包含若干个周转轮系，因此既不能单纯地按求定轴轮系传动比的方法来计算其传动比，也不能单纯地按求某一个周转轮系传动比的方法来计算其传动比。计算混合轮系传动比的方法如下。

(1) 将混合轮系中的各个周转轮系及定轴轮系一一地区分开。

(2) 分别列出定轴轮系及各周转轮系传动比的计算式。

(3) 找出各种轮系之间的联系。

(4) 联立求解，即可求得混合轮系的传动比。

计算混合轮系传动比，首要问题是如何正确地划分混合轮系中的定轴轮系及各个周转轮系。其中关键是找出每一个基本周转轮系。确定基本周转轮系的方法：首先找出既自转又公转的行星齿轮；支撑行星齿轮做公转的构件就是行星架；几何轴线与行星架的回转轴线相重合，并且与行星齿轮相啮合的定轴齿轮就是中心轮。两个中心轮加上与其相啮合的行星轮及支撑行星齿轮的行星架便组成了一个基本周转轮系。将这些基本周转轮系逐一找出后，剩下的便是定轴轮系。

【例 5.2】 如图 5.4(a)所示，已知各齿轮的齿数 $z_1 = z_4 = 40$，$z_2 = z_5 = 30$，$z_3 = z_6 = 100$，求 i_{1H}。

解： 该轮系中齿轮 5 是行星齿轮，齿轮 4、6 是中心轮，支撑行星齿轮 5 的是行星架 H。因此齿轮 4、5、6 和 H 组成了行星轮系。剩下的轮系中没有行星齿轮，故齿轮 1、2、3 组成定轴轮系。

该行星轮系的转化轮系的传动比为

$$i_{46}^H = \frac{\omega_4^H}{\omega_6^H} = \frac{\omega_4 - \omega_H}{\omega_6 - \omega_H} = 1 - i_{4H} = -\frac{z_6}{z_4} = -2.5$$

故

$$i_{4H} = 3.5$$

由齿轮 1、2、3 组成的定轴轮系的传动比为

$$i_{13} = \frac{\omega_1}{\omega_3} = -\frac{z_3}{z_1} = -2.5$$

由于 $\omega_3 = \omega_4$，因此

$$i_{1H} = i_{13} \cdot i_{4H} = (-2.5) \times 3.5 = -8.75$$

负号表示行星架 H 的转向与齿轮 1 的转向相反。

【例 5.3】 在图 5.9 所示的轮系中，已知 ω_6 和各齿轮齿数 $z_1 = 50$，$z_{1'} = 30$，$z_{1''} = 60$，$z_2 = 30$，$z_{2'} = 20$，$z_3 = 100$，$z_4 = 45$，$z_5 = 60$，

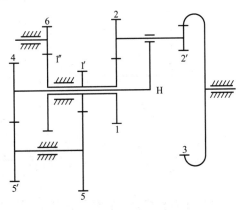

图 5.9 混合轮系

$z_{5'} = 45$，$z_6 = 20$，求 ω_3 的大小和方向。

解： 双联齿轮 2-2′ 是行星齿轮，与 2-2′ 啮合的齿轮 1 和 3 是中心轮，而支撑行星齿轮的是行星架 H。因此齿轮 1、2-2′、3 和 H 组成差动轮系。剩下的轮系中没有其他的行星齿轮，所以其余的齿轮 6、1′-1″、5-5′、4 组成定轴轮系。

转化轮系的传动比为

$$i_{13}^{H} = \frac{\omega_1^H}{\omega_3^H} = \frac{\omega_1 - \omega_H}{\omega_3 - \omega_H} = -\frac{z_2 z_3}{z_1 z_{2'}} = -\frac{30 \times 100}{50 \times 20} = -3 \tag{5-6}$$

式中，ω_1、ω_H 由定轴轮系求得。

$$\omega_1 = \omega_{1''} = \omega_6 \times \left(-\frac{z_6}{z_{1''}}\right) = \omega_6 \times \left(-\frac{20}{60}\right) = -\frac{1}{3}\omega_6$$

$$\omega_H = \omega_4 = \omega_6 \times \left(-\frac{z_6 z_{1'} z_{5'}}{z_{1''} z_5 z_4}\right) = \omega_6 \times \left(-\frac{20 \times 30 \times 45}{60 \times 60 \times 45}\right) = -\frac{1}{6}\omega_6$$

将 ω_1、ω_H 代入式(5-6)，得

$$\frac{\omega_1 - \omega_H}{\omega_3 - \omega_H} = \frac{-\dfrac{1}{3}\omega_6 - \left(-\dfrac{1}{6}\omega_6\right)}{\omega_3 - \left(-\dfrac{1}{6}\omega_6\right)} = -3$$

解得 $\omega_3 = -\dfrac{1}{9}\omega_6$，式中负号表示齿轮 3 与齿轮 6 的转向相反。

【例 5.4】 图 5.10 所示为电动卷扬机的减速器(为混合轮系)，已知各齿轮齿数 $z_1 = 24$，$z_2 = 48$，$z_{2'} = 30$，$z_3 = 90$，$z_{3'} = 20$，$z_4 = 30$，$z_5 = 80$，试求传动比 i_{1H}。

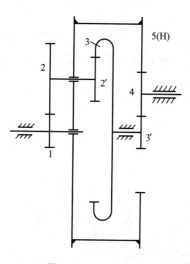

图 5.10　混合轮系

解： 这是一个比较复杂的混合轮系。由图可知，双联齿轮 2-2′ 是行星齿轮，与 2-2′ 啮合的齿轮 1 和 3 为中心轮，而支撑行星齿轮的为行星架 5(H)。因此齿轮 1、2-2′、3 和 5(H)组成差动轮系，齿轮 3′、4、5 组成定轴轮系。整个轮系是由一个定轴轮系把一个差动轮系中行星架和中心轮 3 封闭起来的封闭差动轮系。其中 $\omega_H = \omega_5$，$\omega_3 = \omega_{3'}$。

对于定轴轮系　　　$i_{3'5} = \dfrac{\omega_{3'}}{\omega_5} = -\dfrac{z_5}{z_{3'}} = -\dfrac{80}{20} = -4$

对于差动轮系　$i_{13}^{H} = \dfrac{\omega_1 - \omega_H}{\omega_3 - \omega_H} = -\dfrac{z_2 z_3}{z_1 z_{2'}} = -\dfrac{48 \times 90}{24 \times 30} = -6$

联立，解得

$$i_{1H} = \frac{\omega_1}{\omega_H} = 31$$

由计算结果可知行星架 5 与齿轮 1 的转向相同。

5.3　轮系的功用

轮系在各种机械中得到了广泛应用，其主要功能有获得较大的传动比、实现变速换向传动、实现分路传动、实现运动的合成与分解。

5.3.1　获得较大的传动比

当输入轴和输出轴之间需要较大的传动比时，由式(5-1)可知，只要适当选择轮系中各对啮合齿轮的齿数，即可实现较大传动比的要求。

选择适当的结构或组合形式，可使周转轮系或混合轮系获得大传动比，并且结构紧凑，齿轮数目又少。例如，图5.11所示的行星轮系，当 $z_1=100$、$z_2=101$、$z_{2'}=100$、$z_3=99$ 时，其传动比 i_{H1} 可达到10000∶1。计算过程如下。

由式(5-3)有

$$i_{13}^{H}=\frac{\omega_1^{H}}{\omega_3^{H}}=\frac{\omega_1-\omega_H}{\omega_3-\omega_H}=\frac{z_2 z_3}{z_1 z_{2'}}$$

代入已知数值，可得　$\dfrac{\omega_1-\omega_H}{0-\omega_H}=\dfrac{101\times99}{100\times100}$

解得　　　　　$i_{1H}=\dfrac{1}{10000}$

或　　　　　　$i_{H1}=10000$

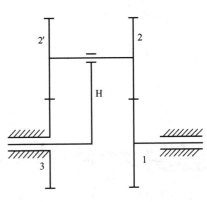

图 5.11　大传动比行星轮系

应当指出，这种类型的行星齿轮传动的传动比越大，机械效率越低，故不宜用于传递大功率机构，只适用于作辅助装置的减速机构。如将它用作增速传动，甚至可能发生自锁现象。

5.3.2　实现变速换向传动

在主动轴转速不变的条件下，利用轮系可以使从动轴获得若干种转速或改变输出轴的转向，这种传动称为变速换向传动。汽车、机床、起重设备等都需要这种变速换向传动。

如汽车变速器的换挡，使汽车的行驶可获得几种不同的速度，以适应不同的道路和载荷等情况变化的需要。图5.12所示为汽车齿轮变速器传动，轴Ⅰ为动力输入轴，轴Ⅱ为输出轴，4、6为滑移齿轮，A、B为牙嵌离合器。该变速器传动可使轴Ⅱ获得4种转速。

第一挡：齿轮5、6相啮合，齿轮3、4及离合器A、B均脱开。

第二挡：齿轮3、4相啮合，齿轮5、6及离合器A、B均脱开。

第三挡：离合器A、B相嵌合，齿轮5、6和3、4均脱开。

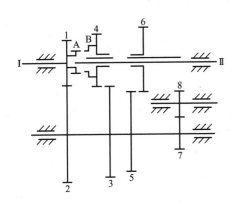

图 5.12　汽车齿轮变速器传动

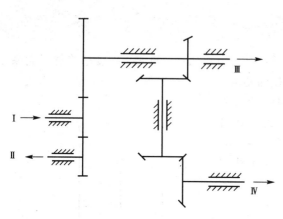

图 5.13　实现分路传动的定轴轮系

倒退挡：齿轮 6、8 相啮合，齿轮 5、6 及离合器 A、B 均脱开，此时由于齿轮 8 的作用，轴 Ⅱ 反转。

5.3.3　实现分路传动

当输入轴转速一定时，利用定轴轮系使一个输入转速同时传到若干个输出轴上，获得所需的各种转速，这种传动称为分路传动。图 5.13 所示就是利用定轴轮系把轴 Ⅰ 的输入运动，通过一系列齿轮传动，分为轴 Ⅱ、Ⅲ、Ⅳ 的输出运动。

5.3.4　实现运动的合成与分解

1. 合成运动

合成运动是将两个输入运动合成为一个输出运动。差动轮系有两个自由度，当给定两个基本构件的运动时，第三个基本构件的运动随之确定，这意味着第三个构件的运动是由其他两个基本构件的运动合成的。图 5.14 所示的由锥齿轮所组成的差动轮系，就常被用来进行运动的合成。其中 $z_1 = z_3$，则

【差动轮系用于运动合成】

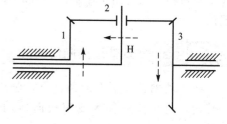

图 5.14　差动轮系用于运动合成

$$i_{13}^{H} = \frac{n_1 - n_H}{n_3 - n_H} = -\frac{z_3}{z_1} = -1$$

所以

$$2n_H = n_1 + n_3$$

2. 分解运动

差动轮系不仅能实现运动合成，而且可以实现运动分解，即将差动轮系中已知的一个独立运动，按所需比例分解为另两个基本构件的不同运动。汽车后桥的差速器就利用了差动轮系的这一特性。

图 5.15 所示为汽车后桥差速器。其中齿轮 1、2、3、4(H) 组成差动轮系。汽车发动机的运动从变速器经传动轴传给齿轮 5，再带动齿轮 4 及固接在齿轮 4 上的行星架 H 转动。当汽车直线行驶时，前轮的转向机构通过地面的约束作用，要求两后轮有相同的转速，即要求齿轮 1、3 转速相等($n_1 = n_3$)。由于在差动轮系中

$$i_{13}^{H} = \frac{n_1 - n_H}{n_3 - n_H} = -\frac{z_3}{z_1} = -1$$

故

$$n_H = \frac{1}{2}(n_1 + n_3)$$

将 $n_1 = n_3$ 代入上式，得 $n_1 = n_3 = n_H = n_4$，即齿轮 1、3 和行星架 H 之间没有相对运动，整个差动轮系相当于同齿轮 4 固接在一起成为一个刚体，随齿轮 2 一起转动，此时行星齿轮 2 相对于行星架没有转动。

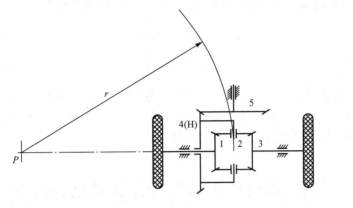

图 5.15　汽车后桥差速器

当汽车向左转弯时，为使车轮和地面间不发生滑动以减少轮胎磨损，要求右轮比左轮转得快些。这时齿轮 1 和 3 之间便发生相对转动，齿轮 2 除了随着齿轮 4 绕后轮轴线公转外，还要绕自己的轴线自转，由齿轮 1、2、3、4(H) 组成的差动轮系便发挥作用。这个差动轮系和图 5.14 所示的机构完全相同，故有

$$2n_H = n_1 + n_3 \qquad\qquad (5-7)$$

由图 5.16 可见，当车身绕瞬时转弯中心 P 点转动时，汽车两前轮在梯形转向机构 $ABCD$ 的作用下向左偏转，其轴线与汽车两后轴的轴线相交于 P 点。在图 5.16 所示的左转弯情况下，要求四个车轮均能绕点 P 做纯滚动，两个左侧车轮转得慢些，两个右侧车轮要转得快些。由于两前轮是浮套在轮轴上的，因此可以适应任意转弯半径而与地面保持纯滚动；至于两个后轮，则是通过上述差速器来调整转速的。设两后轮中心距为 $2L$，弯道平均半径为 r，由于两后轮的转速与弯道半径成正比，可得

$$\frac{n_1}{n_3} = \frac{r-L}{r+L} \qquad\qquad (5-8)$$

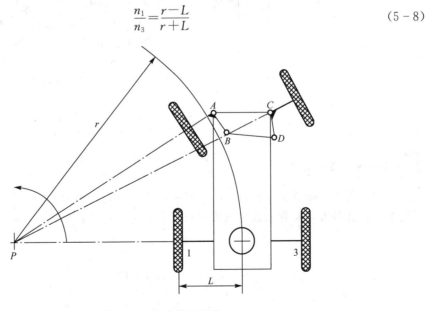

图 5.16　汽车转向机构

联立式（5-7）和式(5-8)，可求得此时汽车两后轮的转速分别为

$$n_1 = \frac{r-L}{r} n_H$$

$$n_3 = \frac{r+L}{r} n_H$$

这说明当汽车转弯时，可利用差速器自动将主轴的转动分解为两个后轮的不同转速转动。

需要特别说明的是，差动轮系可以将一个转动分解为另外两个转动的前提条件是这两个转动之间的确定关系是由地面的约束条件决定的。

5.4　周转轮系的设计及各轮齿数的确定

周转轮系是一种共轴式的传动装置，其输入轴与输出轴的轴线重合，并且还采用了几个完全相同的行星齿轮均匀地分布在中心轮之间。因此，在设计周转轮系时，各齿轮齿数的确定除了满足单级齿轮传动齿数选择的原则外，还必须满足传动比条件、同心条件、装配条件及邻接条件，这样装配起来的轮系才能按照给定的传动比正常运转。周转轮系的类型很多，对于不同的周转轮系，满足上述四个条件的具体关系式将有所不同。现以图5.17为例讨论如下。

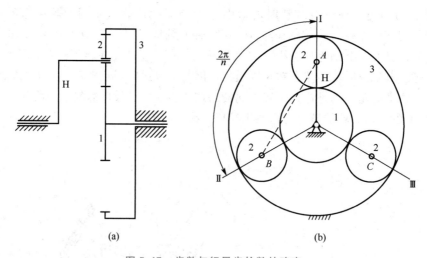

图 5.17　齿数与行星齿轮数的确定

5.4.1　传动比条件

传动比条件是指所设计的行星轮系必须能实现给定的传动比 i_{1H}。在图 5.17 所示的行星轮系中，其各齿轮齿数的选择可根据行星轮系传动比的计算式(5-3)来确定，即

$$i_{1H} = 1 - i_{13}^H = 1 + \frac{z_3}{z_1}$$

故
$$z_3 = z_1(i_{1H} - 1)$$
$$\tag{5-9}$$

5.4.2 同心条件

为了保证装在行星架上的行星齿轮在传动过程中始终与中心轮正确啮合，必须使行星架的转轴与中心轮的轴线重合，这就要求各齿轮齿数必须满足第二个条件——同心条件。

图 5.17(b)所示的行星轮系中，中心轮 1 和行星齿轮 2 组成外啮合，中心轮 3 与行星齿轮 2 组成内啮合，同心条件就是要求这两组传动的中心距必须相等，即 $a_{12}=a_{23}$。如果齿轮均采用标准齿轮，并且三个齿轮的模数相同，则应有

$$\frac{m(z_1+z_2)}{2}=\frac{m(z_3-z_2)}{2}$$

即

$$z_2=\frac{z_3-z_1}{2}$$

该式表明两中心轮的齿数应同为奇数或偶数。将式(5-9)代入上式，可得

$$z_2=\frac{z_3-z_1}{2}=\frac{z_1(i_{1H}-2)}{2} \tag{5-10}$$

5.4.3 装配条件

周转轮系中如果只有一个行星齿轮，则所有载荷将由一对齿轮啮合来承受，功率也由一对齿轮啮合传递。由于轮齿的啮合力和行星齿轮的离心惯性力都随着行星齿轮的转动而改变方向，因此轴上所受的是动载荷。为了提高承载能力和解决动载荷的问题，实际机械应用中的周转轮系多采用多个行星齿轮均匀分布在两个中心轮之间，载荷就由多对齿轮来承受，从而提高轮系的承载能力；因为行星齿轮均匀分布，中心轮上作用力的合力将为零，行星架上所受的行星齿轮的离心惯性力也将得以平衡，可大大改善受力状况。

为使各个行星齿轮都能均匀分布在两个中心轮之间，在设计行星轮系时，行星齿轮的数目和各齿轮的齿数必须满足一定的条件。否则，当一个行星齿轮装好以后，两个中心轮的相对位置就确定了，而且均匀分布的各行星齿轮的中心位置也就确定了，在一般情况下，其余行星齿轮的轮齿就可能无法同时装配到内、外两个中心轮的齿槽中。

若需要有 n 个行星齿轮均匀地分布在中心轮四周，则相邻两个行星齿轮之间的夹角为 $2\pi/n$。设行星齿轮齿数为偶数，参照图 5.17 来分析行星齿轮数目 n 与各齿轮齿数之间应满足的关系。

如图 5.17(b)所示，现将第一个行星齿轮 A 在位置 I 装入，使行星架 H 沿着逆时针方向转过 $\varphi_H=2\pi/n$ 到达位置 II，这时中心轮 1 转过角 φ_1。

由于

$$i_{1H}=\frac{\omega_1}{\omega_H}=\frac{\varphi_1}{\varphi_H}=\frac{\varphi_1}{2\pi/n}=1-i_{13}^H=1+\frac{z_3}{z_1}$$

则

$$\varphi_1=\left(1+\frac{z_3}{z_1}\right)\frac{2\pi}{n}$$

φ_1 必须是 K 个轮齿所对的中心角，即刚好包含 K 个齿距，故

$$\varphi_1=\left(1+\frac{z_3}{z_1}\right)\frac{2\pi}{n}=\frac{2\pi}{z_1}K$$

整理，得

$$K=\frac{z_1+z_3}{n} \tag{5-11}$$

当行星齿轮的个数和两个中心轮的齿数满足式(5-11)时，就可以在位置 I 装入第二

个行星齿轮 B。同理，当第二个行星齿轮转到位置 Ⅱ 时，又可以在位置 Ⅰ 装入第 3 个行星齿轮，其余依此类推。

式(5-11)表明，欲将 n 个行星齿轮均匀地分布安装在中心轮的四周，则行星轮系中两个中心轮的齿数之和应能被行星齿轮数 n 整除。

5.4.4 邻接条件

均匀分布的行星齿轮数量越多，每对齿轮所承受的载荷就越小，能够传递的功率也就越大。但行星齿轮的数量受到一个条件限制，即不能让相邻的两个行星齿轮在运动中齿顶相互碰撞。因此把保证相邻两个行星齿轮运动时齿顶不发生相互碰撞的条件称为邻接条件。

为满足上述条件，需要使两个行星齿轮的中心距 AB 大于两个行星齿轮的齿顶圆半径之和 [图 5.17(b)]，即

$$AB > 2r_{a2}$$

式中

$$AB = 2(r_1 + r_2)\sin\frac{\pi}{n} = m(z_1 + z_2)\sin\frac{\pi}{n}$$

$$2r_{a2} = 2(r_2 + h_a^* m) = m(z_2 + 2h_a^*)$$

将以上两式代入邻接条件中，可得

$$(z_1 + z_2)\sin\frac{\pi}{n} > z_2 + 2h_a^*$$

整理，得到满足邻接条件的关系式为

$$\frac{z_2 + 2h_a^*}{z_1 + z_2} < \sin\frac{\pi}{n} \qquad (5-12)$$

为了在设计时便于选择各齿轮的齿数，通常将式(5-10)、式(5-11)、式(5-12)三式合并为一个总的配齿公式，即

$$z_1 : z_2 : z_3 : K = z_1 : \frac{z_1(i_{1H}-2)}{2} : z_1(i_{1H}-1) : \frac{z_1 i_{1H}}{n} \qquad (5-13)$$

确定齿数时，应根据式(5-13)选定为 z_1 和 n。所选定的值应使 K、z_2 和 z_3 均为正整数。然后将各齿轮齿数代入式(5-12)验算是否满足邻接条件。如果不满足条件，则应减少行星齿轮的个数或增加齿轮的齿数。

【例 5.5】 图 5.17 所示为行星轮系，已知输入转速 $n_1 = 1800\text{rad/min}$，工作要求输出转速 $n_H = 300\text{rad/min}$，均布行星齿轮的个数 $n = 3$，采用标准齿轮，$h_a^* = 1$，$\alpha = 20°$。试选取各齿轮齿数 z_1、z_2 和 z_3。

解： 由题意知

$$i_{1H} = \frac{n_1}{n_H} = \frac{1800}{300} = 6$$

由式(5-13)得

$$z_1 : z_2 : z_3 : K = z_1 : \frac{z_1(6-2)}{2} : z(6-1) : \frac{z_1 6}{3} = z_1 : 2z_1 : 5z_1 : 2z_1$$

由上式可知，为使上式各项均为正整数及各齿轮的齿数均大于 17。现取 $z_1 = 20$，则 $z_2 = 2z_1 = 40$，$z_3 = 5z_1 = 100$。

验算邻接条件，由式(5-12)得

$$\frac{z_2 + 2h_a^*}{z_1 + z_2} = \frac{40 + 2\times 1}{20 + 40} = 0.7 < \sin\frac{\pi}{n} = \sin\frac{\pi}{3} = 0.866$$

上式结果表明所选的齿数与行星齿轮的个数满足邻接条件。

5.5 其他轮系简介

5.5.1 渐开线少齿差行星齿轮传动

在图 5.18 所示的行星轮系中，若行星齿轮 g 与中心轮 K 的齿数差 $\Delta z = z_K - z_g = 1 \sim 4$，则该传动称为少齿差行星齿轮传动。该轮系由中心轮 K、行星齿轮 g、行星架 H 和带输出机械 W 的输出轴 V 组成。

由式(5-4)可知

$$i_{gK}^H = \frac{\omega_g - \omega_H}{\omega_K - \omega_H} = \frac{z_K}{z_g}$$

因 $\omega_K = 0$，可得

$$i_{Hg} = \frac{\omega_H}{\omega_g} = -\frac{z_g}{z_K - z_g} \qquad (5-14)$$

如果 $\Delta z = z_K - z_g = 1$，即"一齿差"，则 $i_{Hg} = -z_g$。只要 z_g 适当大，这种传动就可以利用很少的构件，获得较大的传动比。

该传动中，行星架 H 为主动件，行星齿轮为从动件，输出的运动就是行星齿轮的转动。由于行星齿轮是做复合平面运动的，既有自转，又有公转，因此，用一根轴直接输出行星齿轮的转动是不可能的，而必须采用合适的输出机构来传递行星齿轮的运动。

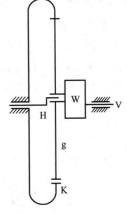

图 5.18 少齿差行星轮系

少齿差行星齿轮传动通常采用销孔式输出机构作为等角速比机构，其结构和工作原理如图 5.19 所示。在行星齿轮的辐板上，沿着直径 D 的圆周均有若干个销孔，销孔的直径为 d_h。在输出轴的销盘上，沿同样直径的圆周均匀分布数量相同的圆柱销，圆柱销上再套

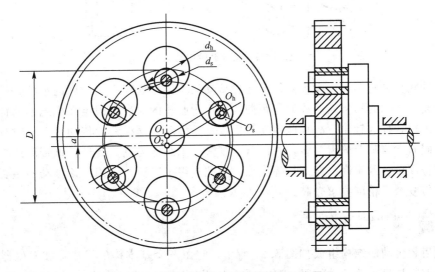

图 5.19 销孔式输出机构的结构和工作原理

以直径为 d_s 的销套。将这些带套的圆柱销分别插入销孔中，使行星齿轮和输出轴连接起来。设计时取 $a=\frac{1}{2}(d_h-d_s)$，a 为行星架的偏心距，也等于行星齿轮轴线与输出轴轴线间的距离。因此这种传动仍能保持输入轴的轴线与输出轴的轴线重合。这时，内齿轮的中心 O_2、行星齿轮的中心 O_1、销孔中心 O_h 和销轴中心 O_s 恰好组成一个平行四边形。销孔式输出机构的运动就是平行四边形机构的运动，因此输出轴的运动与行星齿轮的绝对运动完全相同。

这种少齿差行星齿轮传动的特点是构件少、结构简单且紧凑、传动比大、效率高，故在实际工程中得到了广泛的应用。

5.5.2　摆线针轮传动

摆线针轮传动的工作原理和结构与渐开线少齿差行星齿轮传动基本相同。图 5.20 所示为一摆线针轮传动原理。其主要组成有行星架 H、摆线行星齿轮 g 与中心轮 K。运动由行星架 H 输入，行星齿轮的运动也是依靠等角速比的销孔式输出机构传到输出轴 V 上。摆线针轮传动的齿数差总是等于 1，所以其传动比为

$$i_{Hg}=\frac{\omega_H}{\omega_g}=-\frac{z_g}{z_K-z_g}=-z_g \qquad (5-15)$$

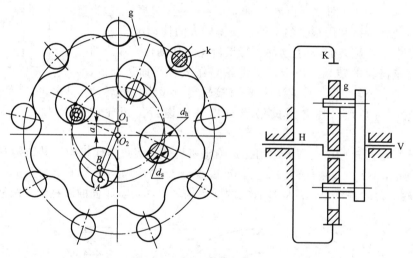

图 5.20　摆线针轮传动原理

摆线针轮传动与渐开线少齿差行星齿轮传动的不同之处仅在于齿廓的形状。摆线针轮的行星齿轮的齿廓为短辐外摆线的等距曲线，而中心轮的内齿由固定在机壳上的针齿套和针齿销所组成，称为针轮，故称此传动为摆线针轮传动。摆线针轮传动在工作时行星齿轮和中心轮同时参与啮合的齿数多，所以重合度大、承载能力高。此外，该传动还具有传动比大、结构简单、效率高、寿命长等优点，因此获得了广泛的应用。该传动的主要缺点是加工工艺较复杂、精度要求较高。

5.5.3　谐波齿轮传动

谐波齿轮传动的结构组成如图 5.21 所示。它由三个基本构件组成：波发生器 H，相当于少齿差行星齿轮传动中的行星架；刚轮 1，相当于中心轮；柔轮 2，相当于行星齿轮。

通常情况下，刚轮固定，波发生器为主动件，柔轮为从动件。

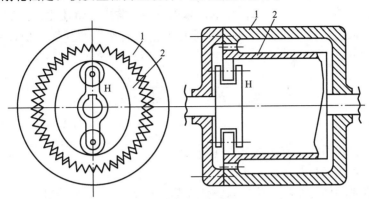

图 5.21　谐波齿轮传动示意图

1—刚轮；2—柔轮

　　柔轮是一个具有弹性的齿轮，其齿形与刚轮的齿形完全相同。柔轮的内圆孔直径比波发生器上的滚轮内接圆直径略小。当波发生器装入柔轮后迫使柔轮从原始的圆形变为椭圆形。如图 5.21 所示，滚轮迫使椭圆长轴两端附近的齿与刚轮的齿完全啮合；在椭圆短轴两端附近的齿则与刚轮的齿完全脱离啮合。随着波发生器的连续转动，柔轮上的长轴和短轴的位置也随之变化，使柔轮的齿依次完成啮合→脱开→啮入→啮合的循环过程，以实现啮合传动。

　　由于在传动过程中柔轮产生的弹性波形近似于谐波，因此称此传动为谐波齿轮传动。波发生器上的凸出部位数称为波数，用 n 表示，图 5.21 所示为双波传动。刚轮与柔轮的齿数差通常等于波数，即 $z_1 - z_2 = n$。谐波齿轮传动的传动比可按照周转轮系的传动比公式来计算，当刚轮固定时，有

$$i_{2H} = 1 - i_{12}^H = 1 - \frac{z_1}{z_2}$$

即

$$i_{H2} = \frac{-z_2}{z_1 - z_2} \tag{5-16}$$

　　按照波发生器上装的滚轮数的不同，可将谐波齿轮传动分为双波传动 ［图 5.22(a)］和三波传动 ［图 5.22(b)］等，而最常用的是双波传动。

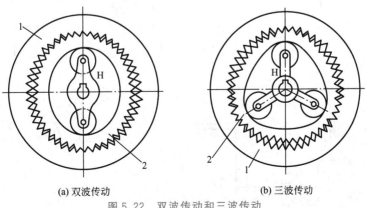

(a) 双波传动　　　　　　　　　　　(b) 三波传动

图 5.22　双波传动和三波传动

1—刚轮；2—柔轮

谐波齿轮传动的优点是单级传动比大且范围宽；由于同时啮合的齿数多，因此传动平稳、承载能力强；传动效率高，结构简单，体积小，不需要等角速比输出机构，因而其适应范围很广。谐波齿轮传动的主要缺点是柔轮工作是周期性的弹性形变，易发生疲劳损坏、发热量较大等。

习　　题

1. 问答题

5-1　什么是轮系？它有哪些类型和功用？

5-2　如何判断定轴轮系首末轮的转向？

5-3　什么是周转轮系的转化轮系？计算其传动比时有哪些注意事项？

5-4　如何从混合轮系中区别哪些构件组成周转轮系？哪些构件组成定轴轮系？

5-5　如何确定行星轮系中各齿轮的齿数？它们应满足哪些条件？

2. 填空题

5-6　定轴轮系是指_____，而周转轮系是指_____。

5-7　在周转轮系中，既有自转又有公转的齿轮称为_____；用来支撑这个齿轮的构件称为_____。

5-8　周转轮系中，i_{AB}^{H}表示的意思是_____，i_{AB}表示的意思是_____。

5-9　若周转轮系的自由度为2，则称其为_____；若周转轮系的自由度为1，则称其为_____。

5-10　行星轮系各轮齿数的选择必须满足的四个条件是_____，_____，_____和_____。

3. 计算题

5-11　如图5.23所示，已知轮系中各齿轮的齿数分别为$z_1=z_3=15$，$z_2=30$，$z_4=25$，$z_5=20$，$z_6=40$。求传动比i_{16}，并指出如何改变i_{16}的符号。

5-12　图5.24所示为一手摇提升装置，其中各轮齿数均已知，$z_1=20$，$z_2=50$，$z_{2'}=15$，

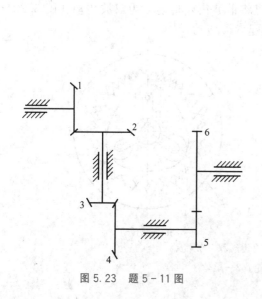

图5.23　题5-11图

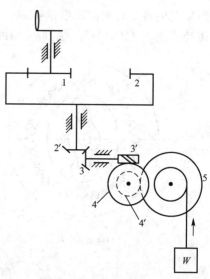

图5.24　题5-12图

$z_3=15$，$z_{3'}=1$，$z_4=40$，$z_{4'}=18$，$z_5=54$。试求轮系传动比 i_{15}，并指出当提升重物时手柄的转向。

5 — 13　在图 5.25 所示的轮系中，已知 $z_1=60$，$z_2=15$，$z_3=18$，$z_4=63$，试计算传动比 i_{1H} 的大小并判断行星架的转向。

5 — 14　在图 5.26 所示的轮系中，已知 $z_1=12$，$z_2=52$，$z_3=76$，$z_4=49$，$z_5=12$，$z_6=73$，试求 i_{1H}。

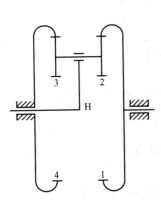

图 5.25　题 5 — 13 图

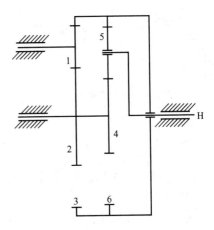

图 5.26　题 5 — 14 图

5 — 15　在图 5.27 所示的混合轮系中，已知 $n_1=3549\mathrm{rad/min}$，$z_1=36$，$z_2=60$，$z_3=23$，$z_4=46$，$z_{4'}=69$，$z_5=31$，$z_6=131$，$z_7=91$，$z_8=36$，$z_9=163$，求 n_H。

5 — 16　在图 5.28 所示的轮系中，已知各轮齿数为 $z_1=20$，$z_2=30$，$z_3=z_4=z_5=25$，$z_6=75$，$z_7=25$，$n_A=100\mathrm{rad/min}$，方向如图 5.28 所示，求 n_B。

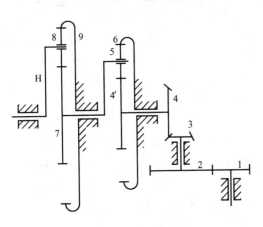

图 5.27　题 5 — 15 图

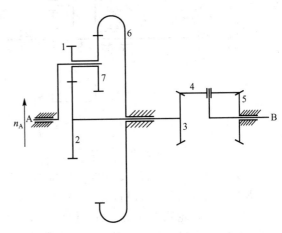

图 5.28　题 5 — 16 图

5 — 17　在图 5.29 所示的轮系中，已知各轮齿数为 $z_1=99$，$z_2=100$，$z_{2'}=101$，$z_3=100$，$z_{3'}=18$，$z_4=36$，$z_{4'}=28$，$z_5=56$，$n_A=1000\mathrm{r/min}$，转向如图 5.29 所示，求 B 轴的转速 n_B，并指出其转向。

5 — 18　图 5.30 所示为一装配用电动螺钉旋具的传动简图。已知各齿轮齿数为 $z_1=z_4=$

7，$z_3 = z_6 = 39$。若 $n_1 = 3000\text{r/min}$，试求螺钉旋具的转速。

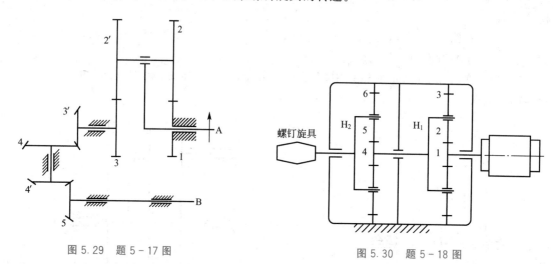

图 5.29 题 5-17 图　　　　图 5.30 题 5-18 图

5-19　在图 5.31 所示的轮系中，已知各齿轮齿数分别为 $z_1 = 22$，$z_3 = 88$，$z_4 = z_6$，试求传动比 i_{16}。

5-20　在图 5.32 所示的三爪电动卡盘传动轮系中，已知各轮齿数为 $z_1 = 6$，$z_2 = z_{2'} = 25$，$z_3 = 57$，$z_4 = 56$，试求传动比 i_{14}。

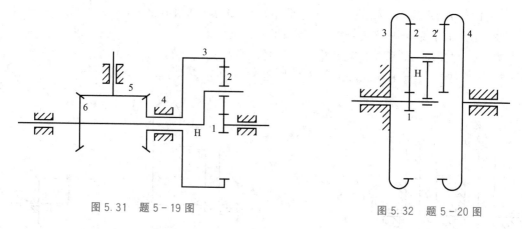

图 5.31 题 5-19 图　　　　图 5.32 题 5-20 图

5-21　已知某轮系的各齿轮齿数为 $z_1 = 13$，$z_2 = 52$，$z_{2'} = 20$，$z_3 = 85$，$z_4 = 45$，$z_5 = z_{5'} = 11$，$z_6 = 48$，$z_{6'} = 18$，$z_7 = 36$，并知各对齿轮模数都相等。齿轮 1、3、4、6 及 $6'$ 轴线重合。齿轮 1 转向如图 5.33 所示。

（1）分析该轮系由哪几个基本轮系组成？并指出都属于什么轮系？

（2）计算各基本轮系的传动比和总传动比 i_{17}。

5-22　在图 5.34 所示 2K-H 型行星轮系中，已知 $i_{1H} = 6$，行星齿轮个数 $n = 4$，均匀对称分布，各齿轮均为标准齿轮，模数相同。

（1）写出传动比 i_{1H} 的计算公式；若 ω_1 转向如图 5.34 所示，指出 ω_H 的转向。

（2）设传动满足条件 $r = \dfrac{z_1 + z_3}{n}$，并且 $r = 30$，试求齿数 z_1、z_2 及 z_3。

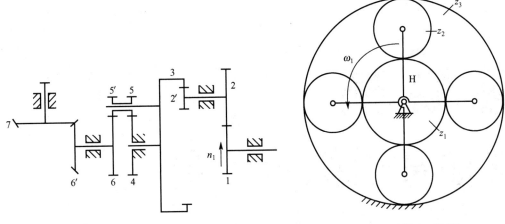

图 5.33 题 5 – 21 图   图 5.34 题 5 – 22 图

5 – 23 图 5.35 所示是由周转轮系组成的起重机回转机构。已知电动机的额定转速 $n_1=1440 \mathrm{r/min}$，各齿轮的齿数为 $z_1=1$（右旋），$z_2=40$，$z_3=15$，$z_4=180$，试确定该起重机的回转台 H 的转速 n_H。

5 – 24 图 5.36 所示是由周转轮系组成的强制式搅拌机的搅拌机构。已知蜗杆转速 $n_1=1450 \mathrm{r/min}$，各齿轮的齿数为 $z_1=2$（右旋），$z_2=128$，$z_3=40$，$z_4=z_5=20$，试确定该搅拌机搅拌叶的转速大小和转向。

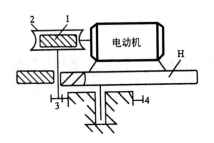

图 5.35 题 5 – 23 图

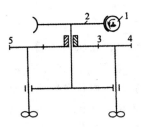

图 5.36 题 5 – 24 图

第6章
其他常用机构简介

教学提示

棘轮机构、槽轮机构和不完全齿轮机构是三种典型的间歇运动机构，螺旋机构常用于将旋转运动转变为直线运动的场合，万向联轴器可实现任意相交轴之间的传动。本章将介绍这几种机构。

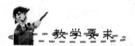

教学要求

了解并认识棘轮机构、槽轮机构和不完全齿轮机构这三种间歇运动机构的结构和工作原理。

掌握间歇机构的传动特点和应用场合。

了解并认识螺旋机构的结构特点。

掌握螺旋机构的传动特性，认识滚珠螺旋机构的结构组成和应用。

了解万向联轴器的结构组成和工作原理。

6.1 棘 轮 机 构

在许多机器中，除了采用前面介绍的平面连杆机构、凸轮机构、齿轮机构外，还常常会用到其他类型的机构，如棘轮机构、槽轮机构、不完全齿轮机构、螺旋机构和万向铰链机构(万向联轴器)等。下面对这些机构的工作原理和应用进行一一介绍。

6.1.1　棘轮机构的组成和工作原理

图 6.1 所示为典型的棘轮机构。该机构由棘轮 3、棘爪 2、摇杆 1、止动爪 4 和机架 5 组成 [图 6.1(a)]。弹簧 6、7 的作用分别是使止动爪 4 和棘爪 2 与棘轮 3 保持接触。当摇杆 1 以角速度 ω_1 顺时针摆动时，棘爪 2 推动棘轮 3 顺时针转动；当摇杆 1 以角速度 ω_1' 逆时针摆动时，止动爪 4 阻止棘轮 3 逆时针转动，同时棘爪 2 在棘轮 3 的齿背滑过，故棘轮 3 静止不动。所以，当摇杆 1 连续往复摆动时，棘轮 3 得到单向的间歇运动。图 6.1(b)所示为棘轮机构的三维模型。

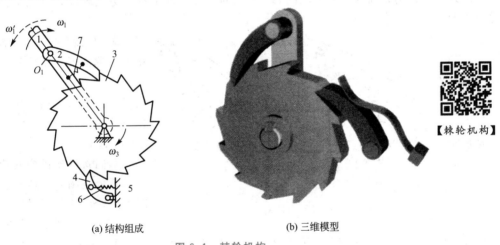

(a) 结构组成　　　　　　　　　(b) 三维模型

【棘轮机构】

图 6.1　棘轮机构

1—摇杆；2—棘爪；3—棘轮；4—止动爪；5—机架；6、7—弹簧

6.1.2　棘轮机构的类型和特点

棘轮上的齿既可以做在棘轮的外缘上，也可以做在棘轮的内缘上。按照结构特点的不同，常用棘轮机构可分为轮齿式棘轮机构和摩擦式棘轮机构两大类。

1. 轮齿式棘轮机构

图 6.1(a)所示为外啮合的轮齿式棘轮机构，图 6.2(a)所示为内啮合的轮齿式棘轮机构。当棘轮的直径为无穷大时，则成为棘条 [图 6.2(b)]，此时可将摇杆的往复摆动转变为棘条的单向移动。

根据棘轮的运动方向，还可以将轮齿式棘轮机构分成单向式棘轮机构和双向式棘轮机构。

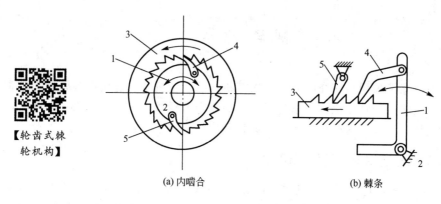

【轮齿式棘轮机构】

(a) 内啮合　　　　　　　　　(b) 棘条

图 6.2　轮齿式棘轮机构

1—主动件；2—机架；3—从动件；4—棘爪；5—止动爪

单向式棘轮机构(图 6.1、图 6.2)的特点是摇杆向一个方向摆动时，棘轮沿同方向转过某一角度；而摇杆反向摆动时，棘轮静止不动，这种棘轮机构的效率较低。图 6.3 所示为双向式棘轮机构，摇杆往复摆动的每一行程都能使棘轮沿单一方向转动，从而提高了棘轮机构的效率。

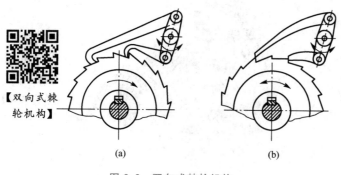

【双向式棘轮机构】

(a)　　　　　　　　　(b)

图 6.3　双向式棘轮机构

单向式棘轮的齿形通常采用不对称齿形，常用的有锯齿形齿［图 6.4(a)］、直线形三角齿［图 6.4(b)］、圆弧形三角齿［图 6.4(c)］及矩形齿［图 6.4(d)］。

双向式棘轮机构的特点是当棘爪处在图 6.5 所示位置 B 时，棘轮可获得逆时针单向间歇运动；而当把棘爪绕其轴销

A 翻转到位置 B' 时，棘轮即可获得顺时针单向间歇运动。双向式棘轮机构的棘轮一般采用矩形齿［图 6.4(d)］。

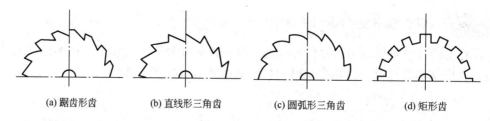

(a) 踞齿形齿　　　(b) 直线形三角齿　　　(c) 圆弧形三角齿　　　(d) 矩形齿

图 6.4　单向式棘轮齿形

轮齿式棘轮机构常用于实现进给、转位或分度等功能。图 6.6 所示的牛头刨床工作台的横向进给就是采用了轮齿式棘轮机构。

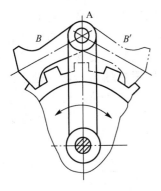

图 6.5 双向式棘轮机构

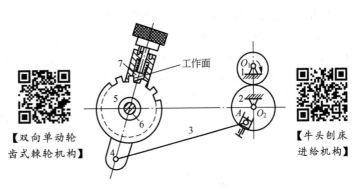

【双向单动轮齿式棘轮机构】

【牛头刨床进给机构】

图 6.6 牛头刨床进给机构
1、2—齿轮；3—边杆；4—摆杆；
5—棘轮；6—心轴；7—棘爪

在图 6.6 中，如果改变曲柄 AO_2 的长度，摆杆摆动的角度和速度也随之改变，从而实现棘轮机构的调速。此外，当摆杆的摆幅不便调整时，还可以通过改变摆杆摆动行程内所能推动的齿数进行调速。如图 6.7 所示，在棘轮外加装一个棘轮罩 4，调整手柄 5（与棘轮罩 4 连成一体）的位置即可旋转棘轮罩，以遮盖摆杆摆角范围内的一部分棘齿，从而改变摆杆摆动行程内所能推动的齿数的多少。

2. 摩擦式棘轮机构

摩擦式棘轮机构的工作原理与轮齿式棘轮机构的类似，只不过用偏心扇形块代替棘爪，用摩擦轮代替棘轮。根据结构形式的不同，摩擦式棘轮机构分为外接式［图 6.8(a)］和内接式［图 6.8(b)］两种。摩擦式棘轮机构通过凸块与从动轮之间的摩擦力推动从动轮做间歇运动，克服了轮齿式棘轮机构的冲击噪声大、棘轮每次转过角度的大小不能无级调节的缺点。它自身的缺点是运动准确性差。

【摩擦式棘轮机构】

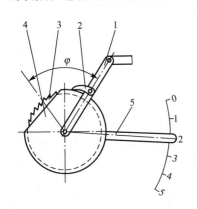

图 6.7 棘轮罩调速装置
1—摆杆；2—棘爪；3—棘轮；
4—棘轮罩；5—调整手柄

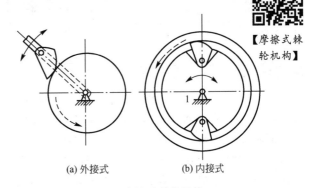

(a) 外接式   (b) 内接式

图 6.8 摩擦式棘轮机构

图 6.9 所示的单向离合器，可看作是内接摩擦式棘轮机构。此机构由星轮 1、套筒 2、弹簧顶杆 3 及滚柱 4 等组成。若星轮 1 为主动件，则当其逆时针转动时，滚柱借摩

擦力而滚向楔形空隙的小端，并将套筒楔紧，使其随星轮一同回转；而当星轮顺时针转动时，滚柱滚到空隙的大端，而松开套筒，这时套筒静止不动。这种机构可同时用作单向离合器和超越离合器。所谓单向离合器，是指当主动件星轮逆时针转动时，套筒与星轮结合在一起转动，而在星轮顺时针转动时，两者分离。而所谓超越离合器，是指当主动件星轮逆时针转动时，如果套筒逆时针转动的速度超过了星轮的转速，两者便自动分离，套筒将以较高的速度自由转动。自行车上的所谓"飞轮"就是一种超越离合器（图 6.10）。

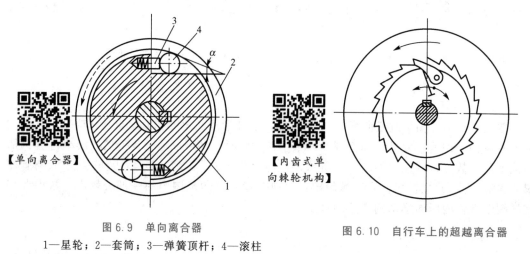

图 6.9　单向离合器
1—星轮；2—套筒；3—弹簧顶杆；4—滚柱

图 6.10　自行车上的超越离合器

棘轮机构具有结构简单、制造方便、运动可靠及每次转过角度的调节范围较大的优点；但同时具有工作时冲击和噪声较大，运动精度低等缺点。因此，棘轮机构常用于速度较低及载荷较小的场合。

6.2　槽　轮　机　构

6.2.1　槽轮机构的组成及工作原理

图 6.11(a)所示为典型的槽轮机构。该机构由拨盘 1、槽轮 2 及机架 3 组成。拨盘以等角速度 ω_1 做连续回转运动。当拨盘上的圆柱销 A 进入槽轮的径向槽内时，圆柱销驱动槽轮按与拨盘相反的方向运动；当圆柱销开始脱出径向槽时，由于槽轮的内凹锁止弧半径与拨盘的半径相等，二者恰好能够配合上，此时槽轮的内凹锁止弧被拨盘的外凸圆弧卡住，槽轮静止不动；当拨盘带动圆柱销回转一周，再次进入槽轮的下一个径向槽内时，又重复上述运动过程，使槽轮实现单向间歇运动。图 6.11(b)为槽轮机构的三维模型。

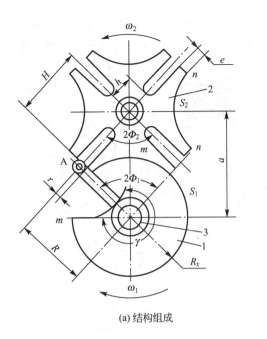

(a) 结构组成

(b) 三维模型　　【外槽轮机构】

图 6.11　槽轮机构

1—拨盘；2—槽轮；3—机架

6.2.2　槽轮机构的类型及应用

按照结构形式，可以将槽轮机构分为平面槽轮机构和球面槽轮机构。

根据结构的不同，平面槽轮机构可以分为外槽轮机构（图6.11）和内槽轮机构（图6.12）。与外、内啮合齿轮传动类似，外槽轮机构的槽轮与拨盘的转向相反，而内槽轮机构的槽轮与拨盘的转向相同。受加工制造条件的限制，外槽轮机构应用较广泛（图6.13、图6.14）。

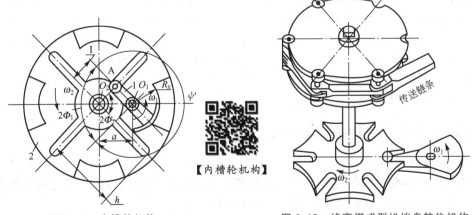

图 6.12　内槽轮机构　　　　　图 6.13　蜂窝煤成型机拨盘转位机构

【内槽轮机构】

球面槽轮机构属于空间机构，可实现两相交轴之间的间歇传动。图6.15所示为两相交轴夹角为90°的球面槽轮机构。其槽轮呈半球形，拨轮的轴线及拨销的轴线均通过球心。该机构的工作过程与平面槽轮机构类似。拨轮上的拨销通常只有一个，槽轮的启动、停止时间相等。如果在拨轮上对称地安装两个拨销，则当一侧的拨销由槽轮的槽中脱出时，另一侧的拨销进入槽轮的另一相邻的槽中，保证槽轮连续转动。

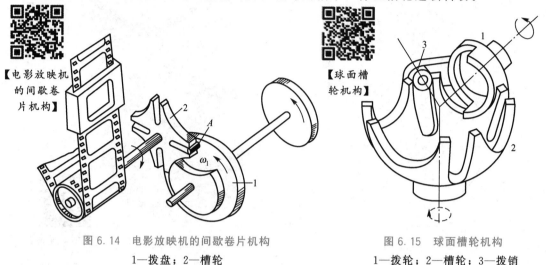

【电影放映机的间歇卷片机构】

【球面槽轮机构】

图 6.14　电影放映机的间歇卷片机构

1—拨盘；2—槽轮

图 6.15　球面槽轮机构

1—拨轮；2—槽轮；3—拨销

6.3　不完全齿轮机构

6.3.1　不完全齿轮机构的组成及工作原理

　　不完全齿轮机构是由第 4 章所学的齿轮机构演变而成的，由主动轮和从动轮组成（图 6.16）。根据结构形式，不完全齿轮机构可分为外啮合和内啮合两种类型。主动轮可以是单齿，也可以是多个齿。从动轮沿轮缘均匀地分布了与主动轮相啮合的轮齿及锁止弧。当主动轮做匀速转动时，从动轮做间歇转动，其占空比（即运动周期内，从动轮的运动时间与静止时间之比）由主动轮齿数及锁止弧长度决定。在图 6.16(a)所示的外啮合不完全齿轮机构中，主动轮 1 上只有 1 个轮齿，从动轮 2 上有 8 个轮齿，故主动轮转一周时，从动轮只转 1/8 周；在图 6.16(b)所示的外啮合不完全齿轮机构中，主动轮 1 上有 4 个齿，从动轮 2 的圆周上具有 4 个运动段（各有 4 个齿）和 4 段锁止弧，主动轮转一周，而从动轮转 1/4 周。图 6.17 所示为内啮合不完全齿轮机构。

6.3.2　不完全齿轮机构的优缺点及应用

　　不完全齿轮机构的结构简单、制造方便、工作可靠；由于从动轮的动、停时间和其每次转过的角度可以不受机构结构的限制，即所谓占空比的调节范围较大，因此其适用性好。其缺点是冲击较大，因此只宜用于低速、轻载的场合。

　　图 6.18 所示为用于乒乓球拍周缘铣削加工的专用靠模铣床中的不完全齿轮机构。当两个不完全齿轮分别与齿轮啮合时，即可使工件轴获得正反两种不同方向的间歇转动，从而按照工艺要求完成球拍周缘的加工工作。图 6.19 所示为插秧机的秧箱移行机构。该机

构由与摆杆固连的棘爪1、棘轮2、与棘轮固连的不完全齿轮3、上下齿条4（秧箱）组成，当棘爪沿顺时针方向摆动时，棘轮和不完全齿轮不动，秧箱停歇，此时秧爪（图中未画出）取秧；当取秧完毕，棘爪沿逆时针方向摆动，棘轮和不完全齿轮一起逆时针转动，不完全齿轮与下齿条啮合，使秧箱向右移动。当秧箱移到终止位置（图6.19所示位置），不完全齿轮与上齿条啮合，使秧箱自动换向向左移动。

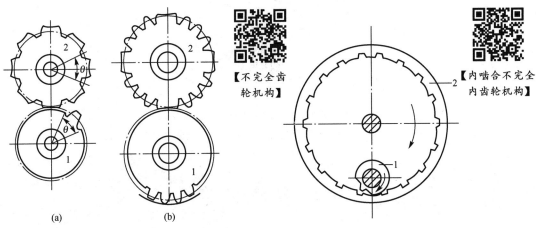

【不完全齿轮机构】

【内啮合不完全内齿轮机构】

图6.16　外啮合不完全齿轮机构

1—主动轮；2—从动轮

图6.17　内啮合不完全齿轮机构

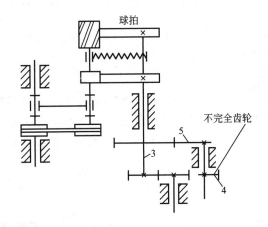

图6.18　专用靠模铣床中的不完全齿轮机构

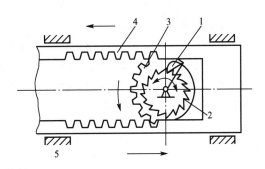

图6.19　插秧机的秧箱移行机构

1—棘爪；2—棘轮；3—不完全齿轮；
4—齿条（秧箱）；5—支架

通过安装瞬心线附加杆，可以提高不完全齿轮机构的速度。图6.20所示为用于蜂窝煤成形机工作台间歇转位传动的不完全齿轮机构。为了减轻工作台间歇运动时的冲击，在不完全齿轮3和6上加装了一对瞬心线附加杆4和5。

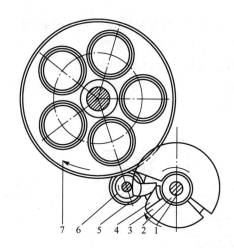

图 6.20　蜂窝煤成形机工作台间歇转位机构

1—轴；2—轴套；3、6—不完全齿轮；4、5—瞬心线附加杆；7—工作台

6.4　螺 旋 机 构

6.4.1　螺旋机构的工作原理和类型

螺旋机构是由螺杆、螺母和机架等组成的。通常螺旋机构可以将回转运动转变为直线运动。图 6.21 所示螺旋机构为单螺旋机构。当螺杆 1 转过角 φ 时，螺母 2 将在螺杆的轴向移动距离 s(mm)，其值为

$$s = S\frac{\varphi}{2\pi}$$

式中，S 为螺旋的导程(mm)。

在图 6.22 所示的双螺旋机构中，螺杆 1 的 A 段螺旋在固定的螺母中转动，而 B 段螺旋在不能转动但能移动的螺母 2 中转动。设 A、B 段的螺旋导程分别为 S_A、S_B，如果这两段的旋向相同(即同时为左旋或同时为右旋)，则当螺杆 1 转过角 φ 时，螺母 2 的移动距离 s 为两个螺旋副移动量之差，即

$$s = (S_A - S_B)\frac{\varphi}{2\pi} \tag{6-1}$$

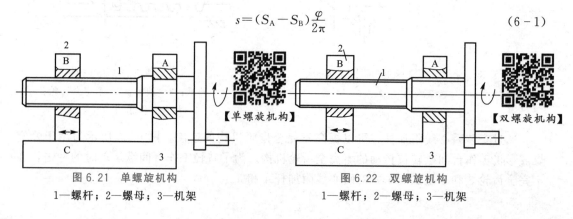

【单螺旋机构】　　　　　　　　　　　　　　【双螺旋机构】

图 6.21　单螺旋机构　　　　　　　　　　　图 6.22　双螺旋机构

1—螺杆；2—螺母；3—机架　　　　　　　　1—螺杆；2—螺母；3—机架

由式(6-1)可知，当 S_A 与 S_B 相差很小时，位移 s 可以很小，这种螺旋机构称为差动螺旋机构。

若图 6.22 中两段螺旋的螺纹旋向相反，则螺母 2 的位移为

$$s=(S_A+S_B)\frac{\varphi}{2\pi} \tag{6-2}$$

这种螺旋机构称为复式螺旋机构。由式(6-2)可见，复式螺旋机构可以使螺母产生较快的移动。

按螺杆与螺母之间的摩擦状态，螺旋机构可分为滑动螺旋机构和滚动螺旋机构。滑动螺旋机构中的螺杆与螺母的螺旋面直接接触，摩擦状态为滑动摩擦。

6.4.2　螺旋机构的传动特点和应用

螺旋机构的主要优点是结构简单、制造方便，能将旋转运动换变为直线运动，运动准确性高、降速比大，可传递很大的轴向力，工作平稳、无噪声，有自锁作用。它的主要缺点是效率低，特别是具有自锁性的螺旋机构的效率将低至 50%。因此，螺旋机构常用于起重机、压力机及功率不大的进给系统和微调装置中。

另外，螺旋机构在反行程时若不自锁，即当导程角大于当量摩擦角时，它还可以将直线运动转变为旋转运动。在某些操纵机构中，就利用了螺旋机构的这一特性。图 6.23 所示的新型螺钉旋具(俗称螺丝刀)就是一个典型的应用实例。推动手柄 4(螺母)，可使旋具杆 3 旋转。由于旋具杆上有左旋、右旋螺旋槽各一条，手柄中也相应地装有左旋、右旋螺母各一个，通过向左或向右拨动操纵钮 5 可分别使左旋或右旋螺母起作用，从而只需推动手柄 4 就可完成拧紧或拧松螺钉的动作。

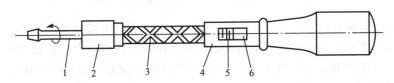

图 6.23　新型螺钉旋具的螺旋机构

1—刀头；2—旋具座；3—旋具杆；4—手柄；5—操纵钮；6—螺母

图 6.24 所示为用于调节镗刀进给量的差动螺旋机构。图 6.25 所示为车辆连接装置中的复式螺旋机构。复式螺旋机构可以使车钩 E 和 F 较快地靠近或离开。

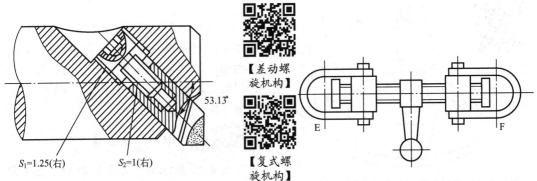

【差动螺旋机构】

【复式螺旋机构】

图 6.24　调节镗刀进给量的差动螺旋机构　　图 6.25　车辆连接装置中的复式螺旋机构

6.4.3　滚珠螺旋机构

图 6.26 所示的滚珠螺旋机构中，滚珠螺旋机构在螺杆与螺母的螺旋滚道间有滚动体。当螺杆或螺母转动时，滚动体在螺旋滚道内滚动，螺杆和螺母间为滚动摩擦，提高了传动效率和传动精度。滚珠螺旋机构按其滚动体的循环方式不同，分为外循环和内循环两种形式，分别如图 6.26(a) 和图 6.26(b) 所示。

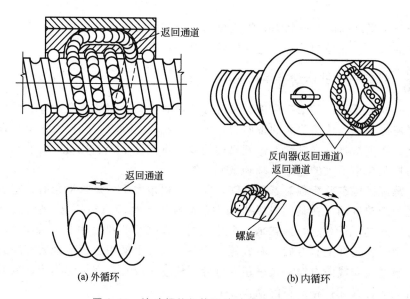

图 6.26　滚珠螺旋机构及滚动体的循环方式

外循环是指滚珠在回程时，脱离螺杆的滚道，而在螺旋滚道外进行循环。内循环是指滚珠在循环过程中始终和螺杆接触，内螺母上开有侧孔，孔内装有反向器将相邻的滚道连通，滚珠越过螺纹顶部进入相邻滚道，形成封闭回路。因此一个循环回路里只有一圈滚珠，设有一个反向器。一个螺母常装配 2～4 个反向器，这些反向器均匀地分布在圆周上。外循环螺母只需前后各设置一个反向器。

6.5　万向联轴器

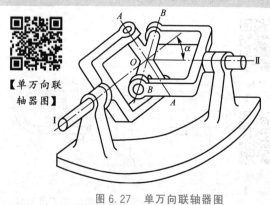

【单万向联轴器图】

图 6.27　单万向联轴器图

万向联轴器即万向铰链机构。它可用于传递两相交轴间的运动，在传动过程中，其两相交轴之间的夹角可以变动，是一种常用的变角传动机构。它广泛应用于汽车、机床等机械传动系统中。

6.5.1　单万向联轴器

图 6.27 所示的单万向联轴器，轴 I 及轴 II 的末端各有一叉，用铰链与中间十字

形构件相连。此十字形构件的中心 O 与两轴轴线的交点重合，两轴间的夹角为 α。

由图 6.27 可见，当轴 I 转一圈时，轴 II 也必然转一圈，但是两轴的瞬时角速度比却并不恒等于 1，而是随时变化的，因此易引起附加动载荷。

轴 II 转动时角速度变化情况可以用图 6.28 所示的两个特殊位置进行分析。图 6.28(a) 是主动轴 I 的叉面平行于纸面时，从动轴 II 的叉面垂直于纸面。设轴 I 的角速度为 ω_1，而轴 II 的角速度为 ω_2'，并取十字头上的 A 点作为两轴的公共点。当将 A 点看成轴 I 上的一点时，其速度为

$$v_{A1} = \omega_1 r$$

而将 A 点看成轴 II 上的一点时，其速度为

$$v_{A2} = \omega_2' r \cos\alpha$$

轴 I 上的 A 点与轴 II 上的 A 点速度相等，即 $v_{A1} = v_{A2}$，所以

$$\omega_1 r = \omega_2' r \cos\alpha$$

即

$$\omega_2' = \frac{\omega_1}{\cos\alpha} \qquad (6-3)$$

当两轴转过 90° 时，如图 6.28(b) 所示，主动轴 I 的叉面垂直于纸面，而从动轴 II 的叉面平行于纸面。设轴 II 在此位置时的角速度为 ω_2''，取十字头上的 B 点为两轴的公共点。同理可得

$$\omega_2'' = \omega_1 \cos\alpha \qquad (6-4)$$

若轴 I 再转过 90°，两轴的叉面恢复到图 6.28(a) 所示的位置。由此可见，当轴 I 每转过 90° 时，交替出现图 6.28(a) 和图 6.28(b) 所示的情形。因此，轴 I 以等角速度 ω_1 回转时，轴 II 的角速度将在下列范围内作周期性变化，即

$$\omega_1 \cos\alpha \leqslant \omega_2 \leqslant \frac{\omega_1}{\cos\alpha} \qquad (6-5)$$

可见角速度变化剧烈的程度与两轴的夹角 α 有关，α 越大，ω_2 变化也越大，产生的动载荷也越大。故用单万向联轴器时，α 角一般不超过 45°。

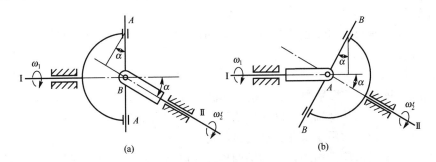

图 6.28　单万向联轴器的特殊机构位置

6.5.2　双万向联轴器

为了消除单万向联轴器的从动轴变速转动的缺点，常将单万向联轴器成对使用，如图 6.29 所示，这便是双万向联轴器。在双万向联轴器中，为使主、从动轴的角速

【双万向联轴器】

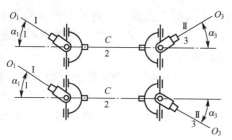

度恒等，除要求主动轴 1、从动轴 3 和中间轴 2 位于同一平面之外，还必须使主动轴 1、从动轴 3 的轴线与中间轴 2 的轴线之间的夹角相等（$\alpha_1 = \alpha_3$）；而且中间轴两端的叉面应位于同一平面内。汽车变速器与后桥主传动器之间的传动就是采用了双万向联轴器。

图 6.29 双万向联轴器

1—主动轴；2—中间轴；3—从动轴

习　　题

1. 选择题

6-1 棘轮机构中采用止回爪主要是为了_____。

A. 防止棘轮反转 　　　　　　　B. 对棘轮进行双向定位

C. 保证棘轮每次转过相同的角度

6-2 双万向联轴器要实现瞬时角速度比恒定不变，除必须使中间轴两端的叉面位于同一平面之外，还应使主动轴与中间轴的夹角_____从动轴与中间轴的夹角。

A. 大于 　　　　　　　　　　　B. 等于

C. 小于

6-3 在实际使用中，为防止从动轴的速度波动幅度过大，单万向联轴器中两轴的夹角 α 一般不能超过_____。

A. 20° 　　　　　　　　　　　B. 30°

C. 40° 　　　　　　　　　　　D. 45°

6-4 在单向间歇运动机构中，_____可以获得不同转向的间歇运动。

A. 不完全齿轮机构 　　　　　　B. 棘轮机构

C. 槽轮机构

6-5 要将连续单向转动换变为具有停歇功能的单向转动，可采用的机构是_____。

A. 曲柄摇杆机构 　　　　　　　B. 棘轮机构

C. 槽轮机构

2. 判断题(正确的在括号内画√，错误的画×)

6-6 槽轮机构中从动轴与主动轴的旋转方向是一致的。　　　　　　　　（　　）

6-7 棘轮机构只适用于低速轻载的运动传递。　　　　　　　　　　　　（　　）

6-8 在不完全齿轮机构中，从动轴的回转时间与静止时间之比是固定不变的。

（　　）

6-9 螺旋机构只能将旋转运动转变为直线运动。　　　　　　　　　　　（　　）

6-10 单万向联轴器的从动轴角速度不均匀，改用双万向联轴器后从动轴的角速度即可变为均匀。

（　　）

3. 简答题

6-11 棘轮机构有几种类型？它们分别有何特点？

6-12　棘轮每次转过的角度可以通过哪几种方法来调节？

6-13　棘轮机构和槽轮机构均可实现从动轮的单向间歇运动，应如何进行应用选择？

6-14　简要说明不完全齿轮机构的优缺点。

6-15　简要说明螺旋机构的优缺点，并列举生活中常见的螺旋机构应用实例。

6-16　万向联轴器的4个转动副轴线间关系如何？单万向联轴器的输入、输出轴之间的传动比如何变化？

6-17　双万向联轴器传动比恒为1的条件是什么？

第 **7** 章
平面机构的运动分析

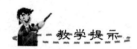

教学提示

平面机构的运动分析是指在已知主动件运动规律的前提下，求解机构其余构件的角位移、角速度、角加速度及这些构件上特定点的位置、速度和加速度的过程。本章将介绍用速度瞬心法对机构进行速度分析，用相对运动图解法和解析法对机构进行运动分析。

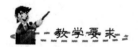

教学要求

掌握瞬心的概念、数目，能够确定瞬心的位置。

掌握用瞬心法对机构进行速度分析。

掌握用相对运动图解法对机构进行运动分析。

了解用解析法对机构进行运动分析。

当机构中的主动件按照已知的运动规律运动时，如果机构符合具有确定运动的条件，则其他构件的运动也应都是确定的。那么如何根据机构主动件的已知运动规律来确定其余构件的运动呢？这就是机构运动分析要解决的问题。在进行运动分析时，通常假定主动件做匀速运动，并且不考虑外力对机构运动的影响，同时也不考虑构件的弹性形变和机构运动副中的间隙。

机构运动分析主要包括位移分析、速度分析和加速度分析三部分。通过对机构进行位移分析，可以了解机构运动的全过程，从而确定机构中构件所需的运动空间，判断各构件在运动过程中是否会发生干涉，确定从动件的行程及构件上某点的运动轨迹等。通过对机构进行速度分析，可以确定从动件的速度变化规律能否满足工作要求，也可以确定机构的某些结构参数。对于某些高速机械进行加速度分析，可以帮助确定各个构件的惯性力，进而确定在构件上所产生的冲击及其对机构运动的影响。

机构运动分析的方法主要有图解法和解析法。图解法又分为速度瞬心法和相对运动图解法。解析法主要有矩阵法和复数矢量法等。如果只需要简捷直观地了解机构的某个或某几个位置的运动特性，采用图解法比较方便，而且精度也能满足实际问题的需求。如果需要精确地知道或了解机构在整个运动循环过程中的运动特性，采用解析法并借助计算机，不仅可以获得较高的计算精度及一系列位置的分析结果，而且能够绘制出机构相应的运动线图，同时还可以把机构的运动分析结果和机构综合问题联系起来，以便于对机构进行优化设计。

本章将对图解法和解析法分别加以介绍，但仅限于研究平面机构的运动分析。

7.1　用速度瞬心法对机构进行速度分析

机构速度分析的图解法包括速度瞬心法和相对运动图解法两种。在仅需对机构进行速度分析时，采用速度瞬心法往往显得十分方便。

7.1.1　瞬心的概念与数目

1. 瞬心的概念

根据理论力学的知识可知，在任一瞬时，做平面相对运动的两个构件都可以看成是围绕一个瞬时重合点做相对转动。在这个瞬时重合点两个构件的相对速度为零，绝对速度相同。该重合点被称为这两个构件在该瞬时的速度瞬心，简称瞬心，用符号 P_{ij} 表示构件 i、j 的瞬心。

如果两个构件中有一个构件固定不动，则该瞬心称为绝对速度瞬心。由于固定不动的构件速度为零，因此绝对速度瞬心是运动构件上绝对速度等于零的点。如果两个构件都是运动的，则其瞬心称为相对速度瞬心。

2. 瞬心的数目

由速度瞬心定义可知，在机构中，每两个做相对运动的构件就会有一个速度瞬心。假设一机构由 N 个构件(包含机架)组成，根据排列组合知识可知，该机构所具有的速度瞬

心数目 K 为

$$K = C_N^2 = \frac{N(N-1)}{2} \tag{7-1}$$

式中，N 为构件数目；K 为瞬心数目。

由式(7-1)可知，随着机构中构件数目的增加，瞬心的数目将快速增加。如果机构中构件数目比较多，要找出全部的瞬心就比较烦琐。因此，瞬心法通常适用于构件数目较少的简单机构中。

7.1.2 瞬心的位置

确定瞬心的位置时，可以把瞬心分成两种类型：①两构件之间通过运动副直接连接时的瞬心；②两构件之间没有通过运动副直接连接时的瞬心。

1. 两构件通过运动副直接连接时瞬心位置的确定

1) 两构件通过转动副连接

图 7.1(a)～图 7.1(c)所示的构件 1 与构件 2 之间由转动副连接，铰链中心点就是其速度重合点，也就是两构件的瞬心 P_{12}。

2) 两构件通过移动副连接

图 7.1(d)所示的构件 1 与构件 2 的相对速度方向与导路方向平行，两构件的瞬心 P_{12} 位于垂直导路方向的无穷远处。

3) 两构件通过平面高副连接

图 7.1(e)所示的两构件 1、2 为纯滚动，在接触点 C 处的相对速度为零，则该接触点 C 即为两构件的瞬心 P_{12}。图 7.1(f)所示的两构件 1、2 为滚动兼滑动，在接触点 C 处的相对速度为 v_{12}，其方向沿高副处的切线 tt' 方向。所以，瞬心 P_{12} 位于过接触点 C 且与 v_{12} 方向相垂直的法线 nn' 上。

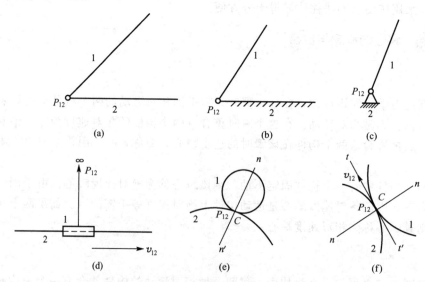

图 7.1 两构件通过运动副直接连接时的瞬心位置

2. 两构件未通过运动副直接连接时瞬心位置的确定

如果两构件未通过运动副直接连接，其瞬心位置可借助三心定理来确定。

所谓三心定理是指 3 个彼此做平面相对运动的构件有 3 个瞬心，并且必须位于同一直线上。因为只有 3 个瞬心位于同一直线上时，才能满足瞬心为等速重合点的条件。

【例 7.1】 确定图 7.2 所示铰链四杆机构各瞬心的位置。

解： 在图 7.2 所示的铰链四杆机构中，根据式（7-1）可计算出该机构共有 6 个瞬心，分别为 P_{12}、P_{23}、P_{34}、P_{14}、P_{13} 及 P_{24}。其中瞬心 P_{12}、P_{23}、P_{34}、P_{14} 均为两构件通过转动副直接连接时的瞬心，而其余两个瞬心 P_{13}、P_{24} 可通过三心定理来确定。对于构件 1、2、3 来说，P_{13} 必在 P_{12} 和 P_{23} 的延长线上，而对于构件 1、3、4 来说，P_{13} 又应在 P_{14} 及 P_{34} 的延长线上。所以上述两连线的交点即为瞬心 P_{13}。同理，可确定瞬心 P_{24} 的位置。

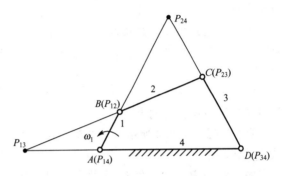

图 7.2　铰链四杆机构各瞬心位置

7.1.3　瞬心在机构速度分析中的应用

利用速度瞬心法分析机构中构件的速度，优点是作图比较简单、概念比较清晰。首先选定适当的比例尺 μ_l（即构件的真实长度与图示长度之比，单位为 m/mm 或 mm/mm），画出机构运动简图，找出机构的全部瞬心并标注在机构简图上。利用瞬心的概念及已知构件的速度计算出待求构件的速度。此法不足之处在于，当机构中构件数目较多时，由于瞬心数目太多，求解较烦琐。

【例 7.2】 在图 7.2 中，已知各构件尺寸及构件 1 的角速度 ω_1，试用瞬心法求解构件 2、3 的角速度 ω_2、ω_3。

解：

（1）由瞬心数目计算公式可计算出该机构共有 6 个瞬心，并将所有瞬心标注在运动简图上。

（2）因为已知构件 1 的角速度，待求角速度的构件 2、3 要与构件 1 联系起来，利用瞬心 P_{12} 求 ω_2。由于瞬心 P_{12} 为构件 1、2 的等速重合点，因此，可分别列出两构件在 P_{12} 点的速度表达式。

构件 1 $$v_{P_{12}} = v_B = \omega_1 l_{P_{12}P_{14}} \mu_l$$

构件 2 $$v_{P_{12}} = v_B = \omega_2 l_{P_{12}P_{24}} \mu_l$$

则有 $$\omega_1 l_{P_{12}P_{14}} = \omega_2 l_{P_{12}P_{24}}$$

即 $$\omega_2 = \omega_1 \frac{l_{P_{12}P_{14}}}{l_{P_{12}P_{24}}}$$

由于 P_{12} 位于 P_{14} 和 P_{24} 连线之间的位置，因此 ω_2 与 ω_1 反向，构件 2 绕 P_{24} 点沿顺时针方向转动。

同理，瞬心 P_{13} 为构件 1、3 的等速重合点，列出的速度表达式如下。

构件 1 $$v_{P_{13}} = \omega_1 l_{P_{13}P_{14}} \mu_l$$

构件 3
$$v_{P_{13}} = \omega_3 l_{P_{13}P_{34}} \mu_l$$

所以
$$\omega_3 = \omega_1 \frac{l_{P_{13}P_{14}}}{l_{P_{13}P_{34}}}$$

由于瞬心 P_{13} 在两瞬心 P_{14}、P_{34} 的延长线上，因此 ω_3 与 ω_1 同向。由图 7.2 可知 ω_1 为逆时针方向，即 ω_3 为逆时针方向。

【例 7.3】 图 7.3 所示为一凸轮机构。已知各构件尺寸及凸轮的角速度 ω_2，求推杆的移动速度 v_3。

解： 由前述可知，过接触点 K 所作的公法线 nn' 与瞬心连线 $P_{12}P_{23}$ 的交点即为瞬心 P_{23}。瞬心 P_{23} 为凸轮和推杆的等速重合点，故有

$$v_3 = v_{P_{23}} = \omega_2 \overline{P_{12}P_{23}} \mu_l$$

推杆的速度方向竖直向上。

【例 7.4】 图 7.4 所示为一曲柄滑块机构。已知各构件尺寸及曲柄的角速度 ω_1，求滑块 3 的移动速度 v_3。

解： 瞬心 P_{14}、P_{12} 和 P_{23} 分别位于 A、B、C 点，P_{34} 在垂直导路方向的无穷远处。根据三心定理，取构件 1、2 和 3 为研究对象，P_{13} 必在 P_{12} 与 P_{23} 的连线上，再取构件 1、3 和 4 为研究对象，P_{13} 位于过点 P_{14} 且与导路垂直的直线上。由此可知，过点 P_{14} 作导路的垂线与 $P_{12}P_{23}$ 延长线的交点即为瞬心 P_{13}。由于滑块做直线移动，其上各点的速度相等。根据瞬心的概念，瞬心 P_{13} 为构件 1 和 3 的等速重合点，因此有

$$v_3 = v_{P_{13}} = \mu_l \overline{P_{14}P_{13}} \omega_1$$

v_3 的方向水平向右。

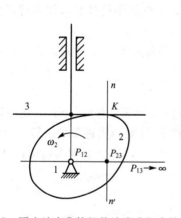

图 7.3　瞬心法在凸轮机构速度分析中的应用

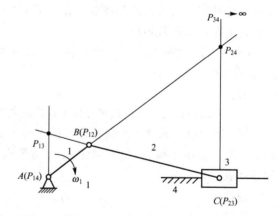

图 7.4　瞬心法在曲柄滑块机构速度分析中的应用

7.2　用相对运动图解法对机构进行运动分析

相对运动图解法(又称矢量方程图解法)是以理论力学中的运动合成原理为基础，按照相对运动的矢量方程，作出矢量多边形进行机构运动参数求解的一种分析方法。

要解决这类问题，首先要建立两点之间速度或加速度的矢量方程，通过求解矢量方程，作矢量多边形，得到所需点的速度或加速度。

7.2.1　同一构件上两点间的速度和加速度分析

根据理论力学的知识可知，做平面运动的构件，其上任一点的运动都可看成是随某一点平动（牵连运动）的同时又绕该点转动（相对运动）的合成。

在图7.5所示的做平面运动的构件AB中，已知点A的速度v_A，则该构件上任一点B的速度可表示为

$$\vec{v_B} = \vec{v_A} + \vec{v_{BA}} \qquad (7-2)$$

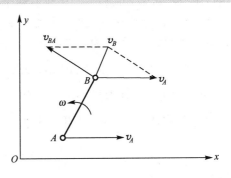

图7.5　同一构件上两点间的速度关系

式中，v_A为点A的绝对速度，方向已知；v_B为点B的绝对速度，方向未知；v_{BA}为点B相对于点A的相对速度，$v_{BA} = \omega l_{AB}$，其方向垂直于AB，其指向与ω转向一致。

点B与点A的加速度关系可表示为

$$\vec{a_B} = \vec{a_A} + \vec{a_{BA}} = \vec{a_A} + \vec{a_{BA}^n} + \vec{a_{BA}^t} \qquad (7-3)$$

式中，a_{BA}^n为点B相对于点A的相对法向加速度，$a_{BA}^n = v_{BA}^2/l_{AB} = \omega^2 l_{AB}$，方向由$B$指向$A$；$a_{BA}^t$为点$B$相对于点$A$的相对切向加速度，$a_{BA}^t = \varepsilon l_{AB}$，方向垂直于$A$、$B$两点的连线，指向与构件的角加速度$\varepsilon$转向一致。

图7.6(a)所示为一铰链四杆机构，已知各构件的尺寸，主动件1以角速度ω_1匀速转动，求图示位置时机构中的点C与点E的速度v_C、v_E。

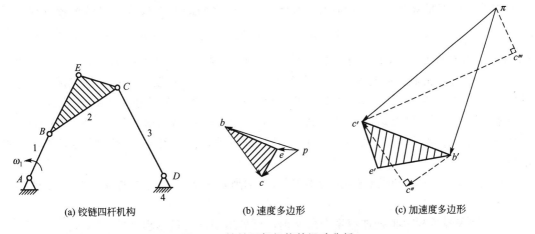

(a) 铰链四杆机构　　　(b) 速度多边形　　　(c) 加速度多边形

图7.6　铰链四杆机构的运动分析

该机构中的构件1和3做定轴转动，构件2做平面运动。

（1）列速度矢量方程。由于点B的速度已知，根据速度合成原理，构件2上C点的速度v_C等于B点的速度v_B与构件2绕点B转动的相对速度v_{CB}的矢量和，即

$$\overrightarrow{v_C} \quad = \quad \overrightarrow{v_B} \quad + \quad \overrightarrow{v_{CB}} \tag{7-4}$$

方向 $\perp CD$ $\perp AB$ $\perp BC$

大小   ? $\omega_1 l_{AB}$?

由以上分析可知，式(7-4)中仅有两个未知数，可用作图法求解。

（2）选取速度比例尺作图求解。列出矢量方程后，选取速度比例尺 μ_v（即单位长度所代表的速度值），单位为(m/s)/mm，具体求解过程如下。

如图7.6(b)所示，首先任取一点 p，作矢量 $\overrightarrow{pb} \perp AB$。$\overrightarrow{pb}$ 的指向与 ω_1 的转向一致，长度 $\overline{pb} = v_B/\mu_v$，这样矢量 $\overrightarrow{pb}$ 就可以代表 v_B；然后，从 b 点作 v_{CB} 的方向线 $\overrightarrow{bc} \perp BC$，再从 p 点作 v_C 的方向线 $\overrightarrow{pc} \perp CD$，并交于 $\overrightarrow{bc}$ 于 c 点。矢量 $\overrightarrow{pc}$ 和 $\overrightarrow{bc}$ 分别代表 v_C 和 v_{CB}，其大小为

$$v_C = \mu_v \overline{pc}, \quad v_{CB} = \mu_v \overline{bc}$$

可得构件2的角速度 $\omega_2 = \dfrac{v_{CB}}{l_{BC}}$，将代表 v_{CB} 的矢量 $\overrightarrow{bc}$ 平移到机构图上的 C 点，可知 ω_2 的方向为顺时针方向。

同理，可得构件3的角速度 $\omega_3 = \dfrac{v_C}{l_{CD}}$，将代表 v_C 的矢量 $\overrightarrow{pc}$ 平移到机构图上的 C 点，则角速度 ω_3 的方向为逆时针方向。

图7.6(b)所示的图形称为机构的速度多边形，p 点称为速度极点。速度多边形有如下特性。

（1）速度极点 p 代表机构中速度为零的点。

（2）连接点 p 和任一点的矢量代表机构中同名点的绝对速度，方向由 p 点指向该点，如矢量 $\overrightarrow{pb}$ 代表 v_B。连接除 p 点外其他任意两点的矢量代表机构中同名两点的相对速度，并且其方向与下角标字母的顺序相反，如矢量 $\overrightarrow{bc}$ 代表 v_{CB}。

为了求点 E 的速度 v_E，可利用点 E 与点 B、C 之间的速度关系，列出矢量方程 $v_E = v_B + v_{EB} = v_C + v_{EC}$，然后作图求解，如图7.6(b)所示。分别过点 b、c 作 v_{EB} 的方向线 $\overrightarrow{be} \perp BE$ 和 v_{EC} 的方向线 $\overrightarrow{ce} \perp CE$，两者相交于点 e，则 $\overrightarrow{pe}$ 代表 v_E。$\triangle bce$ 与 $\triangle BCE$ 的对应边相互垂直，故两者相似，并且其角标字母顺序方向也一致。所以，将速度图形 bce 称为构件图形 BCE 的速度影像。由此可知，当已知一构件上两点的速度时，则该构件上其他任一点的速度都可利用速度影像原理求出。因此，当作出 bc 后，以 bc 为边作 $\triangle bce \backsim \triangle BCE$，并且两者角标字母的顺序方向一致，即可求得点 e 和 v_E，而不需再列矢量方程求解。

求出 v_C、v_E 后，下面讨论如何求解图7.6(a)所示位置时机构中的点 C 与点 E 的加速度 a_C 和 a_E。

（1）列矢量方程。根据加速度合成原理，可列出如下矢量方程。

$$\overrightarrow{a_C} \quad = \quad \overrightarrow{a_B} \quad + \quad \overrightarrow{a_{CB}}$$

$$\overrightarrow{a_C^n} + \overrightarrow{a_C^t} = \overrightarrow{a_B} + \overrightarrow{a_{CB}^n} + \overrightarrow{a_{CB}^t} \tag{7-5}$$

方向 $C \rightarrow D$ $\perp CD$ $B \rightarrow A$ $C \rightarrow B$ $\perp BC$

大小 $\omega_3^2 l_{CD}$? $\omega_1^2 l_{AB}$ $\omega_2^2 l_{BC}$?

（2）选取加速度比例尺作图求解。列出矢量方程后，选取加速度比例尺 μ_a（即单位长度所代表的加速度值），单位为$(m/s^2)/mm$，具体做法如下。

如图 7.6(c)所示，任取一点 π，作矢量 $\overrightarrow{\pi b'}//AB$，长度为 $\overrightarrow{\pi b'}=a_B/\mu_a$，指向为 $B{\to}A$，这样矢量 $\overrightarrow{\pi b'}$ 代表 a_B；接着从 b' 点作矢量 $\overrightarrow{b'c''}//BC$，指向为 $C{\to}B$，长度为 $\overrightarrow{b'c''}=a_{CB}^n/\mu_a$，矢量 $\overrightarrow{b'c''}$ 代表 a_{CB}^n；然后作 $c''c'\perp BC$，作为 a_{CB}^t 的方向线；再从 π 点作矢量 $\overrightarrow{\pi c'''}//CD$，方向为 $C{\to}D$，长度为 $\overrightarrow{\pi c'''}=a_C^n/\mu_a$，则矢量 $\overrightarrow{\pi c'''}$ 代表 a_C^n；过 c''' 作 $\overrightarrow{c'''c'}\perp CD$，作为 a_C^t 的方向线，与 $c''c'$ 交于点 c'；最后连接 $\pi c'$ 和 $b'c'$，则矢量 $\overrightarrow{\pi c'}$ 和 $\overrightarrow{b'c'}$ 分别代表 a_C 和 a_{CB}，其大小分别表示为

$$a_C=\mu_a\overrightarrow{\pi c'},\quad a_{CB}=\mu_a\overrightarrow{b'c'}$$

可得构件 2 和 3 的角加速度分别为

$$\varepsilon_2=\frac{a_{CB}^t}{l_{BC}}=\frac{\mu_a\overrightarrow{c''c'}}{l_{BC}},\quad \varepsilon_3=\frac{a_c^t}{l_{CD}}=\frac{\mu_a\overrightarrow{c'''c'}}{l_{CD}}$$

将代表 a_{CB}^t 的矢量 $\overrightarrow{c''c'}$ 平移到机构图上的 C 点，可见角加速度 ε_2 的方向为逆时针方向；将代表 a_c^t 的矢量 $\overrightarrow{c'''c'}$ 平移到机构图上的 C 点，可知角加速度 ε_3 的方向也为逆时针方向。

图 7.6(c)所示的图形称为机构的加速度多边形，点 π 称为加速度极点。加速度多边形有如下特性。

（1）加速度极点 π 代表机构中加速度为零的点。

（2）连接点 π 和任一点的矢量代表机构中同名点的绝对加速度，方向由 π 点指向该点，如矢量 $\overrightarrow{\pi c'}$ 代表 a_C。

（3）连接其他任意两点的矢量代表机构中同名两点的相对加速度，其方向和下角标字母的顺序相反，如矢量 $\overrightarrow{b'c'}$ 代表 a_{CB} 而不是 a_{BC}。

在加速度关系中也存在和速度影像原理一致的加速度影像原理。因此，要求点 E 的加速度 a_E，只需以 $b'c'$ 为边作 $\triangle b'c'e'\backsim\triangle BCE$，并且下角标字母的顺序方向一致，即可求得点 e' 和 a_E。

需要强调说明的是速度影像和加速度影像原理只适用于构件（即构件的速度图及加速度图与其几何形状是相似的），而不适用于整个机构。

7.2.2　两构件重合点间的速度和加速度分析

现在讨论以移动副相连的两转动构件上的重合点间的速度及加速度之间的关系，由于与前一种情况不同，因而列出的机构的运动矢量方程也有所不同，但大体步骤相似。下面举例加以说明。

图 7.7(a)所示为一导杆机构，已知机构的位置及各构件长度，主动件 1 做匀速转动，角速度为 ω_1，试对该机构进行速度和加速度分析。

机构中构件 1 与构件 2 组成转动副，点 B 既是构件 1 上的点，也是构件 2 上的点。构件 2 与构件 3 组成移动副，构件 2 上的 B_2 点和构件 3 上的 B_3 点为瞬时重合点。两者之间只有相对移动而没有相对转动，因此，它们的角速度和角加速度应分别相等，即 $\omega_3=\omega_2$，$\varepsilon_3=\varepsilon_2$。

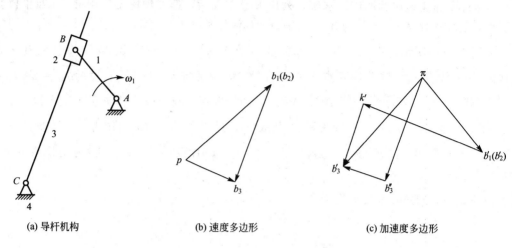

(a) 导杆机构　　　　　　　(b) 速度多边形　　　　　　　(c) 加速度多边形

图 7.7　导杆机构的运动分析

1. 速度分析

（1）列矢量方程。由图 7.7(a)可知，由于构件 1 与构件 2 在 B 点组成转动副，因此，$v_{B_2} = v_{B_1}$，并且都等于 $\omega_1 AB$；而在构件 2 与构件 3 的瞬时重合点，$v_{B_2} \neq v_{B_3}$。根据点的速度合成原理可知，B_3 点的绝对速度等于与其重合的牵连点 B_2 的绝对速度和 B_3 相对于 B_2 的相对速度的矢量和，即

$$\overrightarrow{v_{B_3}} = \overrightarrow{v_{B_2}} + \overrightarrow{v_{B_3 B_2}} \qquad (7-6)$$

方向　　　　　$\perp BC$　　　　$\perp AB$　　　　$/\!/ BC$

大小　　　　　　?　　　　　$\omega_1 AB$　　　　　?

（2）作图求解。由上面的矢量方程可知，仅 v_{B_3} 和 $v_{B_3 B_2}$ 的大小未知，因此可用图解法求解。选取速度比例尺 μ_v，作速度多边形，如图 7.7(b)所示。先任取一点 p 作为速度极点，作矢量 $\overrightarrow{pb_2} \perp AB$，其长度为 $\overrightarrow{pb_2} = v_{B_2}/\mu_v$，则矢量 $\overrightarrow{pb_2}$ 可以代表 v_{B_2}；作 $\overrightarrow{b_2 b_3} /\!/ BC$，代表 $v_{B_3 B_2}$ 的方向线，作 $\overrightarrow{pb_3} \perp BC$，代表 v_{B_3} 的方向线，两者交于点 b_3，则矢量 $\overrightarrow{pb_3}$ 代表 v_{B_3}，矢量 $\overrightarrow{b_2 b_3}$ 代表 $v_{B_3 B_2}$，速度的大小分别为

$$v_{B_3} = \mu_v \overline{pb_3}, \quad v_{B_3 B_2} = \mu_v \overline{b_2 b_3}$$

则构件 3 的角速度可表示为

$$\omega_3 = \frac{v_{B_3}}{BC}$$

将代表 v_{B_3} 的矢量 $\overrightarrow{pb_3}$ 平移到机构图上的 B 点，可知角速度 ω_3 的方向为顺时针方向。由于构件 2 与构件 3 组成移动副，因此 $\omega_2 = \omega_3$。

2. 加速度分析

（1）列加速度矢量方程。根据点的加速度合成原理可知，B_3 点的绝对加速度 a_{B_3} 等于牵连加速度 a_{B_2}、哥氏加速度 $a_{B_3 B_2}^k$ 和相对加速度 $a_{B_3 B_2}^r$ 的矢量和，其中哥氏加速度的大小

$a^{\mathrm{k}}_{B_3B_2}=2\omega_3 v_{B_3B_2}$，方向由相对速度 $v_{B_3B_2}$ 的指向沿牵连角速度 ω_3 转过 $90°$ 而得，即

$$\overrightarrow{a_{B_3}}=\overrightarrow{a_{B_2}}+\overrightarrow{a^{\mathrm{k}}_{B_3B_2}}+\overrightarrow{a^{\mathrm{r}}_{B_3B_2}}$$

$$\overrightarrow{a^{\mathrm{n}}_{B_3}}+\overrightarrow{a^{\mathrm{t}}_{B_3}}=\overrightarrow{a_{B_2}}+\overrightarrow{a^{\mathrm{k}}_{B_3B_2}}+\overrightarrow{a^{\mathrm{r}}_{B_3B_2}} \tag{7-7}$$

方向	$B{\rightarrow}C$	$\perp BC$	$B{\rightarrow}A$	$\perp BC$	$/\!/BC$
大小	$\omega_3^2 l_{BC}$	?	$\omega_1^2 l_{AB}$	$2\omega_3 v_{B_3B_2}$	?

（2）作图求解。上面的矢量方程只有 $a^{\mathrm{t}}_{B_3}$ 和 $a^{\mathrm{t}}_{B_3B_2}$ 的大小未知，可利用图解法求解。选取加速度比例尺 μ_a，作加速度多边形，如图 7.7(c)所示。其中，矢量 $\overrightarrow{\pi b_2'}$ 代表 a_{B_2}，矢量 $\overrightarrow{b_2'k'}$ 代表 $a^{\mathrm{k}}_{B_3B_2}$，矢量 $\overrightarrow{k'b_3'}$ 代表 $a^{\mathrm{r}}_{B_3B_2}$，矢量 $\overrightarrow{\pi b_3'}$ 代表 a_{B_3}，矢量 $\overrightarrow{\pi b_3''}$ 代表 $a^{\mathrm{n}}_{B_3}$，矢量 $\overrightarrow{b_3''b_3'}$ 代表 $a^{\mathrm{t}}_{B_3}$，这些矢量的大小分别为

$$a_{B_2}=\mu_a\overrightarrow{\pi b_2'},\quad a^{\mathrm{k}}_{B_3B_2}=\mu_a\overrightarrow{b_2'k'},\quad a^{\mathrm{r}}_{B_3B_2}=\mu_a\overrightarrow{k'b_3'}$$

$$a_{B_3}=\mu_a\overrightarrow{\pi b_3'},\quad a^{\mathrm{n}}_{B_3}=\mu_a\overrightarrow{\pi b_3''},\quad a^{\mathrm{t}}_{B_3}=\mu_a\overrightarrow{b_3''b_3'}$$

由此可求得构件 3 的角加速度为

$$\varepsilon_3=\frac{a^{\mathrm{t}}_{B_3}}{BC}=\frac{\mu_a\overrightarrow{b_3''b_3'}}{BC}$$

将代表 $a^{\mathrm{t}}_{B_3}$ 的矢量 $\overrightarrow{b_3''b_3'}$ 平移到机构图上的 B_3 点，可知角加速度 ε_3 的方向为逆时针方向。由于构件 2 与构件 3 组成移动副，因此 $\varepsilon_2=\varepsilon_3$。

【例 7.5】 图 7.8 所示为一柱塞唧筒六杆机构。设已知各构件的尺寸分别为 $l_{AB}=140\mathrm{mm}$，$l_{BC}=l_{CD}=420\mathrm{mm}$；并知主动件 1 沿顺时针方向等速回转，角速度 $\omega_1=20\mathrm{rad/s}$。试求该机构在图示位置时的速度 v_C、v_{E_5}，加速度 a_C、a_{E_5}，角速度 ω_2、ω_3 及角加速度 ε_2、ε_3。

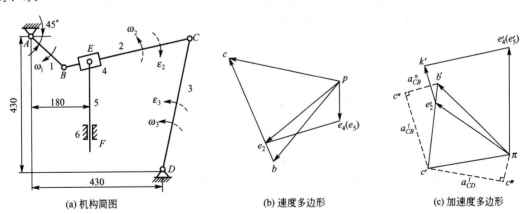

图 7.8 柱塞唧筒六杆机构的运动分析

解：

（1）作机构运动简图。选取比例尺 $\mu_l=l_{AB}/\overline{AB}=0.01\mathrm{m/mm}$，按给定的主动件位置，作出机构的运动简图，如图 7.8(a)所示。

（2）速度分析。根据已知条件，速度分析的步骤应依次为 v_B、v_C、v_{E_2} 及 $v_{E_4}=v_{E_5}$，然后求解 ω_2、ω_3。

① 求 v_B。

$$v_B = \omega_1 l_{AB} = 20\text{rad/s} \times 0.14\text{m} = 2.8\text{m/s}$$

其方向垂直 AB，指向与 ω_1 的转向一致。

② 求 v_C。点 C、B 为同一构件上的两点，故有

$\overrightarrow{v_C}$	$=$	$\overrightarrow{v_B}$	$+$	$\overrightarrow{v_{CB}}$
方向 $\perp CD$		$\perp AB$		$\perp CB$
大小 ?		√		?

上式可用图解法求解，如图 7.8(b)所示。取点 p 作为速度极点，作矢量 $\overrightarrow{pb}$ 代表 v_B，速度比例尺 $\mu_v = v_B/\overline{pb} = 0.1(\text{m/s})/\text{mm}$。再分别从点 b、p 作垂直于 BC、CD 的矢量 $\overrightarrow{bc}$、$\overrightarrow{pc}$ 代表 v_{CB}、v_C 的方向线，两线相交于点 c，则有

$$v_C = \mu_v \overrightarrow{pc} = (0.1 \times 27)\text{m/s} = 2.7\text{m/s} \quad (沿 \overrightarrow{pc} 方向)$$

③ 求 v_{E_2}。由于点 E_2、B、C 同在构件 2 上，并且 v_B、v_C 已知，因此可利用速度影像求得 v_{E_2}。e_2 应在 bc 线上，由 $\overline{be_2} = \overline{bc} \cdot \overline{BE_2}/\overline{BC}$ 可得 e_2 点，则

$$v_{E_2} = \mu_v \overrightarrow{pe_2} = (0.1 \times 25)\text{m/s} = 2.5\text{m/s} \quad (沿 \overrightarrow{pe_2} 方向)$$

④ 求 v_{E_5}。E_4 与 E_2 为两构件的瞬时重合点，而 $v_{E_5} = v_{E_4}$，故

$\overrightarrow{v_{E_5}}$	$=$	$\overrightarrow{v_{E_4}}$	$=$	$\overrightarrow{v_{E_2}}$	$+$	$\overrightarrow{v_{E_4 E_2}}$
方向 $/\!/ EF$				√		$/\!/ BC$
大小 ?				√		?

上式可用作图法求解，如图 7.8(b)所示，由点 e_2 作 $v_{E_4 E_2}$ 的方向线 $\overrightarrow{e_4 e_2} /\!/ BC$，再由点 p 作 v_{E_4} 的方向线 $\overrightarrow{pe_4} /\!/ EF$，两方向线交于点 e_4，则

$$v_{E_5} = v_{E_4} = \mu_v \overrightarrow{pe_4} = (0.1 \times 10.5)\text{m/s} = 1.05\text{m/s} \quad (沿 \overrightarrow{pe_4} 方向)$$

⑤ 求 ω_2、ω_3。由前述求构件角速度的方法可得

$$\omega_2 = v_{CB}/l_{BC} = \mu_v \overline{bc}/l_{BC} = (0.1 \times 28/0.42)\text{rad/s} = 6.67\text{rad/s} \quad (逆时针方向)$$

$$\omega_3 = v_C/l_{CD} = \mu_v \overline{pc}/l_{CD} = (0.1 \times 27/0.42)\text{rad/s} = 6.43\text{rad/s} \quad (逆时针方向)$$

（3）加速度分析。加速度求解的步骤与速度分析相同，依次为 a_B、a_C、a_{E_2} 及 $a_{E_4} = a_{E_5}$，然后求解 ε_2、ε_3。

① 求 a_B。

$$a_B = a_{BA}^n = \omega_1^2 l_{AB} = (20^2 \times 0.14)\text{m/s}^2 = 56\text{m/s}^2$$

a_B 的方向由 B 指向 A。

② 求 a_C。根据点 C 分别相对于点 D、B 的运动关系，可得

$\overrightarrow{a_C}$	$=$	$\overrightarrow{a_{CD}^n}$	$+$	$\overrightarrow{a_{CD}^t}$	$=$	$\overrightarrow{a_B}$	$+$	$\overrightarrow{a_{CB}^n}$	$+$	$\overrightarrow{a_{CB}^t}$
方向		$C{\to}D$		$\perp CD$		$B{\to}A$		$C{\to}B$		$\perp CB$
大小		$\omega_3^2 l_{CD}$		?		√		$\omega_2^2 l_{CB}$		?

用作图法求解，如图 7.8(c)所示。任取一点 π 作为加速度极点，作矢量 $\overrightarrow{\pi b'}$ 代表 a_B，加速度比例尺 $\mu_a = 2(\text{m/s}^2)/\text{mm}$。然后按上式依次作图，即可求得点 c'，则

$$a_C = \mu_a \overrightarrow{\pi c'} = (2 \times 23)\text{m/s}^2 = 46\text{m/s}^2 \quad (沿 \overrightarrow{\pi c'} 方向)$$

③ 求 a_{E_2}。与速度分析一样，可利用加速度影像求出 a_{E_2}。e_2' 应在 $b'c'$ 线上，由 $\overline{b'e_2'}=\overline{b'c'}\cdot\overline{BE_2}/\overline{BC}$ 可得 e_2' 点，则

$$a_{E_2}=\mu_a\overline{\pi e_2'}=(2\times25)\,\text{m/s}^2=50\,\text{m/s}^2 \quad （沿\overrightarrow{\pi e_2'}方向）$$

④ 求 a_{E_5}。由两构件上重合点的加速度关系可得

$$\overrightarrow{a_{E_5}}=\overrightarrow{a_{E_4}}=\overrightarrow{a_{E_2}}+\overrightarrow{a_{E_4E_2}^{\text{k}}}+\overrightarrow{a_{E_4E_2}^{\text{r}}}$$

方向　　　　 $/\!/EF$ 　　　 $\checkmark$ 　　　 $\perp BC$ 　　 $/\!/BC$

大小　　　　 ? 　　　　 $\checkmark$ 　　 $2\omega_2v_{E_4E_2}$ 　 ?

根据上式作图，如图 7.8(c) 所示，可得

$$a_{E_5}=a_{E_4}=\mu_a\overline{\pi e_4'}=(2\times28)\,\text{m/s}^2=56\,\text{m/s}^2 \quad （沿\overrightarrow{\pi e_4'}方向）$$

⑤ 求 ε_2、ε_3。根据前述求构件角加速度的方法可得

$$\varepsilon_2=a_{CB}^{\text{t}}/l_{BC}=\mu_a\overline{c''c'}/l_{BC}=(2\times20.5/0.42)\,\text{rad/s}=97.6\,\text{rad/s} \quad （顺时针）$$

$$\varepsilon_3=a_C^{\text{t}}/l_{CD}=\mu_a\overline{c'''c'}/l_{CD}=(2\times22/0.42)\,\text{rad/s}=104.8\,\text{rad/s} \quad （逆时针）$$

对于含有高副的机构，为了使运动分析简单化，常将其高副采用低副来代替，再进行运动分析。需要指出的是，高副低代只是瞬时替代，机构位置不同，其瞬时替代结果也不相同，故对机构的不同位置进行运动分析时，均需作出相应的瞬时替代机构。

7.3　用解析法对机构进行运动分析

利用相对运动图解法进行机构的运动分析，虽然比较形象直观，但作图精度有限，而且费时。当需要对机构的一个运动周期中的多个位置逐一进行运动分析时，图解法就显得尤为烦琐。随着计算机的普及和工程软件的日趋完善，解析法已成为进行机构运动分析更有效、实用的方法。用解析法进行机构的运动分析时，首先建立机构位置的约束方程，然后对方程关于时间求出一阶和二阶导数来建立相应的速度、加速度或构件角速度、角加速度方程。求解方程，进而求解出所需的位移、速度和加速度，完成机构的运动分析。由于建立和推导相应方程时所采用的数学工具不同，求解方法有很多种。本节将介绍两种比较容易掌握且便于应用计算机计算和求解的方法——矩阵法和复数矢量法。用这两种方法对机构进行运动分析时，均需先列出机构的封闭矢量位置方程。

在建立机构的封闭矢量位置方程之前，需先将构件用矢量来表示，并作出机构的封闭矢量多边形。如图 7.9 所示，先建立直角坐标系。设构件 1 的长度为 l_1，其方位角为 θ_1，$\overrightarrow{l_1}$ 为构件 1 的杆矢量，即 $\overrightarrow{l_1}=\overrightarrow{AB}$。机构中其余构件均可表示为相应的杆矢量，这样就形成了由各杆矢量组成的一个封闭矢量多边形，即 $ABCDA$。在这个封闭矢量多边形中，其各矢量之和必等于零，即

$$\overrightarrow{l_1}+\overrightarrow{l_2}-\overrightarrow{l_3}-\overrightarrow{l_4}=0 \qquad (7-8)$$

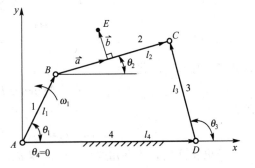

图 7.9　平面四杆机构的运动分析

式(7-8)为图7.9所示平面四杆机构的封闭矢量位置方程。对于一个特定的平面四杆机构，已知各构件的长度和主动件1的运动规律，即θ_1为已知，而$\theta_4 = 0$，故由矢量方程可求得两个未知方位角θ_2和θ_3。

各杆矢量的方向可自由确定，但各杆矢量的方位角均应由x轴开始，并以沿逆时针方向计量为正。

需要特别指出的是，坐标系和各杆矢量方向的选取不影响解题结果。

由上述分析可知，对于一个平面四杆机构，只需作出一个封闭矢量多边形即可求解。而对四杆以上的多杆机构，则需作出多个封闭矢量多边形才能求解。

7.3.1 矩阵法

矩阵法可方便地借助计算机，运用标准计算程序或方程求解器等软件包来帮助求解。现以图7.9所示的平面四杆机构为例来研究利用矩阵法进行平面机构的运动分析。

设已知各构件的尺寸及主动件1的方位角θ_1和等角速度ω_1，需对其位置、速度和加速度进行分析。

如前所述，为了对机构进行运动分析，先要建立坐标系，并将各构件表示为杆矢量。

1. 位置分析

机构的封闭矢量方程是式(7-8)，将其向两坐标轴上投影，并改写为方程左边仅含未知量项的形式，即得

$$\begin{cases} l_2\cos\theta_2 - l_3\cos\theta_3 = l_4 - l_1\cos\theta_1 \\ l_2\sin\theta_2 - l_3\sin\theta_3 = -l_1\sin\theta_1 \end{cases} \quad (7-9)$$

解此方程组即可求得两个未知方位角θ_2和θ_3。

求解θ_3时，可先将式(7-9)中两式左端含θ_3的项移到等式右端，然后分别将两端平方并相加消去未知方位角θ_2，可得

$$l_2^2 = l_3^2 + l_4^2 + l_1^2 - 2l_3(l_1\cos\theta_1 - l_4)\cos\theta_3 - 2l_1l_3\sin\theta_1\sin\theta_3 - 2l_1l_4\cos\theta_1$$

整理，得

$$2l_1l_3\sin\theta_1\sin\theta_3 + 2l_3(l_1\cos\theta_1 - l_4)\cos\theta_3 + l_2^2 - l_1^2 - l_3^2 - l_4^2 + 2l_1l_4\cos\theta_1 = 0 \quad (7-10a)$$

令

$$A = 2l_1l_3\sin\theta_1$$
$$B = 2l_3(l_1\cos\theta_1 - l_4)$$
$$C = l_2^2 - l_1^2 - l_3^2 - l_4^2 + 2l_1l_4\cos\theta_1$$

则式(7-10a)可简化为

$$A\sin\theta_3 + B\cos\theta_3 + C = 0$$

解得

$$\tan(\theta_3/2) = (A \pm \sqrt{A^2 + B^2 - C^2})/(B - C) \quad (7-10b)$$

求出θ_3之后，可利用式(7-9)求得θ_2。式(7-10b)有两个解，可根据机构的初始安装情况和机构运动的连续性来确定式中正负号的选取。

2. 速度分析

将式(7-9)对时间求导，可得

$$\begin{cases} -l_2\omega_2\sin\theta_2 + l_3\omega_3\sin\theta_3 = l_1\omega_1\sin\theta_1 \\ l_2\omega_2\cos\theta_2 - l_3\omega_3\cos\theta_3 = -l_1\omega_1\cos\theta_1 \end{cases} \tag{7-11}$$

可解得 ω_2 和 ω_3 为

$$\begin{pmatrix} \omega_2 \\ \omega_3 \end{pmatrix} = -\frac{\omega_1}{l_2 l_3 \sin(\theta_2 - \theta_3)} \begin{pmatrix} l_1 l_3 \sin(\theta_1 - \theta_3) \\ l_1 l_2 \sin(\theta_1 - \theta_2) \end{pmatrix} \tag{7-12}$$

3. 加速度分析

将式(7-11)对时间求导，可得加速度关系，写成矩阵形式为

$$\begin{pmatrix} -l_2\sin\theta_2 & l_3\sin\theta_3 \\ l_2\cos\theta_2 & -l_3\cos\theta_3 \end{pmatrix} \begin{pmatrix} \varepsilon_2 \\ \varepsilon_3 \end{pmatrix} = -\begin{pmatrix} -\omega_2 l_2\cos\theta_2 & \omega_3 l_3\cos\theta_3 \\ -\omega_2 l_2\sin\theta_2 & \omega_3 l_3\sin\theta_3 \end{pmatrix} \begin{pmatrix} \omega_2 \\ \omega_3 \end{pmatrix} + \omega_1 \begin{pmatrix} \omega_1 l_1\cos\theta_1 \\ \omega_1 l_1\sin\theta_1 \end{pmatrix}$$

$$\tag{7-13}$$

由式(7-13)可解得

$$\begin{pmatrix} \varepsilon_2 \\ \varepsilon_3 \end{pmatrix} = \begin{pmatrix} \omega_2 \tan(\theta_2 - \theta_3) & -\dfrac{\omega_3 l_3}{l_2\sin(\theta_2 - \theta_3)} \\[2mm] \dfrac{\omega_2 l_2}{l_3\sin(\theta_2 - \theta_3)} & \omega_3\tan(\theta_2 - \theta_3) \end{pmatrix} \begin{pmatrix} \omega_2 \\ \omega_3 \end{pmatrix} - \frac{\omega_1^2 l_1}{l_2 l_3\sin(\theta_2 - \theta_3)} \begin{pmatrix} l_3\cos(\theta_1 - \theta_3) \\ l_2\cos(\theta_1 - \theta_2) \end{pmatrix}$$

$$\tag{7-14}$$

若还需求连杆上任一点 E 的位置、速度和加速度，先假设连杆上任一点 E 的位置矢量为 a 及 b，由下列各式直接求得

$$\begin{cases} x_E = l_1\cos\theta_1 + a\cos\theta_2 + b\cos(90° + \theta_2) \\ y_E = l_1\sin\theta_1 + a\sin\theta_2 + b\sin(90° + \theta_2) \end{cases} \tag{7-15}$$

$$\begin{pmatrix} v_{Ex} \\ v_{Ey} \end{pmatrix} = \begin{pmatrix} \dot{x}_E \\ \dot{y}_E \end{pmatrix} = \begin{pmatrix} -l_1\sin\theta_1 & -a\sin\theta_2 - b\sin(90° + \theta_2) \\ l_1\cos\theta_1 & a\cos\theta_2 + b\cos(90° + \theta_2) \end{pmatrix} \begin{pmatrix} \omega_1 \\ \omega_2 \end{pmatrix} \tag{7-16}$$

$$\begin{pmatrix} a_{Ex} \\ a_{Ey} \end{pmatrix} = \begin{pmatrix} \ddot{x}_E \\ \ddot{y}_E \end{pmatrix} = \begin{pmatrix} -l_1\sin\theta_1 & -a\sin\theta_2 - b\sin(90° + \theta_2) \\ l_1\cos\theta_1 & a\cos\theta_2 + b\cos(90° + \theta_2) \end{pmatrix} \begin{pmatrix} 0 \\ \varepsilon_2 \end{pmatrix} -$$

$$\begin{pmatrix} l_1\cos\theta_1 & a\cos\theta_2 + b\cos(90° + \theta_2) \\ l_1\sin\theta_1 & a\sin\theta_2 + b\sin(90° + \theta_2) \end{pmatrix} \begin{pmatrix} \omega_1^2 \\ \omega_2^2 \end{pmatrix} \tag{7-17}$$

利用公式 $v_E = \sqrt{v_{Ex}^2 + v_{Ey}^2}$，$a_E = \sqrt{a_{Ex}^2 + a_{Ey}^2}$ 即可求出 v_E、a_E。

为了便于书写和记忆，在矩阵法中，速度分析关系式可表示为

$$A\omega = \omega_1 B \tag{7-18}$$

式中，A 为机构从动件的位置参数矩阵；ω 为机构从动件的速度列阵；B 为机构主动件的位置参数列阵；ω_1 为机构主动件的速度。

加速度分析的关系式可表示为

$$A\varepsilon = -\dot{A}\omega + \omega_1 \dot{B} \tag{7-19}$$

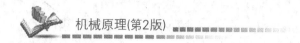

式中，ε 为机构从动件的角加速度列阵；$\dot{A} = \mathrm{d}A/\mathrm{d}t$；$\dot{B} = \mathrm{d}B/\mathrm{d}t$。

7.3.2 复数矢量法

复数矢量法利用了复数运算十分简便的优点，不仅可对任何机构包括较复杂的连杆机构进行运动分析和动力分析，而且还可用来进行机构的综合分析，并可利用计算机进行求解。

仍以图 7.9 所示的四杆机构为例，已知条件同前，现用复数矢量法求解如下。

分析之前，先建立坐标系，并将各构件表示为杆矢量。

1. 位置分析

将机构封闭矢量方程即式(7-8)改写并表示为复数矢量形式。

$$l_1 e^{i\theta_1} + l_2 e^{i\theta_2} = l_4 + l_3 e^{i\theta_3} \tag{7-20}$$

应用欧拉公式 $e^{i\theta} = \cos\theta + i\sin\theta$ 将式(7-20)的实部和虚部分离，得

$$\begin{cases} l_1 \cos\theta_1 + l_2 \cos\theta_2 = l_4 + l_3 \cos\theta_3 \\ l_1 \sin\theta_1 + l_2 \sin\theta_2 = l_3 \sin\theta_3 \end{cases} \tag{7-21}$$

解此方程组，得

$$\tan(\theta_3/2) = (A \pm \sqrt{A^2 + B^2 - C^2})/(B - C) \tag{7-22}$$

式中，字母 A、B、C 的含义及式中正负号的确定原则与式(7-10b)相同。求出 θ_3 之后，可利用式(7-21)求解 θ_2。

2. 速度分析

将式(7-20)对时间求导，得

$$l_1 \omega_1 e^{i\theta_1} + l_2 \omega_2 e^{i\theta_2} = l_3 \omega_3 e^{i\theta_3} \tag{7-23}$$

式(7-23)为 $v_B + v_{CB} = v_C$ 的复数矢量表达式。

将式(7-23)的实部和虚部分离，得

$$\begin{cases} l_1 \omega_1 \cos\theta_1 + l_2 \omega_2 \cos\theta_2 = l_3 \omega_3 \cos\theta_3 \\ l_1 \omega_1 \sin\theta_1 + l_2 \omega_2 \sin\theta_2 = l_3 \omega_3 \sin\theta_3 \end{cases} \tag{7-24}$$

由式(7-24)可得

$$\omega_2 = -\frac{l_1 \sin(\theta_1 - \theta_3)}{l_2 \sin(\theta_2 - \theta_3)}\omega_1, \quad \omega_3 = \frac{l_1 \sin(\theta_1 - \theta_2)}{l_3 \sin(\theta_3 - \theta_2)}\omega_1 \tag{7-25}$$

3. 加速度分析

将式(7-23)对时间求导，得

$$il_1 \omega_1^2 e^{i\theta_1} + il_2 \varepsilon_2 e^{i\theta_2} + il_2 \omega_2^2 e^{i\theta_2} = l_3 \varepsilon_3 e^{i\theta_3} + il_3 \omega_3^2 e^{i\theta_3} \tag{7-26}$$

将式(7-26)的实部和虚部分离，得

$$\begin{cases} l_1 \omega_1^2 \cos\theta_1 + l_2 \varepsilon_2 \sin\theta_2 + l_2 \omega_2^2 \cos\theta_2 = l_3 \varepsilon_3 \sin\theta_3 + l_3 \omega_3^2 \cos\theta_3 \\ -l_1 \omega_1^2 \sin\theta_1 + l_2 \varepsilon_2 \cos\theta_2 - l_2 \omega_2^2 \sin\theta_2 = l_3 \varepsilon_3 \cos\theta_3 - l_3 \omega_3^2 \sin\theta_3 \end{cases}$$

解得

$$\varepsilon_2 = \frac{\omega_3^2 l_3 - \omega_1^2 l_1 \cos(\theta_1 - \theta_3) - \omega_2^2 l_2 \cos(\theta_2 - \theta_3)}{l_2 \sin(\theta_2 - \theta_3)} \tag{7-27}$$

$$\varepsilon_3 = \frac{\omega_2^2 l_2 + \omega_1^2 l_1 \cos(\theta_1 - \theta_2) - \omega_3^2 l_3 \cos(\theta_3 - \theta_2)}{l_3 \sin(\theta_3 - \theta_2)} \tag{7-28}$$

当机构中所有构件的角位移、角速度和角加速度全部解出后，即可求解连杆上任一点 E 的位置、速度和加速度。

假设连杆上任一点 E 的位置矢量为 $\vec{a}$ 及 $\vec{b}$，点 E 在坐标系 xAy 中的绝对位置矢量为 $\vec{l_E}=\vec{AE}$，则有

$$\vec{l_E}=\vec{l_1}+\vec{a}+\vec{b}$$

即
$$l_E=l_1\mathrm{e}^{i\theta_1}+a\mathrm{e}^{i\theta_2}+b\mathrm{e}^{i(\theta_2+90°)} \tag{7-29}$$

将式(7-29)对时间分别求一次导和二次导，经变换整理，可得 v_E 和 a_E 的矢量表达式

$$v_E=-[\omega_1 l_1\sin\theta_1+\omega_2(a\sin\theta_2+b\cos\theta_2)]+i[\omega_1 l_1\cos\theta_1+\omega_2(a\cos\theta_2-b\sin\theta_2)] \tag{7-30}$$

$$a_E=-[\omega_1^2 l_1\cos\theta_1+\varepsilon_2(a\sin\theta_2+b\cos\theta_2)]+\omega_2^2(a\cos\theta_2-b\sin\theta_2)+$$
$$i[-\omega_1^2 l_1\sin\theta_1+\varepsilon_2(a\cos\theta_2-b\sin\theta_2)-\omega_2^2(a\sin\theta_2+b\cos\theta_2)] \tag{7-31}$$

通过上述对平面四杆机构进行运动分析的过程可见，用解析法进行机构运动分析的关键是位置方程的建立和求解。至于速度分析和加速度分析只不过是对其位置方程做进一步的数学运算而已。位置方程的求解需要解非线性方程组，难度较大；而速度方程和加速度方程的求解，则只需解线性方程组，相对而言比较容易。

习　　题

1. 填空题

7-1 速度瞬心是两平面运动构件上_____为零的瞬时重合点。

7-2 当两个构件组成移动副时，其瞬心位于_____。当两构件组成纯滚动的高副时，其瞬心就在_____。当确定机构中不直接连接的两构件的瞬心时，可应用_____。

7-3 在摆动导杆机构中，当导杆和滑块的相对运动为_____动，牵连运动为_____动时，两构件的重合点之间将有哥氏加速度。

7-4 相对瞬心与绝对瞬心的相同点是_____，不同点是_____。

2. 选择题

7-5 将机构位置图按实际杆长放大一倍绘制，选用的长度比例尺 μ_l 应是_____。

A. 0.5mm/mm
B. 2mm/mm
C. 0.2mm/mm
D. 5mm/mm。

7-6 做连续往复移动的构件，在行程的两端极限位置处，其运动状态必定是_____。

A. $v=0$，$a=0$
B. $v=0$，$a=a_{max}$
C. $v=0$，$a\neq0$
D. $v\neq0$，$a\neq0$

7-7 图7.10所示的连杆机构中，滑块2上 E 点的轨迹应是_____。

A. 直线

B. 圆弧

C. 椭圆

D. 复杂平面曲线

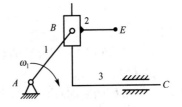

图7.10　题7-7图

7-8 图 7.11 所示的连杆机构中，用速度影像法求构件 3 上与 D_2 点重合的 D_3 点的速度时，可以使_____。

A. $\triangle ABD \backsim \triangle pb_2d_2$

B. $\triangle CBD \backsim \triangle pb_2d_2$

C. $\triangle CBD \backsim \triangle pb_3d_3$

D. $\triangle CBD \backsim \triangle pb_2d_3$

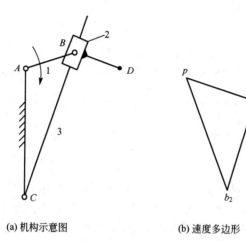

(a) 机构示意图　　　　　(b) 速度多边形

图 7.11　题 7-8 图

3. 分析计算题

7-9　求出图 7.12 所示各机构的全部瞬心。

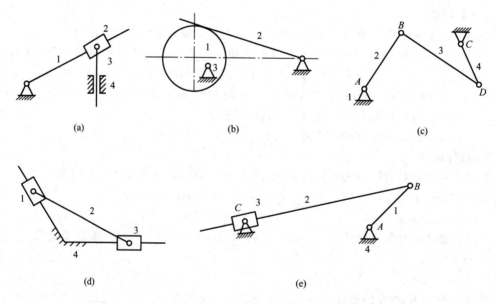

图 7.12　题 7-9 图

7-10　在图 7.13 所示的机构中，已知主动件 1 沿逆时针方向匀速转动，角速度为 ω_1，试确定：

（1）机构的全部瞬心；

（2）构件 3 的速度 v_3（须写出表达式）。

7-11 连杆机构位置如图 7.14 所示，已知 $l_{AB}=100\text{mm}$（图中按长度比例尺 $\mu_l=0.004\text{m/mm}$ 作出），构件 1 以角速度 $\omega_1=20\text{rad/s}$ 匀速逆时针转动。

(1) 在图中标出机构的全部瞬心。

(2) 取速度比例尺 $\mu_v=0.05(\text{m/s})/\text{mm}$ 和加速度比例尺 $\mu_a=1(\text{m/s}^2)/\text{mm}$，用相对运动图解法求图示位置（即 $AB \perp BC$ 且 $CD \perp BC$）时构件 3 的角速度 ω_3、角加速度 ε_3 及图中 C 点的速度 v_C、加速度 a_C。

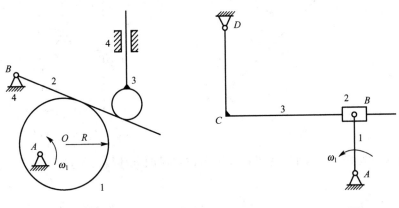

图 7.13 题 7-10 图　　　　图 7.14 题 7-11 图

7-12 在图 7.15 所示的连杆机构中，已知构件 1 以角速度 ω_1 匀速转动。试用相对运动图解法求构件 2 上 D 点的速度和加速度（比例尺任选）。

7-13 已知图 7.16 所示连杆机构的尺寸及主动件 1 的角速度 ω_1，用相对运动图解法求图示位置时构件 3 的角速度 ω_3、角加速度 ε_3 及 D 点的速度 v_D、加速度 a_D（比例尺任选）。

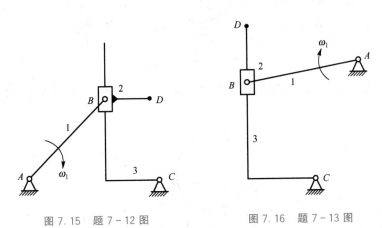

图 7.15 题 7-12 图　　　　图 7.16 题 7-13 图

7-14 图 7.17 所示连杆机构运动简图的长度比例尺 $\mu_l=0.001\text{m/mm}$，主动件 1 的角速度 $\omega_1=10\text{rad/s}$，为顺时针方向，其角加速度 $\varepsilon_1=100\text{rad/s}^2$，为逆时针方向。试用相对运动图解法求 v_3 及 a_3［建议速度多边形和加速度多边形的比例尺分别取 $\mu_v=0.01(\text{m/s})/\text{mm}$，$\mu_a=0.2(\text{m/s}^2)/\text{mm}$，要求列出相应的方程和计算关系式］。

7-15　在图7.18所示的正切机构中，已知$h=400$mm，$\varphi_1=60°$，主动件1以等角速度$\omega_1=6$rad/s沿逆时针方向转动。试用解析法求构件3的速度v_3。

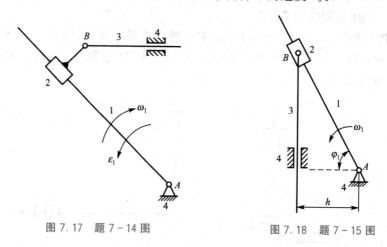

图7.17　题7-14图　　　　　图7.18　题7-15图

7-16　试确定图7.19所示各机构在图示位置时的全部瞬心位置。

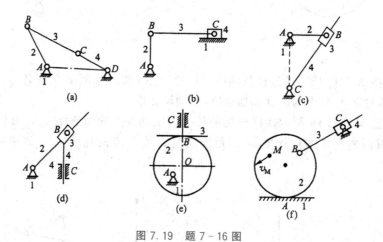

图7.19　题7-16图

7-17　在图7.20所示的齿轮-连杆组合机构中，试用瞬心法求齿轮1与齿轮2的传动比ω_1/ω_3。

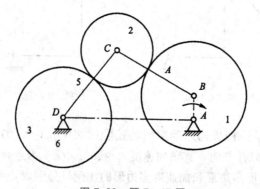

图7.20　题7-17图

第8章

平面机构的力分析

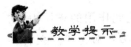

教学提示

    作用在机械上的力是影响机械运动和动力性能的重要参数。无论是确定各运动副的约束反力，还是确定使主动件按给定规律运动而应加于机械中的平衡力（或力矩），都必须对机械的受力情况进行分析。本章将介绍机械的动态静力分析，机械传动中摩擦力的确定。以及机械效率与自锁。

教学要求

    掌握机构动态静力分析方法。

    掌握各类运动副摩擦力的确定。

    掌握考虑运动副摩擦的机构力分析方法。

    了解各类机械系统的机械效率的计算方法。

    掌握自锁的分析方法。

机械在运动过程中，其构件会受到各种力的作用，按其来源可分为外部施加在机构上的力和机构内部的运动副反力。根据各力对机械运动的影响不同，可将作用在机械上的力分为以下两大类。

（1）驱动力。驱使机械产生运动的力称为驱动力，如外部施加的主动力。驱动力的方向与其作用点的速度方向相同或成锐角，其所做的功为正功，称为驱动功或输入功。

（2）阻抗力。阻止机械产生运动的力称为阻抗力。阻抗力的方向与其作用点的速度方向相反或成钝角，其所做的功为负功，称为阻抗功。阻抗力又分为有效阻力和有害阻力。

① 有效阻力。有效阻力也称工作阻力，即机械在生产过程中为了改变工作物的形状、位置或状态等所受到的阻力，克服了这些阻力就完成了有效的工作，如机床中工件作用于刀具上的切削阻力等。克服有效阻力所完成的功称为有效功或输出功。

② 有害阻力。机械在运行过程中所受到的非生产阻力称为有害阻力，如摩擦力、介质阻力等。克服有害阻力所做的功称为损失功。

机构力分析的任务和目的主要有以下两个方面。

（1）确定运动副中的反力。运动副反力是运动副两元素接触处彼此作用的正压力（法向力）和摩擦力（切向力）的合力。运动副反力对于整个机械来说是内力，对于单个构件而言则是外力。这些力的大小和性质对于研究机构的强度、运动副中的摩擦、磨损及确定机械的效率等问题，都具有重要的意义。

（2）确定机械上的平衡力（或平衡力偶）。平衡力是机械在已知外力的作用下，按照给定的运动规律运动时，需要加在机械上的未知外力。机械平衡力的确定对于设计新的机械、合理地使用现有机械及充分挖掘机械的生产潜力都是十分必要的。

进行力分析时，根据不同情况，分析方法也不同。如果机械低速运行，则惯性力及惯性力矩相对于外力、外力矩而言影响不大，常忽略不计，这时只需对机械进行静力分析。对于高速运行机械及重型机械来说就必须考虑惯性力的作用，此时，可将惯性力看成是一般外力作用在产生惯性力的构件上，仍将该机构视为平衡状态，这时需对机械进行动态静力分析。

8.1　机构的动态静力分析

对机构进行动态静力分析时，需要先求出各构件的惯性力。

8.1.1　构件惯性力的确定

在机构运动过程中，各构件产生的惯性力不仅与各构件的质量 m_i、绕质心轴的转动惯量 J_{s_i}、质心 S_i 的加速度 a_{s_i} 及构件的角加速度 ε_i 等参数有关，而且与构件的运动形式有关。

现以图 8.1 所示的曲柄滑块机构为例，说明各构件惯性力的确定方法。

1. 做平面复合运动的构件

由理论力学可知，做平面复合运动而且具有平行于运动平面的对称面的构件（如连杆

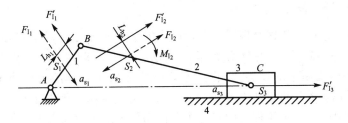

图 8.1　平面机构惯性力的确定

2)，其惯性力系可简化为加在质心 S_2 上的惯性力 F_{I_2} 和惯性力偶矩 M_{I_2}，其表达式为

$$F_{I_2} = -m_2 a_{S_2}, \quad M_{I_2} = -J_{S_2} \varepsilon_2 \quad (8-1)$$

式中，m_2 为连杆 2 的质量；a_{S_2} 为连杆 2 质心 S_2 的加速度；J_{S_2} 为连杆 2 过其质心轴的转动惯量；ε_2 为连杆 2 的角加速度。

上述连杆 2 的惯性力和惯性力偶矩还可以用一个大小等于 F_{I_2}，而作用线偏离质心 S_2 且距离为 L_{h_2} 的总惯性力 F'_{I_2} 表示，其中 L_{h_2} 可表示为

$$L_{h_2} = \frac{M_{I_2}}{F_{I_2}} \quad (8-2)$$

F'_{I_2} 对质心 S_2 之矩的方向应与 ε_2 的方向相反。

2. 做平面移动的构件

滑块 3 由于只做平面移动，没有角加速度，因此不会产生惯性力偶矩。当其做变速移动时，仅有一个加在质心 S_3 上的惯性力，大小为 $F_{I_3} = -m_3 a_{S_3}$。

3. 绕定轴转动的构件

图 8.1 中，曲柄 1 绕定点 A 转动，惯性力和惯性力偶矩的确定需要分以下两种情况考虑。

(1) 当构件绕通过质心的定轴转动(如齿轮、飞轮)时，由于其质心的加速度为零，因此惯性力为零。只有当构件做变速转动时，才产生惯性力偶矩，大小为 $M_{I_1} = -J_{S_1} \varepsilon_1$。

(2) 当构件绕不通过质心的定轴转动(如曲柄、凸轮)时，如果为变速转动，将产生惯性力 $F_{I_1} = -m_1 a_{S_1}$ 及惯性力偶矩 $M_{I_1} = -J_{S_1} \varepsilon_1$，或简化为总惯性力 F'_{I_1}；如果是匀速转动，则仅有一个离心惯性力，大小为 $F_{I_1} = -m_1 \omega_1^2 r_1$。

8.1.2　机构的动态静力分析

当机构中各构件的惯性力确定后，即可根据机构所受的已知外力(含惯性力)确定各运动副中的反力和需加在该机构上的平衡力。进行机构动态静力分析的步骤是，首先求出各构件的惯性力，并把它们视为外力加在产生这些惯性力的构件上；然后将机构分解为若干个构件组，分别列出它们的力平衡方程，再逐一求解未知的运动副反力及平衡。为了能用静力学方法将构件组中所有的未知力求解出来，构件组必须满足静定条件，即对构件组所能列出的独立的力平衡方程数目等于构件组中所有力的未知要素数目。

1. 构件组的静定条件

如图 8.2 所示，在不考虑摩擦时，转动副中的反力 F_R 通过转动副中心 O，大小和方向未知 ［图 8.2(a)］；移动副中的反力 F_R 沿导路法线方向，作用点的位置和力的大小未知 ［图 8.2(b)］；平面高副中的反力 F_R 作用于高副两元素接触点的公法线上，仅大小未知 ［图 8.2(c)］。所以，若构件组中共有 P_L 个低副和 P_H 个高副，则共有 $2P_L + P_H$ 个力的未知要素。设构件组中共有 n 个构件，因对每个构件都可列出 3 个独立的力平衡方程，故共有 $3n$ 个独立的力平衡方程。因此，构件组的静定条件为

$$3n = 2P_L + P_H \tag{8-3}$$

当机构中只有低副时，有

$$3n = 2P_L \tag{8-4}$$

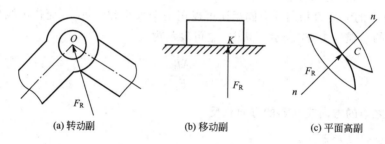

(a) 转动副　　　　　(b) 移动副　　　　　(c) 平面高副

图 8.2　平面运动副反力示意图

2. 用图解法进行机构的动态静力分析

用图解法进行机构动态静力分析的步骤是，首先对机构进行运动分析，确定机构在所要求位置时各构件的角加速度和质心加速度；然后求出各构件的惯性力，并把惯性力视为外加的力，加于产生惯性力的构件上；再根据静定条件将机构分解为若干个构件组和平衡力作用的构件；最后选取力比例尺 μ_f（即单位长度所代表的力的大小，单位为 N/mm）作图求解。求解时，力的分析顺序一般先从外力全部已知的构件组开始，逐步推算到平衡力（未知外力）作用的构件。

图 8.3(a) 所示为一曲柄滑块机构，已知各构件的尺寸，曲柄 1 的转动惯量 J_A（质心 S_1 与 A 点重合），连杆 2 的重力 G_2，转动惯量 J_{S_2}（质心 S_2 在杆 BC 的 1/3 处），滑块 3 的重力 G_3（质心 S_3 在 C 点）。曲柄 1 顺时针转动，角速度为 ω_1；角加速度为 ε_1，顺时针方向。作用于滑块 3 上 C 点的有效阻力为 F_r，各运动副的摩擦忽略不计。求机构在图示位置时各运动副中的反力及需加在曲柄上的平衡力矩 M_b。

选取长度比例尺 μ_l、速度比例尺 μ_v 及加速度比例尺 μ_a。

(1) 机构的运动分析。作出机构的速度多边形及加速度多边形，如图 8.3(b) 及图 8.3(c) 所示。

(2) 确定各构件的惯性力及惯性力偶矩。如图 8.3(a) 所示，曲柄 1 上的惯性力偶矩为

$$M_{I_1} = J_A \varepsilon_1 \quad （逆时针方向）$$

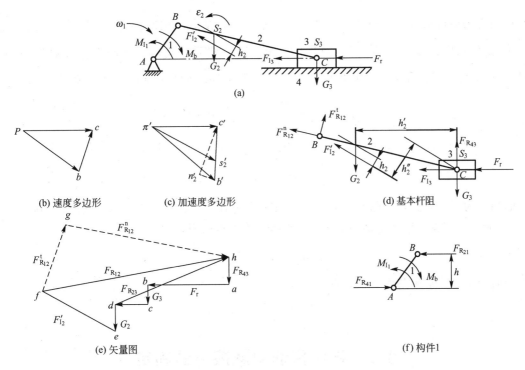

图 8.3 曲柄滑块机构的动态静力分析

连杆 2 上的惯性力及惯性力偶矩为

$$F_{I_2} = m_2 a_{S_2} = (G_2/g)\mu_a \overline{\pi s_2'}$$

$$M_{I_2} = J_{S_2}\varepsilon_2 = J_{S_2} a_{CB}^t / l_{BC} = J_{S_2}\mu_a \overline{n_2'c'} / l_{BC}$$

总惯性力 F_{I_2}'（大小等于 F_{I_2}）偏离质心 S_2 的距离

$$L_{h_2} = M_{I_2} / F_{I_2}$$

滑块 3 的惯性力为

$$F_{I_3} = m_2 a_C = (G_3/g)\mu_a \overline{\pi c'} \quad （方向与 a_C 相反）$$

（3）机构的动态静力分析。将机构按静力条件分为一个基本杆组（由连杆 2 和滑块 3 组成）和有未知平衡力作用的构件 1，从构件组(2，3)开始进行力分析。

在构件组(2，3)中，如图 8.3(d)所示，其上作用有重力 G_2 和 G_3、惯性力 F_{I_2}' 及 F_{I_3}、有效阻力 F_r 及待求的运动副反力 $F_{R_{12}}$ 和 $F_{R_{43}}$。$F_{R_{12}}$ 通过转动副 B 的中心（不计摩擦），将其分解为沿构件 BC 的法向分力 $F_{R_{12}}^n$ 和垂直于构件 BC 的切向分力 $F_{R_{12}}^t$。$F_{R_{43}}$ 垂直于移动副导路方向。将构件 2 对 C 点取矩，由 $\sum M_C = 0$，可得

$$F_{R_{12}}^t = (G_2 h_2' - F_{I_2}' h_2'') / l_{BC}$$

再根据整个构件组的力平衡条件列方程，得

$$\overrightarrow{G_2}+\overrightarrow{G_3}+\overrightarrow{F_r}+\overrightarrow{F_{I_3}}+\overrightarrow{F'_{I_2}}+\overrightarrow{F^t_{R_{12}}}+\overrightarrow{F^n_{R_{12}}}+\overrightarrow{F_{R_{43}}}=0$$

利用图解法即可求得 $F^n_{R_{12}}$ 和 $F_{R_{43}}$。如图8.3(e)所示，从点 a 依次作矢量$\overrightarrow{ab}$、$\overrightarrow{bc}$、$\overrightarrow{cd}$、$\overrightarrow{de}$、$\overrightarrow{ef}$和$\overrightarrow{fg}$分别代表力 F_r、G_3、F_{I_3}、G_2、F'_{I_2} 和 $F^t_{R_{12}}$；然后分别由点 a 和点 g 作直线 ah 和 gh 分别平行于 $F_{R_{43}}$ 和 $F^n_{R_{12}}$，并且相交于点 h，则矢量$\overrightarrow{ha}$和$\overrightarrow{fh}$分别代表 $F_{R_{43}}$ 和 $F_{R_{12}}$，即

$$F_{R_{43}}=\mu_f\overrightarrow{ha}, \quad F_{R_{12}}=\mu_f\overrightarrow{fh}$$

根据构件3的力平衡条件 $F_{R_{43}}+F_r+G_3+F_{I_3}+F_{R_{23}}=0$，矢量$\overrightarrow{dh}$代表 $F_{R_{23}}$，即

$$F_{R_{23}}=\mu_f\overrightarrow{dh}$$

取曲柄1为研究对象，如图8.3(f)所示，其上作用有运动副反力 $F_{R_{21}}$ 和待求的运动副反力 $F_{R_{41}}$，惯性力偶矩 M_{I_1} 及平衡力矩 M_b。将曲柄对 A 点取矩，得

$$M_b=M_{I_1}+F_{R_{21}}h$$

再由曲柄1的力平衡条件分析，有

$$F_{R_{41}}=-F_{R_{21}}$$

8.2 机械传动中摩擦力的确定

机械传动过程中，运动副不可避免地要产生摩擦。在进行动态静力分析时，一般不考虑运动副的摩擦力，所得结果大都能满足工程实际问题的需要。但对于高速、精密和大动力传动的机械来说，摩擦对机械性能有较大的影响。此时，进行机械受力分析时，需要考虑摩擦力。下面分别就移动副、螺旋副和转动副中的摩擦加以分析。

8.2.1 移动副中摩擦力的确定

通常根据移动副的结构不同，将移动副分为平面移动副、槽面移动副和斜面移动副三种。下面分别对这三种移动副中的摩擦进行讨论。

1. 平面移动副

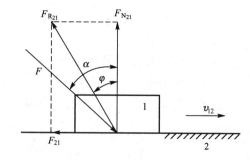

图8.4 平面移动副中的摩擦

如图8.4所示，在水平面2上有一滑块1在驱动力 F 的作用下，以速度 v_{12} 向右移动。此时，滑块1受到了水平面2给的法向反力 $F_{N_{21}}$ 和摩擦力 F_{21}，水平面2给滑块1的总反力 $F_{R_{21}}$ 即为 $F_{N_{21}}$ 和 F_{21} 的合力，$F_{R_{21}}$ 与竖直方向的夹角为 φ。

滑块1受到的摩擦力 F_{21} 为

$$F_{21}=fF_{N_{21}} \qquad (8-5)$$

式中，f 为滑块与平面间的摩擦系数。故有

$$f = \frac{F_{21}}{F_{N21}} = \tan\varphi \tag{8-6}$$

当滑块 1 与平面 2 的材料确定后，f 就为一定值，因而总反力 F_{R21} 与正压力 F_{N21} 方向的夹角 φ 就为一定值，φ 称为摩擦角。

此时，平面 2 给滑块 1 的总反力 F_{R21} 的方向与滑块 1 相对平面 2 的相对运动方向 v_{12} 的夹角为 $(90°+\varphi)$，利用勾股定理，F_{R21} 可表示为

$$F_{R21} = \sqrt{F_{N21}^2 + F_{21}^2} \tag{8-7}$$

将式(8-5)代入式(8-7)，有

$$F_{R21} = \sqrt{F_{N21}^2 (1+f^2)} = F_{N21}\sqrt{(1+f^2)} \tag{8-8}$$

如果将驱动力 F 沿滑块运动方向和法线方向分解，可得 F_x 和 F_y，并且二者的关系为

$$\tan\alpha = \frac{F_x}{F_y} \tag{8-9}$$

由于滑块在竖直方向上始终保持受力平衡，即有

$$F_y = F_{N21} \tag{8-10}$$

联立式(8-5)、式(8-6)、式(8-9)和式(8-10)，可得驱动力的水平分力为

$$F_x = \frac{\tan\alpha}{\tan\varphi} F_{21} \tag{8-11}$$

2. 楔形面移动副

如图 8.5(a)所示，一夹角为 $2\theta(\theta<90°)$ 的楔形滑块 1 置于楔形面 2 中，滑块 1 在外力 F 的作用下沿楔形面所限定的方向匀速移动。

设两侧法向反力分别为 F_{N21}，竖直载荷为 G，则该结构的平面摩擦力为

$$F_{21} = 2fF_{N21} \tag{8-12}$$

由图 8.5(b)所示的力多边形可知

$$F_{N21} = \frac{G}{2\sin\theta} \tag{8-13}$$

将式(8-13)代入式(8-12)中，可得

$$F_{21} = f\frac{G}{\sin\theta} = \frac{f}{\sin\theta}G = f_v G$$

式中，$f_v = \frac{f}{\sin\theta}$ 称为当量摩擦系数。由于 $f_v = \frac{f}{\sin\theta} > f$，则楔形面产生的摩擦力恒大于平面产生的摩擦力。

如果滑块为圆柱形，在半圆柱楔形面所限定的方向匀速移动，如图 8.5(c)所示。因其接触面上各点的法向反力均沿径向方向，故总法向反力可表示为

$$F_{N21} = kG \tag{8-14}$$

式中，k 为与接触面接触情况有关的系数。当两接触面为点、线时，$k \approx 1$；当两接触面沿整个半圆周均匀接触时，$k = \pi/2$；其余情况下，k 介于上述两者之间。此时，总摩擦力 F_{21} 的大小为

$$F_{21} = fkG \tag{8-15}$$

令 $kf = f_v$，则有

$$F_{21} = f_v G \qquad (8-16)$$

式中，$f_v = \left(1 \sim \dfrac{\pi}{2}\right) f$，其值的大小与接触精度有关。

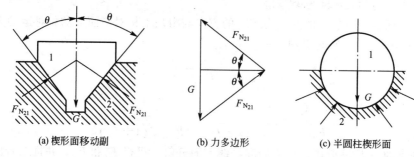

(a) 楔形面移动副   (b) 力多边形   (c) 半圆柱楔形面

图 8.5　楔形面移动副中的摩擦

3. 斜面移动副

如图 8.6(a)所示，滑块 1 在竖直载荷 G 及水平驱动力 F 的作用下匀速上升，斜面 2 对滑块的正压力为 $F_{N_{21}}$，摩擦力为 F_{21}，二者的合成总反力为 $F_{R_{21}}$，根据滑块的力平衡条件，可得

$$\vec{F} + \vec{G} + \vec{F_{R_{21}}} = 0 \qquad (8-17)$$

根据图 8.6(b)所示的力多边形可知，水平驱动力 F 和垂直载荷 G 之间的关系为

$$F = G\tan(\alpha + \varphi) \qquad (8-18)$$

滑块受到的总反力 $F_{R_{21}}$ 为

$$F_{R_{21}} = \sqrt{F^2 + G^2} \qquad (8-19)$$

将式(8-18)代入式(8-19)中，可得总反力为

$$F_{R_{21}} = G\sqrt{\tan^2(\alpha + \varphi) + 1} = \dfrac{G}{\cos(\alpha + \varphi)} \qquad (8-20)$$

如果滑块 1 沿斜面 2 匀速下滑，如图 8.6(c)所示，则根据图 8.6(d)所示的力多边形可以得出要保持滑块 1 匀速下滑的水平力 F 为

$$F = G\tan(\alpha - \varphi) \qquad (8-21)$$

由式(8-21)可以看出：在下滑过程中，若 $\alpha > \varphi$，则 F 为正值，是阻止滑块加速下滑的阻抗力，方向如图 8.6(c)中所示；若 $\alpha < \varphi$，则 F 为负值，其方向与图 8.6(c)所示方向相反，成为驱动力，促使滑块 1 沿斜面匀速下滑。

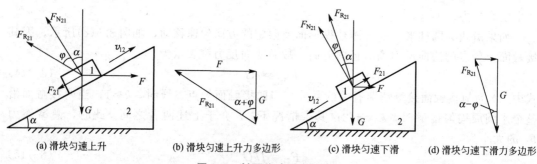

(a) 滑块匀速上升   (b) 滑块匀速上升力多边形   (c) 滑块匀速下滑   (d) 滑块匀速下滑力多边形

图 8.6　斜面移动副中的摩擦

螺旋副中摩擦力的确定

根据螺旋齿形不同,可将螺旋副分为矩形齿螺旋副和三角形齿螺旋副等多种。下面分别讨论矩形齿螺旋副和三角形齿螺旋副中的摩擦。

1. 矩形齿螺旋副中的摩擦

为了方便分析,将图 8.7(a)所示的矩形齿螺旋副中的螺母 1 简化为图 8.7(b)所示的滑块,其承受轴向载荷 G;由于螺旋可以看成是斜面缠绕在圆柱体上形成的,因此将矩形齿螺纹沿螺旋中径展开,形成图 8.7(b)所示的斜面,斜面底部长为螺纹中径处的圆周长,高度为螺旋副的导程 l。

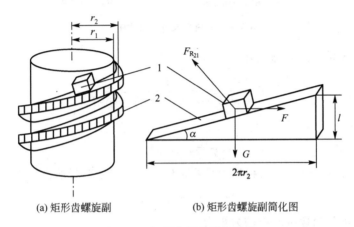

(a) 矩形齿螺旋副   (b) 矩形齿螺旋副简化图

图 8.7　矩形齿螺旋副的摩擦

当拧紧螺母时,相当于在滑块 1 上加一水平驱动力 F,使滑块沿斜面匀速向上滑动,水平驱动力可表示为

$$F = G\tan(\alpha + \varphi) \tag{8-22}$$

式中,α 为螺纹在中径处的升角;φ 为摩擦角。

拧紧螺母时所需的力矩为

$$M = Fr_2 = Gr_2\tan(\alpha + \varphi) \tag{8-23}$$

式中,$r_2 = \dfrac{d_2}{2}$,d_2 为螺纹中径。

当等速放松螺母时,相当于滑块沿斜面等速下降。此时,所需的力矩为

$$M' = Gr_2\tan(\alpha - \varphi) \tag{8-24}$$

2. 三角形齿螺旋副中的摩擦

在图 8.8(a)所示的三角形齿螺旋副中,齿型角为 2β,半角为 β,槽角为 2θ。将螺纹展开,形成图 8.8(b)所示的带半槽面的斜面,半角 β 与半槽角 θ 之和为 $90°$。斜面底长为螺纹中径处的圆周长。

当拧紧螺母时,相当于在滑块 1 上加一水平驱动力 F,使滑块沿斜槽面等速向上滑动;当放松螺母时,相当于滑块沿斜槽面等速向下滑动。

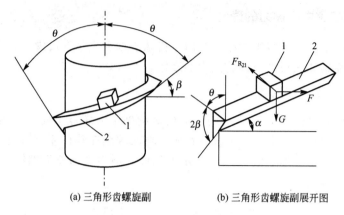

(a) 三角形齿螺旋副   (b) 三角形齿螺旋副展开图

图 8.8   三角形齿螺旋副的摩擦

利用当量摩擦系数的概念，有

$$f_\text{v} = \frac{f}{\sin\theta} = \frac{f}{\sin(90°-\beta)} = \frac{f}{\cos\beta} \tag{8-25}$$

当量摩擦角 φ_v 为

$$\varphi_\text{v} = \arctan f_\text{v} \tag{8-26}$$

利用式(8-25)、式(8-26)，再根据力平衡条件，可得拧紧螺母所需的力矩为

$$M = Gr_2\tan(\alpha+\varphi_\text{v}) \tag{8-27}$$

同理，可得出放松螺母所需的力矩为

$$M' = Gr_2\tan(\alpha-\varphi_\text{v}) \tag{8-28}$$

8.2.3   转动副中摩擦力的确定

两构件常用轴承形成转动副，转动轴端被轴承支撑的部分称为轴颈。根据受力状态的不同，轴颈可分为径向轴颈和止推轴颈两种。下面分别讨论它们的摩擦。

1. 径向轴颈的摩擦

径向轴颈所受载荷的作用方向沿径向方向，如图 8.9(a)所示。当轴颈在轴承中转动时，必将产生摩擦力来阻止其转动，把径向轴颈所承受的摩擦力称为径向轴颈摩擦力。下面介绍如何计算该摩擦力对轴颈所形成的摩擦力矩，以及如何确定考虑摩擦时转动副中总反力的方位。

假设轴颈 1 承受一径向载荷 N 作用，在驱动力偶矩 M_d 的驱动下，在轴承 2 中做匀速转动，如图 8.9(b)所示。此时，转动副两个元素之间必将产生摩擦力以阻止轴颈相对于轴承滑动，轴承 2 对轴颈 1 的摩擦力大小可表示为

$$F_{f_{21}} = f_\text{v}N \tag{8-29}$$

对于配合紧密且未经磨合的转动副，当量摩擦系数 $f_\text{v} = 1.57f$；经过磨合时，$f_\text{v} = 1.27f$；对于有较大间隙的转动副，$f_\text{v} = f$，其中 f 为运动副元素是平面时的摩擦系数。

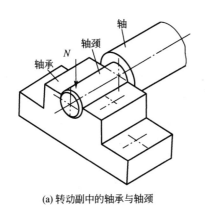
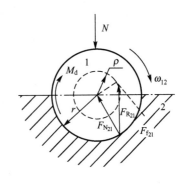

(a) 转动副中的轴承与轴颈　　　　　　　(b) 匀速运动的径向轴颈

图 8.9　径向轴颈的受力分析

摩擦力 $F_{f_{21}}$ 在轴颈上形成的摩擦力矩 M_f 为

$$M_f = F_{f_{21}} r = f_v N r \qquad (8-30)$$

当轴颈相对于轴承匀速转动时，根据轴颈 1 上的受力平衡条件可知：轴颈 1 上的总反力 $F_{R_{21}}$ 与径向载荷 N 是一对平衡力，即 $F_{R_{21}} = -N$；阻力矩与驱动力矩平衡，即 $M_d = -M_f$。设 N 与 $F_{R_{21}}$ 的距离为 ρ，则有

$$M_f = f_v N r = F_{R_{21}} \rho \qquad (8-31)$$

即

$$\rho = f_v r \qquad (8-32)$$

由于轴颈的 f_v、r 均为常数，因此 ρ 为定值。故把以轴颈中心 O 为圆心，以 ρ 为半径所作的圆称为摩擦圆［图 8.9(b) 中的虚线小圆］，ρ 称为摩擦圆的半径。由图可知，只要轴颈相对于轴承滑动，轴承对轴颈的总反力 $F_{R_{21}}$ 始终与该摩擦圆相切。

2. 止推轴颈的摩擦

止推轴颈所受载荷的作用方向沿轴线方向，如图 8.10(a) 所示。图 8.10(b) 所示为轴颈端面视图。在轴颈接触面的底平面半径为 ρ 处取微小环形面积 dS，则

$$dS = 2\pi\rho d\rho \qquad (8-33)$$

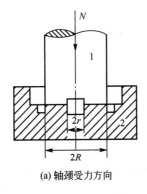
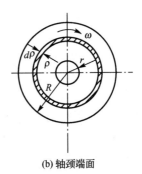

(a) 轴颈受力方向　　　　　　　　(b) 轴颈端面

图 8.10　止推轴颈的摩擦

设 dS 上的压强为 p，则微小环形面积上所受的正压力为

$$dF_N = pdS = 2\pi p\rho d\rho \qquad (8-34)$$

微小环形面积上的摩擦力为

$$\mathrm{d}F_\mathrm{f} = f\mathrm{d}F_\mathrm{N} = 2\pi f p\rho\mathrm{d}\rho \qquad (8-35)$$

因此，微小环形面积上的摩擦力矩为

$$\mathrm{d}M_\mathrm{f} = \rho\mathrm{d}F_\mathrm{f} = 2\pi f p\rho^2\mathrm{d}\rho \qquad (8-36)$$

整个轴端面所受的总摩擦力矩为

$$M_\mathrm{f} = \int_r^R \mathrm{d}M_\mathrm{f}\mathrm{d}S = 2\pi f\int_r^R p\rho^2\mathrm{d}\rho \qquad (8-37)$$

要解式(8-37)，需要分以下两种情况讨论。

(1) 未经磨合的止推轴颈。其轴端面压强 p 可近似认为是常数，则摩擦力矩的计算公式为

$$M_\mathrm{f} = \frac{2}{3}fN(R^3-r^3)/(R^2-r^2) \qquad (8-38)$$

(2) 经过磨合的止推轴颈。经过一段时间的工作后，由于磨损关系，轴端面与轴承接触面各处压强已不能认为处处相等。然而，由于轴端面与轴承接触面间处处为等磨损，因此可近似地认为 $p\rho$ 为常数，于是摩擦力矩的计算公式为

$$M_\mathrm{f} = \frac{1}{2}fN(R+r) \qquad (8-39)$$

由于轴端面上的压强分布不均，而 $p\rho$ 又为常数，因此在轴向载荷 N 的作用下，轴颈外圆周的压强相对较小，轴颈中心位置的压强非常大，极易磨损压溃。故对于需要承受较大载荷的轴颈来说，一般要做成中空的，如图 8.10(a)所示。

8.2.4 考虑运动副摩擦的机构力分析

当考虑运动副中的摩擦时，在力平衡状态下，移动副中的总反力与相对运动方向成 $(90°+\varphi)$ 角，转动副中的总反力要与摩擦圆相切。与静力分析相比，其总反力的方向发生了变化，但仍然符合力系的平衡条件。所以，在考虑摩擦的力分析时，只要正确判断出各构件运动副的受力方向，就可以应用理论力学中的静力分析方法解决问题。

考虑摩擦时，机构受力分析可以按如下步骤进行。

(1) 计算出摩擦角和摩擦圆半径，并画出摩擦圆。

(2) 从二力构件入手分析，根据构件受拉或受压及该构件相对于另一构件的转动方向，求出作用在该构件上的二力方向。

(3) 对有已知力作用的构件进行力分析。

(4) 对要求的力所在构件进行力分析。

掌握了对运动副中的摩擦分析的步骤后，就不难在考虑有摩擦的条件下，对机构进行力的分析了。下面通过举例予以说明。

【例 8.1】 图 8.11(a)所示为一曲柄滑块机构，已知各构件尺寸和主动曲柄的位置，各运动副中的摩擦系数均为 f，曲柄在力矩 M_1 的作用下沿 ω_1 方向转动。求图示位置时各运动副中的反力及作用在滑块 3 上的平衡力 F_r（各构件的质量及惯性力忽略不计）。

解：具体分析如下。

(1) 由于运动副中存在摩擦力，使总反力偏离原来不计摩擦时总反力的作用线。根据已知条件确定转动副的摩擦圆半径，并画出各转动副的摩擦圆[图 8.11(a)中的虚线圆]。

(2) 不计摩擦时，各转动副中的反力应通过转动中心。连杆 2 在 $F'_{R_{12}}$、$F'_{R_{32}}$ 的作用下

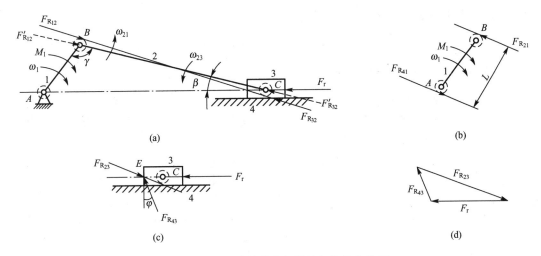

图 8.11　考虑摩擦的曲柄滑块机构的力分析

达到平衡，则 $F'_{R_{12}}$、$F'_{R_{32}}$ 为一对等值、反向、共线的力。根据曲柄 1 的运动方向及滑块 3 的受力方向，可以判断连杆 2 承受的压力。

（3）考虑摩擦时，总反力应切于摩擦圆。由于曲柄 1 和连杆 2 在转动副 B 处的夹角逐渐增大，则相对角速度为逆时针方向，又因连杆 2 受压力，所以 $F_{R_{12}}$ 应切于摩擦圆的上方；同理可判断 $F_{R_{32}}$ 应切于摩擦圆的下方。因为连杆 2 在 $F_{R_{12}}$、$F_{R_{32}}$ 的作用下仍处于平衡，所以二力的作用线应同时切于 B 处摩擦圆的上方和 C 处摩擦圆的下方。

（4）取曲柄 1 为研究对象，如图 8.11(b)所示，曲柄 1 在 $F_{R_{21}}$、$F_{R_{41}}$ 及 M_1 的作用下达到平衡。根据力平衡条件可知，$F_{R_{41}} = -F_{R_{21}}$。又因 $\omega_{14} = \omega_1$，为顺时针方向，所以 $F_{R_{41}}$ 应与 $F_{R_{21}}$ 平行且切于 A 处摩擦圆的下方。由力矩平衡，得

$$F_{R_{21}} = \frac{M_1}{L}$$

式中，L 为力 $F_{R_{21}}$ 和 $F_{R_{41}}$ 之间的力臂。

取滑块 3 为研究对象，如图 8.11(c)所示，滑块 3 受 F_r、$F_{R_{23}}$ 及 $F_{R_{43}}$ 三个力作用，并且三力应汇于一点。由于移动副中摩擦的存在，$F_{R_{43}}$ 的方向与 v_{34} 的方向成（$90° + \varphi$）角，并且交汇于力 F_r 和 $F_{R_{23}}$ 两方向线的交点 E 处。由滑块 3 的平衡条件，得

$$F_r + F_{R_{23}} + F_{R_{43}} = 0$$

根据上式，作力多边形[图 8.11(d)]，即可求出移动副中的反力 $F_{R_{43}}$ 及平衡力 F_r。因为 F_r 的方向与 v_{34} 相反，所以该平衡力为阻抗力。

8.3　机械效率与自锁

8.3.1　机械的效率

1. 机械效率的定义

在机械运转时，设作用在机械上的输入功（驱动功）为 W_d，输出功（有效功）为 W_r，损

失功为 W_f，在机械稳定工作时，有

$$W_d = W_r + W_f \qquad (8-40)$$

2. 机械效率的表达形式

1) 功或功率表达形式

机械输出功 W_r 与输入功 W_d 的比值称为机械效率，用 η 表示，它反映了输入功在机械中的有效利用程度。根据机械效率的定义可知

$$\eta = \frac{W_r}{W_d} = \frac{W_d - W_f}{W_d} = 1 - \frac{W_f}{W_d} \qquad (8-41)$$

用功率表示时

$$\eta = \frac{P_r}{P_d} = 1 - \frac{P_f}{P_d} \qquad (8-42)$$

式中，P_d、P_r、P_f 分别表示输入功率、输出功率及损失功率。

由于摩擦损失不可避免，因此 W_f 或 P_f 不可能为零。故机械效率 η 总是小于 1，并且随着 W_f 或 P_f 的增大而减小。因此，在设计机械时，应尽量减小机械中的磨损，提高机械效率。

2) 力或力矩表达形式

为了计算效率时方便，可以用力或力矩的形式来表达。图 8.12 所示为一机械传动装置的示意图。

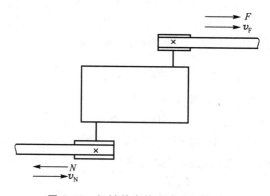

图 8.12　机械效率的力或力矩表达

机械的驱动力为 F，有效阻力为 N，F 和 N 的作用点沿该力作用线方向的分速度分别为 v_F 和 v_N，根据式 (8-42) 有

$$\eta = \frac{P_r}{P_d} = \frac{N v_N}{F v_F} \qquad (8-43)$$

假设该机械为理想机械（即不存在摩擦），为克服同样的有效阻力 N 所需的驱动力为 F_0（称为理想驱动力），则其效率 η_0 应为

$$\eta_0 = \frac{N v_N}{F_0 v_F} = 1 \qquad (8-44)$$

将式 (8-44) 代入式 (8-43) 中，得

$$\eta = \frac{F_0 v_F}{F v_F} = \frac{F_0}{F} \tag{8-45}$$

由式(8-45)可知：机械效率也等于不计摩擦时克服有效阻力所需的理想驱动力 F_0 与计摩擦时克服同样有效阻力所需的实际驱动力 F（F 与 F_0 的作用方向线相同）之比。

同理，机械效率也可用力矩之比的形式来表达，即

$$\eta = \frac{M_0}{M} \tag{8-46}$$

式中，M_0 和 M 分别表示为了克服同样的有效阻力所需的理想驱动力矩和实际驱动力矩。

综上所述，机械效率可以表示为

$$\eta = \frac{理想驱动力}{实际驱动力} = \frac{理想驱动力矩}{实际驱动力矩} \tag{8-47}$$

3. 机械系统的机械效率

前述机械效率及计算主要是指一个机构或一台机器的效率，对于由许多机构或机器组成的机械系统的机械效率，可以参考单台机器的机械效率来计算。计算时，要考虑各机构或机器的连接方式。根据连接方式的不同，机械系统可以分为串联、并联和混联三种，对应的机械效率计算也有三种不同的方法。

1）串联系统的机械效率

图 8.13 所示为由 k 台机器按顺序依次连接组成的机械系统，W_d 为机械系统的输入功，W_r 为机械系统的输出功。功传递的特点是前一台机器的输出功为后一台机器的输入功。各机器的效率分别为 η_1，η_2，η_3，…，η_k，则每台机器的机械效率分别为

$$\eta_1 = \frac{W_1}{W_d}, \quad \eta_2 = \frac{W_2}{W_1}, \quad \eta_3 = \frac{W_3}{W_2}, \quad \cdots, \quad \eta_k = \frac{W_k}{W_{k-1}}$$

机械系统的机械效率可表示为

$$\eta = \frac{W_k}{W_d}$$

根据每台机器机械效率计算公式的特点，可以发现

$$\eta_1 \cdot \eta_2 \cdot \eta_3 \cdot \cdots \cdot \eta_k = \frac{W_1}{W_d} \cdot \frac{W_2}{W_1} \cdot \frac{W_3}{W_2} \cdot \cdots \cdot \frac{W_k}{W_{k-1}} = \frac{W_k}{W_d} = \eta \tag{8-48}$$

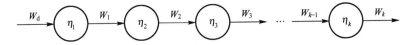

图 8.13 串联系统的机械效率

根据式(8-48)，可得出如下结论。

(1) 串联系统的机械效率等于组成该系统的各机器的机械效率的连乘积。

(2) 只要系统中有一台机器的效率比较低，则整个机械系统的机械效率就极低。

(3) 由于每台机器的机械效率都小于1，相乘后会更小，即有

$$\eta < \eta_i \, (i=1, 2, 3, \cdots, k)$$

(4) 串联的机器越多，系统的机械效率就越低。

2）并联系统的机械效率

图 8.14 所示为由 k 台机器并联组成的机械系统。各机器的输入功分别为 W_1，W_2，W_3，$\cdots$，W_k，输出功分别为 W'_1，W'_2，W'_3，$\cdots$，W'_k。并联系统功传递的特点是系统的总输入功 W_d 为各机器的输入功之和，其总输出功 W_r 为各机器的输出功之和。

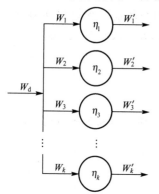

图 8.14 并联系统的机械效率

总输入功为

$$W_d = W_1 + W_2 + W_3 + \cdots + W_k$$

总输出功为

$$W_r = W'_1 + W'_2 + W'_3 + \cdots + W'_k$$
$$= W_1 \eta_1 + W_2 \eta_2 + W_3 \eta_3 + \cdots + W_k \eta_k$$

则机械系统的机械效率为

$$\eta = \frac{W_r}{W_d} = \frac{W_1 \eta_1 + W_2 \eta_2 + W_3 \eta_3 + \cdots + W_k \eta_k}{W_1 + W_2 + W_3 + \cdots + W_k} \qquad (8-49)$$

根据式(8-49)，可得出如下结论。

（1）机械系统的总效率不仅与各机器的机械效率有关，还与各机器所传递的功率大小有关。

（2）机械系统总效率的值处于各机器中效率的最小值和最大值之间，即

$$\eta_{\min} < \eta < \eta_{\max}$$

（3）若各机器的效率相等，则总效率与每个机器的效率相等。此时，总效率与并联的机器数目 k 无关。

（4）机械系统的总效率主要取决于传递功最大的机器的效率。因此，要提高并联系统的机械效率，应重点优化传递功最大的机器的传递路线。

3）混联系统的机械效率

图 8.15 所示为兼有串联和并联的混联系统。系统的总效率根据具体的组合方式而定。首先要弄清输入功至输出功的传递路线，然后计算出总的输入功 $\sum W_d$ 和总的输出功 $\sum W_r$，则系统的总效率表示为

$$\eta = \frac{\sum W_r}{\sum W_d} \qquad (8-50)$$

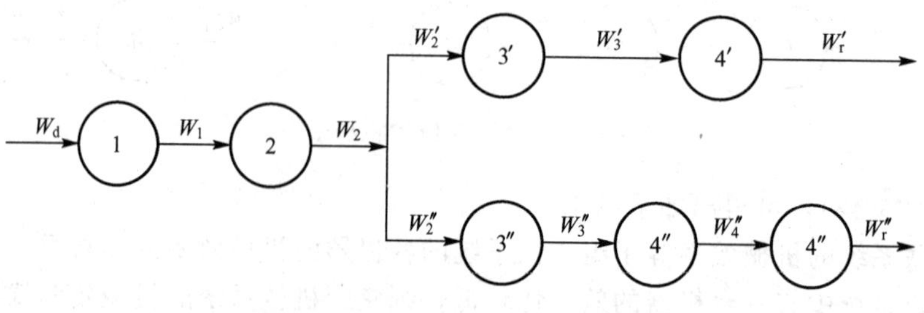

图 8.15 混联系统的机械效率

还可以分别计算出串联部分的机械效率 η' 和并联部分的机械效率 η''，则系统的总效率可表示为

$$\eta = \eta' \cdot \eta'' \tag{8-51}$$

8.3.2 机械的自锁

机械在实际运行过程中，由于摩擦力的存在，有时会出现无论施加多大的驱动力，都无法使机械运动（或使运动逐渐减弱）的现象，这种现象称为自锁。

自锁现象在实际生产、生活中具有重要的意义。一方面，在设计机构时，为了使机构能够实现预期的运动，就必须避免该机构在所需的运动方向上发生自锁；另一方面，有一部分机构的工作就是利用了机构的自锁特性。例如，图 8.16 所示为手摇式螺旋千斤顶，当转动手柄 6 将重物 4 举起后，要保证不论重物 4 的重量多大，都不会驱动螺母 5 反转，致使重物 4 自行降落下来，即要求该千斤顶在重物 4 的重力作用下具有自锁性。机械为什么会发生自锁现象？下面讨论机构发生自锁的条件。

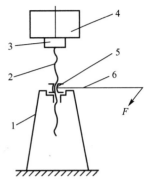

图 8.16 机构的自锁特性
1—底座；2—螺杆；3—安全板；
4—重物；5—螺母；6—手柄

1. 机构自锁的条件

机构在运动过程中，运动副中的摩擦力不可避免地要做功，即 $W_f \neq 0$，损失率（即摩擦所做的损失功与输入功之比）可表示为 $\xi = \dfrac{W_f}{W_d}$，则有

$$\eta + \xi = 1 \tag{8-52}$$

故

$$\eta < 1 \tag{8-53}$$

由式（8-41）可知如下内容。

（1）当 $W_f = W_d$ 时，$\eta = 0$。此时存在以下两种可能。

① 若机器原来就在运动，则它仍能运动，但此时 $W_r = 0$。因此，机器不做任何有用的功，机器的这种运动称为空转。

② 若机器原来就不动，无论驱动力为多大，它所做的功（输入功）总是刚好等于摩擦力所做的功，没有多余的功可以驱动机器运动。因此，机器总是不能运动，即发生了自锁。

（2）当 $W_d < W_f$ 时，$\eta < 0$。此时，机器必定发生自锁。

综合上述两种情况可以得出机器自锁的条件为

$$\eta \leqslant 0 \tag{8-54}$$

其中，当 $\eta = 0$ 时，为有条件自锁。

2. 自锁机构的实例分析

1）偏心夹具

图 8.17 所示为一偏心夹具，1 为偏心圆盘，2 为工件，3 为夹具体。当用外力 F 压下偏心圆盘的手柄时，能将工件夹紧，实行加工。当撤掉外力 F 后，夹具不会自动松开，即要求该偏心夹具具有自锁性。在图 8.17 中，A 为偏心圆盘的几何中心，偏心圆盘的外径为 D，偏心距为 e，偏心圆盘轴颈的摩擦圆半径为 ρ，确定该偏心夹具的自锁条件。

当作用在手柄上的力 F 去除后，夹具不松开，则必须使反力 $F_{R_{21}}$ 与以 ρ 为半径的摩擦圆相切或相割（图 8.17 中的虚线小圆为轴颈的摩擦圆），即有式（8-55）成立。

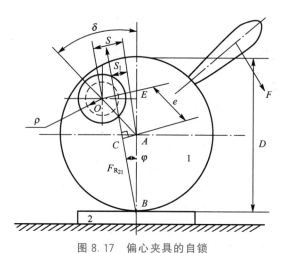

图 8.17 偏心夹具的自锁

1—偏心圆盘；2—工件；3—夹具体

$$S-S_1 \leqslant \rho \qquad (8-55)$$

在 Rt$\triangle BAC$ 中有

$$S_1 = \overline{AC} = \frac{D\sin\varphi}{2} \qquad (8-56)$$

在 Rt$\triangle AEO$ 中有

$$S = \overline{OE} = e\sin(\delta-\varphi) \qquad (8-57)$$

将式(8-56)和式(8-57)代入式(8-55)中，可得

$$e\sin(\delta-\varphi) - \frac{D\sin\varphi}{2} \leqslant \rho \qquad (8-58)$$

这就是偏心夹具的自锁条件。

2）斜面压榨机

图 8.18(a)所示为一斜面压榨机。设备各接触平面之间的摩擦系数均为 $f(f = \tan\varphi)$。通过在滑块 4 上施加的外力 F，可以将物体 1 压紧。G 为被压紧物体 1 对滑块 4 的反作用力。当外力 F 撤掉后，该机构在力 G 的作用下，具有自锁性。下面来分析其自锁条件。

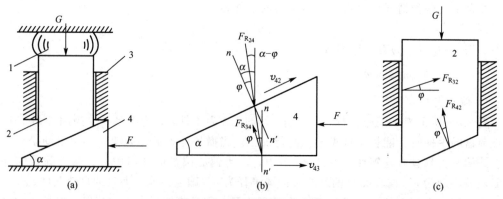

图 8.18 斜面压榨机的自锁

1—物体；2、4—滑块；3—导路

为了确定压榨机在力 G 作用下的自锁条件，可先求出当 G 为驱动力时，压榨机的阻抗力 F。取滑块 2 和 4 为研究对象，如图 8.18(b) 和图 8.18(c) 所示。分别列出两构件的力平衡方程，即

$$\vec{G}+\vec{F_{R_{32}}}+\vec{F_{R_{42}}}=0$$
$$\vec{F}+\vec{F_{R_{24}}}+\vec{F_{R_{34}}}=0$$

由正弦定理，有

$$G=F_{R_{42}}\cos(\alpha-2\varphi)/\cos\varphi$$
$$F=F_{R_{24}}\sin(\alpha-2\varphi)/\cos\varphi$$

又因为 $F_{R_{24}}=F_{R_{42}}$，所以有

$$F=G\tan(\alpha-2\varphi)$$

令 $F\leqslant 0$，得

$$\tan(\alpha-2\varphi)\leqslant 0$$

即得压榨机自锁的条件为

$$\alpha\leqslant 2\varphi \tag{8-59}$$

3）凸轮机构的推杆

图 8.19(a) 所示为凸轮机构的推杆，在凸轮推动力 F 作用下，沿固定导轨 1 向上运动，接触面间的摩擦系数为 f。为了避免在凸轮的运动过程中，推杆发生自锁，确定固定导轨的长度 l 应满足的条件（忽略推杆自重）。

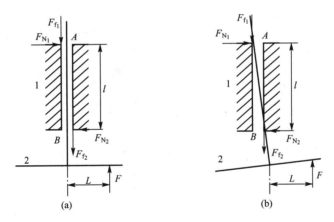

图 8.19　凸轮机构的推杆的自锁
1—导轨；2—推杆

凸轮运动时，推杆在推动力 F 的作用下将发生倾斜，如图 8.19(b) 所示，此时推杆与导轨在 A、B 两点接触，在该两点将产生正压力 F_{N_1}、F_{N_2} 和摩擦力 F_{f_1}、F_{f_2}。由推杆水平方向受力平衡可得

$$F_{N_1}=F_{N_2}$$

根据力矩平衡条件可知，所有的力在 A 点的力矩之和为零，即

$$F_{N_1}l=FL$$

要使推杆不发生自锁，必须满足

$$F > F_{f1} + F_{f2} = 2fF_{N_1} = 2fFL/l$$

整理，得

$$l > 2fL \qquad\qquad (8-60)$$

习　　题

1. **填空题**

8-1　对机构进行力分析的目的：①_____；②_____。

8-2　设机器中的实际驱动力为 P，在同样的有效阻力和不考虑摩擦时的理想驱动力为 P_0，则机器效率的计算式是 $\eta=$ _____。

8-3　设螺纹的升角为 λ，接触面的当量摩擦因数为 f_v，则螺旋副自锁的条件是 _____。

8-4　在滑动摩擦系数相同条件下，槽面摩擦比平面摩擦大，其原因是 _____。

2. **选择题**

8-5　风力发电机中的叶轮受到流动空气的作用力，此力在机械中属于 _____。

A. 驱动力 　　　　　　　　　　　B. 有效阻力

C. 有害阻力 　　　　　　　　　　D. 惯性力

8-6　在空气压缩机工作过程中，气缸中往复运动的活塞受到压缩空气的压力，此压力属于 _____。

A. 驱动力 　　　　　　　　　　　B. 有效阻力

C. 有害阻力 　　　　　　　　　　D. 惯性力

8-7　对于考虑摩擦的转动副，轴颈在加速、等速、减速不同状态下运转时，其总反力的作用线 _____ 切于摩擦圆。

A. 都不可能 　　　　　　　　　　B. 不全是

C. 一定都

8-8　三角螺纹的摩擦力 _____ 矩形螺纹的摩擦力。因此，前者多用于 _____。

A. 小于 　　　　　　　　　　　　B. 等于

C. 大于 　　　　　　　　　　　　D. 传动

E. 紧固连接

8-9　如图8.20所示，轴颈1在驱动力矩 M_d 的作用下匀速运转，Q 为载荷，图中半径为 ρ 的虚线圆为摩擦圆，则轴2作用在轴颈1上的总反力 $F_{R_{21}}$ 应是图中所示的 _____ 作用线。

A. A 　　　　　　　　　　　　　B. B

C. C 　　　　　　　　　　　　　D. D

E. E

8-10　在题8-9中，若轴颈1在驱动力矩 M_d 的作用下加速运转，则轴颈所受总反力 $F_{R_{21}}$ 应是图中所示的 _____ 作用线。

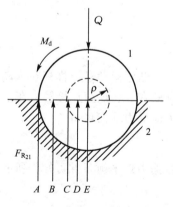

图8.20　题8-9图

A. A B. B

C. C D. D

E. E

3. 简答题

8-11 机械效率的定义是什么?

8-12 分别列举实际工程中有效阻力和驱动力的例子。

4. 分析计算题

8-13 在图 8.21 所示的双滑块机构中,转动副 A 与 B 处的虚线圆为摩擦圆,在滑块 1 上加水平力 F 驱动滑块 3 向上运动。试在图上画出构件 2 所受作用力的作用线。

8-14 在图 8.22 所示的曲柄滑块机构中,构件 1 为主动件,虚线圆为摩擦圆,移动副中的摩擦角 $\varphi = 10°$,F_R 为有效阻力。

(1) 试在图上画出各运动副处的反力。

(2) 求出应加于构件 1 上的平衡力矩 M_b(写出计算式并说明方向)。

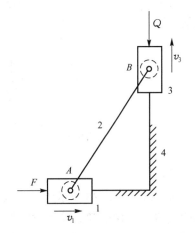

图 8.21 题 8-13 图

8-15 图 8.23 所示为一杠杆机构。A、B 处虚线圆为摩擦圆。试用图解法画出在驱动力 F 的作用下提起重量为 W 的重物时,约束总反力 $F_{R_{21}}$、$F_{R_{31}}$ 的作用线。

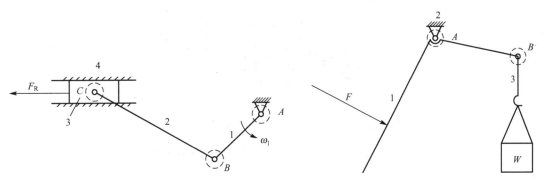

图 8.22 题 8-14 图   图 8.23 题 8-15 图

8-16 如图 8.24 所示的铰链四杆机构中,设构件 1 为主动件,F 为驱动力,虚线圆为摩擦圆。试确定机构在图示位置时,运动副 B、C、D 中的总反力(直接画在本图上)。并判断机构在外力 F 的作用下能否运动? 为什么?

8-17 图 8.25 为一焊接用的楔形夹具,1、$1'$ 为焊接工件,2 为夹具体,3 为楔块,各接触面间摩擦系数均为 f。

(1) 作出楔块在夹紧力作用下向外退出时的受力图及力多边形,并写出阻力 F 的计算式。

(2) 推导楔块向外推出时的自锁条件。

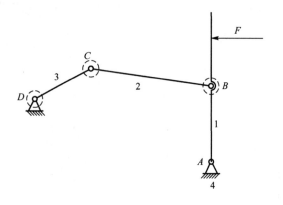

图 8.24 题 8-16 图

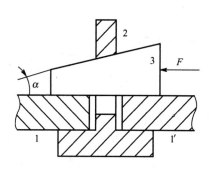

图 8.25 题 8-17 图

1、1′—焊接工件；2—夹具体；3—楔块

8-18 图 8.26 所示为一带式运输机。由电动机 1 经带传动及一个两级齿轮减速器带动运输带 8。设已知运输带所需的牵引力 $F=5500\text{N}$，运送速度 $v=1.2\text{m/s}$。带传动(包括轴承)的效率 $\eta_1=0.95$，每对齿轮(包括其轴承)的效率 $\eta_2=0.97$，运输带的机械效率 $\eta_3=0.92$。试求该系统的总效率 η 及电动机所需的功率。

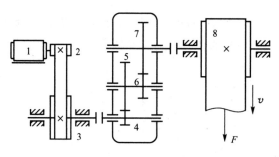

图 8.26 题 8-18 图

1—电动机；2、3—带轮；4～7—齿轮；8—运输带

8-19 已知图 8.27 所示斜面机构的倾斜角 α 和滑动摩擦系数 f，滑块在驱动力 F 作用下克服载荷 G 上升。

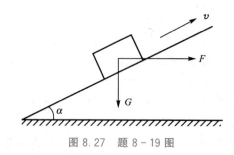

图 8.27 题 8-19 图

(1) 标出总反力 F_R 的作用线及方向。

(2) 作出力多边形。

（3）写出力关系式。

（4）写出效率计算式。

8－20 图 8.28 所示为破碎机在破碎物料时的机构位置图，破碎物料 4 假设为球形。已知各转动副处的摩擦圆（以虚线圆表示）及滑动摩擦角 φ 如图所示。

（1）试在图中画出各转动副处反力及物料作用于构件 3 上反力的作用线及方向。

（2）推导物料不被向外挤出（即自锁）时的 θ 角条件。

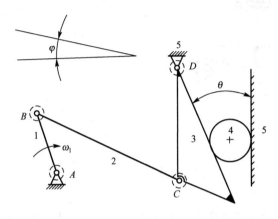

图 8.28 题 8－20 图

第9章

机械的平衡

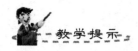

教学提示

　　机械的平衡要解决的问题是设法消除或减小在机械运动中构件所产生的不平衡惯性力和惯性力偶矩。本章主要介绍刚性回转构件的平衡原理和计算方法(静平衡和动平衡)，以及平面连杆机构的平衡方法(完全平衡法和部分平衡法)。

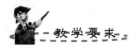

教学要求

　　重点掌握刚性回转构件的静平衡和动平衡的平衡原理及计算方法。
　　了解平衡试验及平面连杆机构的平衡方法。

9.1 机械平衡的目的和内容

9.1.1 机械平衡的目的

机械在运转过程中，运动构件产生的惯性力和惯性力矩将会在运动副中引起附加的动压力，从而增大构件的内应力和运动副中的摩擦，加剧运动副的磨损，降低机械效率和使用寿命。同时，这些惯性力及惯性力矩的大小和方向一般都随机械运转而周期性变化，并传到机架上，使机械及其基础产生强迫振动。这种振动不仅会导致机械的工作精度和可靠性下降，还会产生噪声污染。一旦振动频率接近机械系统的固有频率，将会引起共振，使机械难以正常工作，严重时将危及周围的建筑和人员的安全。因此，设法使惯性力和惯性力矩得到平衡或部分平衡，以消除或减轻它的不良影响，对改善机械的工作性能，提高机械效率并延长其使用寿命，都具有重要的意义，尤其对于那些高速运行机械或精密机械就更重要。这就是研究机械平衡的目的。

有一些机械则是利用构件产生的不平衡惯性力所引起的振动来帮助我们工作，如振动打桩机、振动运输机、蛙式打夯机、振动压路机、按摩机等。

9.1.2 机械平衡的内容

机械中各活动构件的结构及运动形式是不同的，其所产生的惯性力及惯性力矩的情况和平衡的方法也不同。一般可将机械的平衡问题分为回转件的平衡和机构的平衡两类。

1. 回转件的平衡

机械中绕某一固定轴线回转的构件称为回转构件，简称回转件。汽轮机、发电机、电动机等都是回转件作为工作的主体。当回转件的质量分布不均匀，或由于制造误差而造成质心与回转轴线不重合时，在转动过程中，将产生离心惯性力。这类回转件的惯性力可以利用在构件上增加或除去部分质量的方法得以平衡。这类回转件又分为刚性回转件和挠性回转件两种。

1）刚性回转件的平衡

在机械中，那些工作转速较低，共振转速较高，刚性较好，运转过程中产生的弹性形变很小的回转件，称为刚性回转件。其平衡原理是基于理论力学中力系平衡理论进行的。当仅使其惯性力得到平衡时，称为回转件的静平衡。若同时使惯性力和惯性力矩得到平衡，则称为回转件的动平衡。刚性回转件的平衡是本章主要介绍的内容。

2）挠性回转件的平衡

在机械中，那些工作转速很高，质量和跨度很大，径向尺寸较小，运转过程中在离心惯性力的作用下产生明显的弯曲变形的回转件，称为挠性回转件，如航空涡轮发动机、汽轮机、发电机等中的大型回转件。关于挠性回转件的平衡，已属于专门学科研究的问题，故本章将不涉及。

2. 机构的平衡

机械中做往复移动或平面复合运动的构件，所产生的惯性力无法在该构件上平衡，而必须就整个机构加以研究。所有活动构件的惯性力和惯性力矩可以合成一个总惯性力和总惯性力矩作用在机架上，设法平衡或部分平衡这个总惯性力和总惯性力矩对机架产生的附加动压力，消除或减小机架上的振动，这种平衡称为机构在机架上的平衡，或简称机构的平衡。

9.2　刚性回转件平衡原理及方法

对于刚性回转件，由于其在结构设计时的某些需要、所选材料材质的不均匀、制造或安装时的误差等，都有可能造成回转件不平衡。因此，在机械设计过程中，还要对这类回转件进行平衡设计，利用在回转件上加减配重的方法，使回转件上的惯性力和惯性力偶矩达到平衡。

9.2.1　静平衡

1. 静平衡原理

对于轴向尺寸较小的盘状回转件(回转件的直径 d 与轴向宽度 b 之比称为径宽比，即 $d/b \geqslant 5$)，如齿轮、盘形凸轮、带轮、链轮及叶轮等，可近似地认为其质量分布在垂直于其回转轴线的同一平面内。在此情况下，由于其质心不在回转轴线上，在静态时回转件不能在任意位置静止；在转动时，其偏心质量就会产生惯性力，故称其为静不平衡。刚性回转件的静平衡原理，就是利用在刚性回转件上加减平衡质量的方法，使其质心与回转轴心重合，从而使回转件的惯性力得以平衡。

2. 静平衡方法

对于结构上回转轴线不对称的回转件，设计时应先根据结构定出其偏心质量的大小及位置，然后计算为平衡这些偏心质量所产生的惯性力而应加平衡质量的大小及配置位置，并将该平衡质量加在该回转件上，使回转件达到静平衡。其具体计算方法如下。

图 9.1 所示为一盘状零件，其上有凸台，其具有偏心质量 m_1、m_2 及 m_3，它们各自的回转半径分别为 r_1、r_2、r_3，其方位如图所示。当此回转件以等角速度 ω 回转时，各偏心质量所产生的离心惯性力为

$$\vec{F_i} = m_i \omega^2 \vec{r_i}, \quad i = 1, 2, 3 \tag{9-1}$$

式中，$\vec{r_i}$ 表示第 i 个偏心质量的矢径。

为平衡这些离心惯性力，可在此回转件上加上平衡质量 m_b，使其所产生的离心惯性力 $\vec{F_b}$ 与各偏心质量的离心惯性力 $\vec{F_1}$、$\vec{F_2}$、$\vec{F_3}$ 相平衡。由于这些惯性力形成平面汇交力系，因此得平衡条件为

$$\sum \vec{F} = \sum \vec{F_i} + \vec{F_b} = 0 \tag{9-2}$$

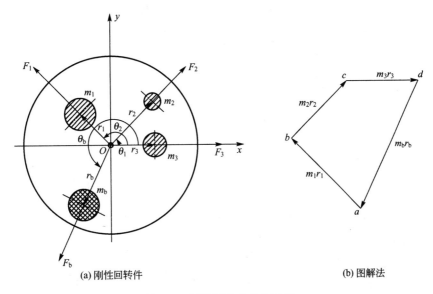

(a) 刚性回转件　　　　　　　　　　(b) 图解法

图 9.1　刚性回转件的静平衡

即
$$\vec{F_1}+\vec{F_2}+\vec{F_3}+\vec{F_b}=0$$
$$\vec{F_b}=m_b\omega^2\vec{r_b}$$

设 r_b 为平衡质量 m_b 的回转半径，则式(9-2)可转化为

$$m_1\omega^2\vec{r_1}+m_2\omega^2\vec{r_2}+m_3\omega^2\vec{r_3}+m_b\omega^2\vec{r_b}=0$$

或
$$m_1\vec{r_1}+m_2\vec{r_2}+m_3\vec{r_3}+m_b\vec{r_b}=0 \qquad (9-3)$$

式中，$m_i\vec{r_i}$ 称为质径积，为矢量。

式(9-3)说明，刚性回转件静平衡条件为各不平衡质量质径积及所加平衡质量质径积的矢量和等于零。需安装的平衡质量 m_b 的大小和位置，可用图解法或解析法求解。

1) 用图解法求平衡质量

如图 9.1(b)所示，选定比例尺 $\mu_F\left(\dfrac{\text{质径积}}{\text{图示尺寸}}=\dfrac{\text{kg}\cdot\text{mm}}{\text{mm}}\right)$，从任意点 a 开始按矢径 $\vec{r_1}$、$\vec{r_2}$、$\vec{r_3}$ 的方向连续作矢量 $\vec{ab}$、$\vec{bc}$、$\vec{cd}$ 分别代表质径积 $m_1\vec{r_1}$、$m_2\vec{r_2}$、$m_3\vec{r_3}$，而矢量 $\vec{da}$ 即代表平衡质径积 $m_b\vec{r_b}$，得

$$m_b r_b=\mu_F\cdot\overline{da} \qquad (9-4)$$

当根据回转件的结构选定平衡质量安装半径 r_b 值后，即可由式(9-4)求出平衡质量 m_b 的大小，而其位置则由图 9.1(b)中矢量 $\vec{da}$ 的指向来确定。采用增加平衡重法来平衡回转件时，图 9.1(a)中 m_b 为应加的平衡质量及位置。

有时，根据回转件的结构条件也可在应加平衡质量的相反方向采用去掉平衡质量的方法使回转件得到平衡，并保证去掉部分的质径积为 $m_b\vec{r_b}$。

2) 用解析法求平衡质量

设第 i 个质量 m_i 的质径积矢量 $m_i\vec{r_i}$ 及平衡质量 m_b 的质径积矢量 $m_b\vec{r_b}$ 与 x 轴正向的夹角

分别为 θ_i、θ_b，将式(9-3)中各质径积矢量向 x 轴、y 轴投影，有 $\sum F_x = 0$，$\sum F_y = 0$，即

$$\begin{cases} m_1 r_1 \cos\theta_1 + m_2 r_2 \cos\theta_2 + m_3 r_3 \cos\theta_3 + m_b r_b \cos\theta_b = 0 \\ m_1 r_1 \sin\theta_1 + m_2 r_2 \sin\theta_2 + m_3 r_3 \sin\theta_3 + m_b r_b \sin\theta_b = 0 \end{cases} \tag{9-5}$$

同理，若回转件上有 n 个不平衡质量，则式(9-5)可写为

$$\begin{cases} (m_b r_b)_x = m_b r_b \cos\theta_b = -\sum_{i=1}^{n} m_i r_i \cos\theta_i \\ (m_b r_b)_y = m_b r_b \sin\theta_b = -\sum_{i=1}^{n} m_i r_i \sin\theta_i \end{cases} \tag{9-6}$$

解式(9-6)，可求出应在回转件上增加的平衡质径积 $m_b r_b$ 为

$$m_b r_b = \sqrt{(m_b r_b)_x^2 + (m_b r_b)_y^2} \tag{9-7}$$

选定加平衡质量的半径 r_b 后，可由式(9-7)求出所需加的平衡质量 m_b，而其方位角 θ_b 为

$$\theta_b = \arctan \frac{(m_b r_b)_y}{(m_b r_b)_x} \tag{9-8}$$

根据式(9-8)中，分子及分母的正负号可判别方位角 θ_b 所在的象限，见表 9-1。

表 9-1 方位角 θ_b 的象限

分　子	＋	＋	－	－
分　母	＋	－	－	＋
象　限	Ⅰ	Ⅱ	Ⅲ	Ⅳ

综上所述，对于静不平衡的回转件进行静平衡设计时，不论它有多少个不平衡质量，只需要在同一个平面内增加(或在相反的方向上除去)一个平衡质量即可获得静平衡，故静平衡又称单面平衡。

9.2.2　动平衡

1. 动平衡原理

对于轴向尺寸较大的回转件(径宽比 $d/b < 5$)，如图 9.2(a)所示内燃机的曲轴，其质量就不能再视为分布在同一平面内了。不平衡质量是分布在若干个互相平行的回转平面内的，如图 9.2(b)所示。在这种情况下，即使回转件的质心 S 在回转轴线上，如图 9.3 所示，其达到了静平衡，但由于回转件转动时，各偏心质量所产生的离心惯性力不在同一回转平面内，因而将形成惯性力矩，造成不平衡。这种不平衡现象，只有在回转件运动的情况下才能显示出来，故称其为动不平衡。刚性回转件要达到动平衡，不仅要求平衡各偏心质量产生的惯性力，而且要求平衡这些惯性力所形成的惯性力矩。

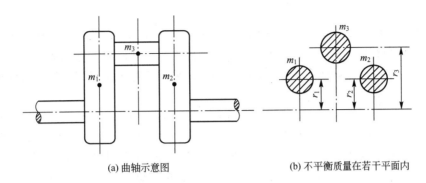

（a）曲轴示意图　　　　　　　（b）不平衡质量在若干平面内

图 9.2　内燃机曲轴

2. 动平衡方法

对于结构上回转轴线不对称且轴向尺寸较大的回转件，在设计时应先根据其结构确定出在各个不同的回转平面内的偏心质量的大小和位置，然后根据这些偏心质量的分布情况，计算为使该回转件得到动平衡在不同的平衡基面上所应加的平衡质量的大小及位置，并将这些平衡质量加于平衡基面上，以使回转件达到动平衡。

图 9.4(a)所示的长回转件，具有偏心质量 m_1、m_2、m_3，并分别位于平面 1、2、3 内，其回转半径为 r_1、r_2、r_3，方位如图所示。当回转件以等角速度 ω 回转

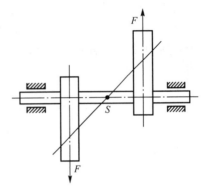

图 9.3　质心在轴线上的回转件

时，它们产生的惯性力 F_1、F_2、F_3 将形成一空间力系。故回转件的动平衡条件是，各偏心质量 m_i（包括平衡质量 m_b）产生的惯性力的矢量和为零，以及这些惯性力所构成的力矩矢量和也为零，即表达如下。

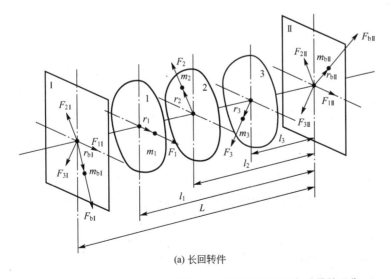

（a）长回转件

（b）平衡基面 I 的封闭矢量图

（c）平衡基面 II 的封闭矢量图

图 9.4　不同回转平面内质量的平衡

$$\sum \overrightarrow{F} = 0; \quad \sum \overrightarrow{M} = 0 \tag{9-9}$$

若回转件上不平衡质量分布在较少的几个面上(三个以下),并且在这些面上允许安装平衡质量,可以将这些面上的不平衡质量分别加以平衡,则该回转件总体上也能达到动平衡。但当回转件上不平衡的质量分布的面较多时,采用这种每面分别平衡的方法既费力又费时,工程上一般不采用这种方法。

由理论力学可知,一个力可以分解为与它相平行的两个分力。因此,可以根据该回转件的结构,选定两个平衡基面Ⅰ及Ⅱ(可在这两个面上增加或除去平衡质量),并将各个离心惯性力分解到平衡基面Ⅰ及Ⅱ内,即将 F_1、F_2、F_3 分解为在平衡基面Ⅰ内的 $F_{1Ⅰ}$、$F_{2Ⅰ}$、$F_{3Ⅰ}$ 及在平衡基面Ⅱ内的 $F_{1Ⅱ}$、$F_{2Ⅱ}$、$F_{3Ⅱ}$。这样,就把空间力系的平衡问题转化为两个平衡基面上的汇交力系的平衡问题。显然,只要在平衡基面Ⅰ及Ⅱ内各加一个平衡质量,使两个平衡基面内的惯性力之和均等于零,这个构件就完全平衡了。

至于两个平衡基面Ⅰ及Ⅱ内的平衡质量 $m_{bⅠ}$ 及 $m_{bⅡ}$ 的大小及位置的确定,可在两个平衡基面内分别采用静平衡的图解法或解析法求解。例如,就平衡基面Ⅰ而言,平衡条件为

$$\overrightarrow{F_{1Ⅰ}} + \overrightarrow{F_{2Ⅰ}} + \overrightarrow{F_{3Ⅰ}} + \overrightarrow{F_{bⅠ}} = 0$$

式中,$F_{bⅠ}$ 为平衡质量 $m_{bⅠ}$ 产生的离心惯性力。而各力的大小分别为

$$F_{1Ⅰ} = F_1 \frac{l_1}{l} = m_1 r_1 \omega^2 \frac{l_1}{l}$$

$$F_{2Ⅰ} = F_2 \frac{l_2}{l} = m_2 r_2 \omega^2 \frac{l_2}{l}$$

$$F_{3Ⅰ} = F_3 \frac{l_3}{l} = m_3 r_3 \omega^2 \frac{l_3}{l}$$

$$F_{bⅠ} = m_{bⅠ} r_{bⅠ} \omega^2$$

将各力的大小代入平衡条件式并消去 ω^2,得

$$m_1 r_1 \frac{l_1}{l} + m_2 r_2 \frac{l_2}{l} + m_3 r_3 \frac{l_3}{l} + m_{bⅠ} r_{bⅠ} = 0 \tag{9-10}$$

如用图解法求解,则可选定比例尺 μ_F,按矢径 $\overrightarrow{r_1}$、$\overrightarrow{r_2}$、$\overrightarrow{r_3}$ 的方向作平衡基面Ⅰ的封闭矢量图 [图9.4(b)],可得质径积 $m_{bⅠ} \overrightarrow{r_{bⅠ}}$ 的大小。适当选定 $r_{bⅠ}$ 后,即可由式(9-10)求出平衡质量 $m_{bⅠ}$ 的大小。而平衡质量的位置,则在该矢径 $\overrightarrow{r_{bⅠ}}$ 的方向上。至于平衡基面Ⅱ内的平衡质量 $m_{bⅡ}$ 的大小和位置,可用同样方法确定,如图9.4(c)所示。同样也可在两个平衡基面上用解析法求解。

由以上分析可知,对于任何动不平衡的刚性回转件,无论其不平衡质量分布在几个不同的回转平面内,只需要在任选的两个平衡基面内分别加上或除去一个适当的平衡质量,即可得到完全平衡,故动平衡又称双面平衡。

平衡基面的选取需要考虑回转件的结构和安装空间,以便于安装或除去平衡质量。此外,还要考虑力矩平衡的效果,两平衡基面间的距离要适当大些。同时在条件允许的情况下,将平衡质量的矢径 $\overrightarrow{r_b}$ 可取大一些,力求减小平衡质量 m_b。

【**例 9.1**】 图 9.5(a)所示的回转件上有 4 个偏心质量，大小分别为 $m_1=10\text{kg}$、$m_2=15\text{kg}$、$m_3=20\text{kg}$、$m_4=10\text{kg}$，它们的回转半径分别为 $r_1=40\text{cm}$、$r_2=r_4=30\text{cm}$、$r_3=20\text{cm}$，位置如图 9.5(b)所示。若置平衡基面 I 及 II 中的平衡质量 m_{bI} 及 m_{bII} 的回转半径均为 50cm，试分别用图解法和解析法求解 m_{bI} 及 m_{bII} 的大小和方位（$l_1=l_2=l_3$）。

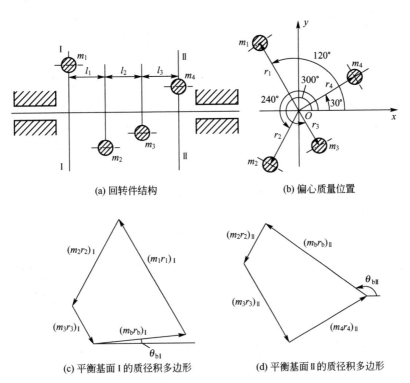

(a) 回转件结构　　　　　　　　(b) 偏心质量位置

(c) 平衡基面 I 的质径积多边形　　　(d) 平衡基面 II 的质径积多边形

图 9.5　回转件的动平衡

解： 求出各不平衡质量的质径积的大小。

$$m_1r_1=(10\times0.4)\text{kg}\cdot\text{m}=4\text{kg}\cdot\text{m},\ m_2r_2=(15\times0.3)\text{kg}\cdot\text{m}=4.5\text{kg}\cdot\text{m}$$

$$m_3r_3=(20\times0.2)\text{kg}\cdot\text{m}=4\text{kg}\cdot\text{m},\ m_4r_4=(10\times0.3)\text{kg}\cdot\text{m}=3\text{kg}\cdot\text{m}$$

将各不平衡力在两个平衡基面上分解。

平衡基面 I

$$(m_1r_1)_I=m_1r_1=4\text{kg}\cdot\text{m}$$

$$(m_2r_2)_I=m_2r_2\frac{l_2+l_3}{l_1+l_2+l_3}=\frac{2}{3}m_2r_2=3\text{kg}\cdot\text{m}$$

$$(m_3r_3)_I=m_3r_3\frac{l_3}{l_1+l_2+l_3}=\frac{1}{3}m_3r_3=\frac{4}{3}\text{kg}\cdot\text{m}$$

$$(m_4r_4)_I=0$$

平衡基面 II

$$(m_1r_1)_{II}=0$$

$$(m_2r_2)_{II}=m_2r_2\frac{l_1}{l_1+l_2+l_3}=\frac{1}{3}m_2r_2=1.5\text{kg}\cdot\text{m}$$

$$(m_3 r_3)_{II} = m_3 r_3 \frac{l_1 + l_2}{l_1 + l_2 + l_3} = \frac{2}{3} m_3 r_3 = \frac{8}{3} \text{kg} \cdot \text{m}$$

$$(m_4 r_4)_{II} = 3 \text{kg} \cdot \text{m}$$

（1）用图解法求解。

根据动平衡条件得如下关系式。

平衡基面 I $\qquad m_1 \vec{r_1} + \frac{2}{3} m_2 \vec{r_2} + \frac{1}{3} m_3 \vec{r_3} + m_{bI} \vec{r_b} = 0$

平衡基面 II $\qquad m_4 \vec{r_4} + \frac{2}{3} m_3 \vec{r_3} + \frac{1}{3} m_2 \vec{r_2} + m_{bII} \vec{r_b} = 0$

取质径积比例尺 $\mu_F = 0.1 \text{kg} \cdot \text{m/mm}$，分别作平衡基面 I 和 II 的质径积矢量多边形，如图 9.5(c)、图 9.5(d) 所示。

由图解法可得

$$m_{bI} = \mu_F m_{bI} r_b / r_b = 5.6 \text{kg}, \qquad \theta_{bI} = 6°$$
$$m_{bII} = \mu_F m_{bII} r_b / r_b = 7.6 \text{kg}, \qquad \theta_{bII} = 145°$$

（2）用解析法求解。

在平衡基面 I 上有

$$(m_{bI} r_b)_x = -\left(m_1 r_1 \cos 120° + \frac{2}{3} m_2 r_2 \cos 240° + \frac{1}{3} m_3 r_3 \cos 300° \right) = 2.83 \text{kg} \cdot \text{m}$$

$$(m_{bI} r_b)_y = -\left(m_1 r_1 \sin 120° + \frac{2}{3} m_2 r_2 \sin 240° + \frac{1}{3} m_3 r_3 \sin 300° \right) = 0.288 \text{kg} \cdot \text{m}$$

$$m_{bI} r_b = \sqrt{(m_{bI} r_b)_x^2 + (m_{bI} r_b)_y^2} = 2.84 \text{kg} \cdot \text{m}$$

$$m_{bI} = \frac{m_{bI} r_b}{r_b} = \frac{2.84 \text{kg} \cdot \text{m}}{0.5 \text{m}} = 5.68 \text{kg}$$

与 x 轴正向夹角为

$$\theta_{bI} = \arctan \frac{(m_{bI} r_b)_y}{(m_{bI} r_b)_x} = 5.8°$$

在平衡基面 II 上有

$$(m_{bII} r_b)_x = -\left(m_4 r_4 \cos 30° + \frac{1}{3} m_2 r_2 \cos 240° + \frac{2}{3} m_3 r_3 \cos 300° \right) = -3.181 \text{kg} \cdot \text{m}$$

$$(m_{bII} r_b)_y = -\left(m_4 r_4 \sin 30° + \frac{1}{3} m_2 r_2 \sin 240° + \frac{2}{3} m_3 r_3 \sin 300° \right) = 2.108 \text{kg} \cdot \text{m}$$

$$m_{bII} r_b = \sqrt{(m_{bII} r_b)_x^2 + (m_{bII} r_b)_y^2} \text{kg} = 3.755 \text{kg} \cdot \text{m}$$

$$m_{bII} = \frac{m_{bII} r_b}{r_b} = \frac{3.755 \text{kg} \cdot \text{m}}{0.5 \text{m}} = 7.5 \text{kg}$$

与 x 轴正向夹角为

$$\theta_{bII} = \arctan \frac{(m_{bII} r_b)_y}{(m_{bII} r_b)_x} = -33.5°$$

因为 $(m_{bII} r_b)_x$ 为负值，$(m_{bII} r_b)_y$ 为正值，则 θ_{bII} 为第二象限角，故 $\theta_{bII} = 146.5°$。

由上例可以看出，无论是用图解法求解还是用解析法求解，其基本原理都是一样的。

图解法概念清晰、方法简便，平衡质量的位置可直观地看出来。解析法计算精确，但平衡质量的位置不易直观地看出来，需要根据式(9-8)的分子与分母的符号来分析判断。求解时可以用两种方法相互补充和验证。

9.2.3 平衡试验简介

工程中除用理论分析的方法求解平衡质量外，还可借助平衡试验来确定回转件不平衡质量的大小和位置，然后用增加或去除质量的方法予以平衡。根据质量分布的特点及实际情况，平衡试验可按以下几种进行。

1. 静平衡试验

由前所述可知，静不平衡的回转件，其质心偏离回转轴。利用静平衡架，找出不平衡质径积的大小和方向，并由此确定平衡质量的大小和位置，使质心移到回转轴线上而达到平衡。这种方法称为静平衡试验法。

对于盘状回转件，当 $d/b > 5$ 时，这类回转件通常经过静平衡试验校正后，可不必进行动平衡。

图9.6所示为导轨式静平衡架。架上两根互相平行的钢制刀口形(也可做成圆柱形或棱柱形)导轨被安装在同一水平面内。试验时将回转件的轴放在导轨上。若回转件质心不在包含回转轴线的铅垂面内，则由于重力对回转轴线的静力矩作用，回转件将在导轨上发生滚动。待到滚动停止时，质心 S 处在最低位置，由此便可确定质心的偏移方向。用橡皮泥在质心相反方向加一适当的平衡质量，并逐步调整其大小或径向位置，直到该回转件在任意位置都能保持静止时为止。这时所加的平衡质量与其向径的乘积即为该回转件达到静平衡时需加的质径积。根据该回转件的结构情况，也可在质心偏移方向去掉同等大小的质径积来实现静平衡。

导轨式静平衡架简单可靠，精度能满足一般的生产需要，但不能用于平衡两端轴径不等的回转件。

图9.7所示为圆盘式静平衡架。待平衡回转件的轴放置在分别由两个圆盘组成的支承上，圆盘可绕其几何轴线转动，故回转件也可以自由转动。圆盘式静平衡架的试验过程与导轨式静平衡架的试验过程相同。圆盘式静平衡架一端的支承高度可调，以便平衡两端轴径不等的回转件。

图9.6 导轨式静平衡架

图9.7 圆盘式静平衡架

2. 动平衡试验

由动平衡原理可知，轴向尺寸较大的回转件，必须分别在任意两平衡基面内各加一个适当的平衡质量，才能使回转件达到平衡。$d/b<5$ 的回转件或有特殊要求的重要回转件，一般都要进行动平衡。

动平衡试验机是用来测定需加在两个平衡基面上的平衡质量的大小和位置的，有通用动平衡试验机和专用动平衡试验机等多种形式。各种动平衡试验机的工作原理与结构不尽相同。

图 9.8 所示为某动平衡试验机的工作原理。电动机 1 通过传动带 2、万向节 3 驱动需要做动平衡的回转件 4，回转件的振动信号由传感器 5、6 拾取，并送到解算电路 7 进行处理，以消除两平衡基面加重时的相互影响。经选频器 8 将信号放大后，由仪表 9 输出不平衡质径积的大小。选频放大后的信号经过整形放大器 10 放大后成为脉冲信号，送到鉴相器 11 的一端。因为回转件圆周上有黑白标记 14，在光电头 13 上可获得与回转件转速相同的频率变化的信号。该信号经整形放大器 12 放大后送到鉴相器 11 的另一端，鉴相器两端信号的相位差即为不平衡质量所在的位置，其值由仪表 15 指示。

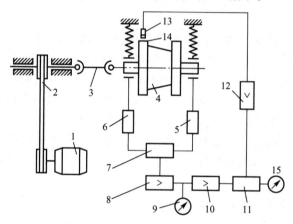

图 9.8 动平衡试验机的工作原理

1—电动机；2—传动带；3—万向节；4—回转件；5、6—传感器；7—解算电路；8—选频器；
9、15—仪表；10、12—整形放大器；11—鉴相器；13—光电头；14—标记

进行动平衡时，应先在回转件的两个平衡基面处沿圆周方向做好标记，将回转件轴颈放入动平衡试验机的支架上，再用万向联轴器将回转件与动平衡试验机主轴连接起来。选择平衡基面并调整各测量装置，即可进行动平衡实验。

3. 现场平衡

对于工作精度要求很高的回转件或高速回转件，即使在动平衡试验机上进行过动平衡试验，达到了平衡状态，但因运输、工作温度变化较大或因运输的振动等因素的干扰，仍会产生微小变形而造成不平衡。另外，对于尺寸较大的回转件，在动平衡试验机上进行动平衡是较困难的。这种情况下，可进行现场平衡。现场平衡就是通过直接测量机器支架的振动，来确定回转件不平衡质量的大小和位置，进而确定应加平衡质量的大小和位置。

4. 刚性回转件的平衡精度

经过平衡的回转件还会存在残余的不平衡量，称为剩余不平衡量。要减小剩余不平衡

量，就需要提高检测精度，这必然会造成平衡成本的提高。实际上回转件的完全平衡是很难做到的，而且在工程中也没有必要，只要能够满足实际工作要求就可以了。因此，规定回转件的许用不平衡量是很必要的。回转件的许用不平衡量可用许用质径积 $[mr]$ 或许用偏心距 $[e]$（单位 μm）来表示。两者关系为

$$[e]=\frac{[mr]}{r} \tag{9-11}$$

许用偏心距 $[e]$ 是与回转件质量无关的绝对量，而许用质径积 $[mr]$ 是与质量有关的相对量。考虑到角速度 ω 也是影响回转件平衡效应的重要参数，工程上常用 $[e]\omega$ 值表示平衡精度。表9-2是国际标准化组织制定的刚性回转件平衡精度，用 G 表示相应的精度等级标准，$G=\frac{[e]\omega}{1000}$（mm/s）。G 值越小，平衡精度越高。当已知回转件的最高工作转速 ω 时，便可由 G 值求出许用偏心距 $[e]$。

表9-2 刚性回转件的平衡精度

精度等级	$G=\dfrac{[e]\omega}{1000}$ /(mm/s)[①]	选用说明
G630	630	刚性安装的大型四冲程发动机曲轴传动装置，弹性安装的船用柴油机曲轴传动装置
G250	250	刚性安装的高速四缸柴油机曲轴传动装置
G100	100	六缸或六缸以上的高速柴油机曲轴传动装置，汽车和机车用发动机整机
G40	40	汽车轮，轮毂，轮组，传动轴，六缸或六缸以上的高速四冲程发动机曲轴传动装置，汽车和机车用发动机曲轴传动装置
G16	16	特殊要求的传动轴（螺旋桨轴、万向传动轴），破碎机及农用机械的零部件，汽车和机车用发动机的特殊部件，有特殊要求的六缸或六缸以上发动机曲轴传动装置
G6.3	6.3	作业机械的回转零件，船用主汽轮机的齿轮，风扇，航空燃气轮机组回转件部件，泵的叶轮，离心机鼓轮，机床及一般机械的回转零部件，普通电动机的回转件，特殊要求的发动机回转零部件
G2.5	2.5	燃气轮机和汽轮机的回转部件，刚性汽轮发电机的回转件，透平压缩机回转件，机床主轴和驱动部件，特殊要求的大中型电动机回转件、小型电动机回转件，透平驱动泵
G1	1	磁带记录仪及录音机驱动部件，磨床驱动部件，特殊要求的微型电动机回转件
G0.4	0.4	精密磨床的主轴、砂轮盘及电动机回转件，陀螺仪

① ω 为回转件的转动角速度（rad/s）；$[e]$ 为许用偏心距（μm）。

采用表 9-2 的数值时，应注意下列事项。

（1）对于静不平衡的回转件，许用不平衡量取由表中数据求出的数值。

（2）对于动不平衡的回转件，由表中数据求出的许用偏心距 $[e]$ 是针对回转件质心 S 而言的，所以应根据式（9-11）求出许用不平衡质径积 $[mr]=m[e]$，再将其分配到两个平衡基面上。如图 9.9 所示，两个平衡基面的许用不平衡质径积分别为

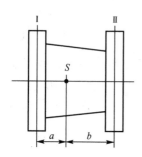

$$[mr]_{\text{I}}=[mr]\frac{b}{a+b} \qquad (9-12)$$

$$[mr]_{\text{II}}=[mr]\frac{a}{a+b} \qquad (9-13)$$

图 9.9　动平衡许用质径积的分配

式中，a 和 b 分别为平衡基面 I 及 II 至回转件质心的距离。

9.3　平面连杆机构的平衡简介

在一般的平面机构中存在做平面复合运动和往复运动的构件，这些构件的总惯性力和总惯性力矩不能像刚性回转件那样由构件本身加以平衡，而必须对整个机构进行平衡。

设机构的总质量为 m，机构质心 S 的加速度为 a_S，则机构的总惯性力 $F=-m\cdot a_S$，由于质量 m 不可能为零，因此欲使总惯性力 $F=0$，必须使 $a_S=0$，也就是说机构的质心应做等速直线运动或静止不动。由于机构的运动是周期性重复的，其质心不可能总是做等速直线运动，因此欲使 $a_S=0$ 的唯一可能的方法是使机构的质心静止不动。根据这个分析，在对机构进行平衡时，就是运用增加平衡质量的方法使机构的质心 S 落在机架上并且静止不动。

下面简要介绍几种机构惯性力的平衡方法。

9.3.1　完全平衡

1. 利用机构对称平衡

图 9.10 所示的机构中，由于机构各构件的尺寸和质量对 A 点完全对称，使惯性力在轴承 A 处所引起的动压力完全得到平衡。可见，利用对称机构可得到很好的平衡效果，但其缺点是将使机构的体积大大增加。

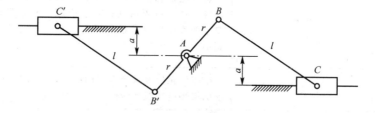

图 9.10　完全对称机构

2. 加平衡质量平衡

在图 9.11 所示的铰链四杆机构中，设构件 1、2、3 的质量分别为 m_1、m_2、m_3，其质心分别位于 S_1、S_2、S_3。为了进行平衡，设想将构件 2 的质量 m_2 用分别集中于 B、C 两点的两个质量 m_{2B} 及 m_{2C} 代换，根据质量替代原理，可得

$$m_{2B} = m_2 \frac{l_{CS_2}}{l_{BC}}$$

$$m_{2C} = m_2 \frac{l_{BS_2}}{l_{BC}}$$

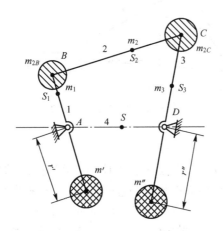

图 9.11　铰链四杆机构惯性力完全平衡

对于构件 1，在其延长线上加平衡质量 m' 来平衡其上的集中质量 m_{2B} 和 m_1，使构件 1 的质心移到固定轴 A 处。因为欲使构件 1 的质心移到 A，就必须使

$$m_{2B} l_{AB} + m_1 l_{AS_1} = m' r'$$

由此可得

$$m' = \frac{m_{2B} l_{AB} + m_1 l_{AS_1}}{r'} \qquad (9-14)$$

同理，在构件 3 的延长线上加平衡质量 m''，使其质心移到固定轴 D 处，而平衡质量 m'' 为

$$m'' = \frac{m_{2C} l_{CD} + m_3 l_{DS_3}}{r''} \qquad (9-15)$$

在加上平衡质量 m' 和 m'' 以后，可以认为整个机构的质量可用位于 A、D 两点的两个质量替代，即

$$m_A = m_{2B} + m_1 + m'$$

$$m_D = m_{2C} + m_3 + m''$$

因而机构的总质心 S 固定不动，其加速度 $a_S = 0$，故机构的惯性力得到平衡。

上面所讨论的机构平衡方法，从理论上说，机构的总惯性力得到了完全平衡，但是其主要缺点是由于配置了几个平衡质量，机构的质量将大大增加，尤其是把平衡质量装在连杆上更为不便。因此，实际上往往不采用这种方法，而采用部分平衡的方法。

9.3.2 部分平衡

1. 利用非完全对称机构平衡

在图 9.12 所示机构中，当曲柄 AB 转动时，在某些位置，滑块 C 和 C' 的加速度方向相反，它们的惯性力方向也相反，故可以相互平衡。但由于两个滑块的运动规律不完全相同，因此只能部分平衡。

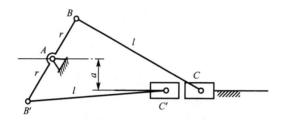

图 9.12 非完全对称机构

2. 加平衡质量平衡

对图 9.13 所示的曲柄滑块机构进行平衡时，先运用前述的质量代换法，将连杆 2 的质量 m_2 分别用集中于 B、C 两点的质量 m_{2B} 和 m_{2C} 代换；将曲柄 l 的质量 m_1 用分别集中于 B、A 两点的质量 m_{1B} 和 m_{1A} 代换；滑块 3 的质量集中在 C 点。显然，机构产生的惯性力只有两部分：集中在点 B 的质量（$m_B = m_{2B} + m_{1B}$）所产生的离心惯性力 F_B 和集中于点 C 的质量（$m_C = m_{2C} + m_3$）所产生的往复惯性力 F_C。对于曲柄上的惯性力，只要在其延长线上加平衡质量 m_{E1} 就可达到平衡，即满足

$$m_{E1} r_E = m_B l_{AB} \tag{9-16}$$

而往复惯性力 F_C，其大小随曲柄转角 φ 的不同而不同，故其平衡问题不像平衡离心惯性力 F_B 那么简单。

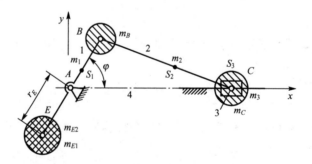

图 9.13 曲柄滑块机构惯性力部分平衡

由机构的运动分析得到滑块 C 的加速度方程，将其用级数法展开，并取前两项，得

$$a_C \approx -\omega^2 l_{AB} \cos\varphi - \frac{\omega^2 l_{AB}^2}{l_{BC}} \cos 2\varphi \tag{9-17}$$

因而集中质量 m_C 所产生的往复惯性力为

$$F_C = -m_c a_c \approx m_C \omega^2 l_{AB} \cos\varphi + m_C \omega^2 \frac{l_{AB}^2}{l_{BC}} \cos 2\varphi \qquad (9-18)$$

由式(9-18)可见，F_C 有两部分，即第一部分 $m_C \omega^2 l_{AB} \cos\varphi$ 和第二部分 $m_C \omega^2 \frac{l_{AB}^2}{l_{BC}} \cos 2\varphi$，分别称其为第一级惯性力和第二级惯性力，在舍去的部分中，还有更高级的惯性力。但是，由于第二级和第二级以上的各级惯性力，均较第一级惯性力小得多，因此通常只考虑第一级惯性力，即

$$F_C \approx m_C \omega^2 l_{AB} \cos\varphi \qquad (9-19)$$

为了平衡惯性力 F_C，可以在曲柄的延长线上（相当于 E 处）再加一平衡质量 m_{E_2}，并使

$$m_{E_2} r_E = m_C l_{AB}$$

平衡质量 m_{E_2} 所产生的离心惯性力在 x、y 方向的分力分别为

$$\begin{cases} F_x = -m_{E_2} \omega^2 r_E \cos\varphi \\ F_y = -m_{E_2} \omega^2 r_E \sin\varphi \end{cases} \qquad (9-20)$$

由于 $m_{E_2} r_E = m_C l_{AB}$，可知 $F_x = -F_C$，即 F_x 已将所产生的一阶往复惯性力平衡。不过，此时又多出一个新的不平衡惯性力 F_y，此垂直惯性力对机械的工作也很不利，为此取

$$F_x = \left(\frac{1}{3} \sim \frac{1}{2}\right) F_C$$

即取

$$m_E r_E = \left(\frac{1}{3} \sim \frac{1}{2}\right) m_C l_{AB}$$

即只平衡往复惯性力 F_C 的一部分。这样，既可以减少往复惯性力 F_C 的不良影响，又使垂直方向产生的新的不平衡惯性力 F_y 不致太大。一般说来，这对机械的工作较有利。

习　题

1. **填空题**

9-1　经过动平衡的回转件一定能保证静平衡，这是因为_____。

9-2　符合静平衡条件的回转机构，其质心位置在_____；静不平衡的回转件，由于重力矩的作用，必定在_____位置静止，由此可确定加上或除去平衡质量的位置。

9-3　刚性回转件静平衡的力学条件是_____，而动平衡的力学条件是_____。

9-4　回转体的不平衡可分为两种类型，一种是_____，其质量分布特点是_____；另一种是_____，其质量分布特点是_____。

9-5　回转件进行平衡时，应在_____加（或减）平衡质量。平衡试验包括_____和_____。

2. **问答题**

9-6　解释以下基本概念：静平衡、动平衡、平衡基面、质径积。

9-7　已经动平衡的构件是否一定是达到静平衡？经过静平衡的构件是否一定要再进行动平衡？为什么？

3. **计算题**

9-8　图9.14所示的盘形回转件中，有4个偏心质量位于同一回转平面内，其大小

及回转半径分别为 $m_1 = 10\text{kg}$、$m_2 = 16\text{kg}$、$m_3 = 14\text{kg}$、$m_4 = 20\text{kg}$、$r_1 = 200\text{mm}$、$r_2 = 300\text{mm}$、$r_3 = 400\text{mm}$、$r_4 = 140\text{mm}$，位置如图所示。设平衡质量 m_b 的回转半径 $r_b = 500\text{mm}$，试求平衡质量 m_b 的大小及位置。

9-9 图 9.15 所示的薄壁转盘质量为 m，经静平衡试验测定其质心偏距为 r，方向如图垂直向下。由于该回转面不允许安装平衡质量，只能在平面Ⅰ、Ⅱ上调整，求应加的平衡质径积的大小及方向。

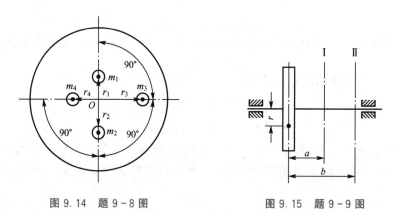

图 9.14 题 9-8 图   图 9.15 题 9-9 图

9-10 如图 9.16 所示，在车床上加工质量为 10kg 的工件 A 的孔。工件质心 S 偏离圆孔中心 O 的距离为 120mm，将工件用压板 B、C 压在车头花盘 D 上，设两压板质量均为 2kg，其回转半径 $r_B = 120\text{mm}$、$r_C = 160\text{mm}$，位置如图所示。若花盘回转半径 100mm 处可装平衡质量，求达到静平衡需加的质量及其位置。经这样校正后能否达到动平衡？

9-11 图 9.17 所示为一滚筒，在轴上装有带轮。现已测知带轮有一偏心质量 $m_1 = 1\text{kg}$；另外，根据滚筒的结构，知其具有两个偏心质量 $m_2 = 3\text{kg}$、$m_3 = 4\text{kg}$；各偏心质量的位置如图所示。若将平衡基面选在滚筒的两端面上，两平衡基面中平衡质量的回转半径均为 400mm，试求两平衡质量的大小和位置。若将平衡基面Ⅱ改在带轮宽度的中截面上，其他条件不变，则两平衡质量的大小和位置将如何改变？

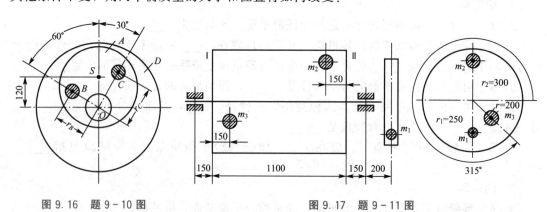

图 9.16 题 9-10 图   图 9.17 题 9-11 图

9-12 图 9.18 所示铰链四杆机构中，已知构件 1、2、3 的长度分别为 $l_1 = 100\text{mm}$、$l_2 = 300\text{mm}$、$l_3 = 200\text{mm}$，质量分别为 $m_1 = 1\text{kg}$、$m_2 = 3\text{kg}$、$m_3 = 2\text{kg}$，其质心 S_1、S_2、S_3 的位置尺寸分别为 $h_1 = 75\text{mm}$、$h_2 = 150\text{mm}$、$h_3 = 120\text{mm}$。现要求该机构达到惯性力完全平衡，试设计增加平衡质量的方案，并计算它们质径积的大小和方位。

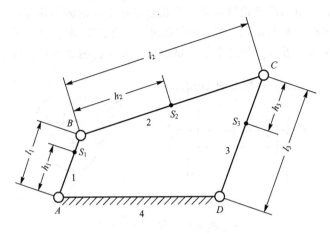

图 9.18　题 9 - 12 图

9－13　图 9.19 所示曲柄滑块机构中，已知各构件的尺寸为 $l_{AB}=100\text{mm}$、$l_{BC}=400\text{mm}$，连杆 2 的质量 $m_2=12\text{kg}$，质心在 S_2 处，$l_{BS_2}=400/3\text{mm}$，滑块 3 的质量 $m_3=20\text{kg}$，质心在 C 处，曲柄 1 的质心与 A 点重合。利用平衡质量法对该机构进行平衡，试问若对机构进行完全平衡和只平衡掉滑块 3 处往复惯性力的 50%的部分平衡，各需加多大的平衡质量 $m_{C'}$ 和 $m_{C''}$？（取 $l_{BC'}=l_{AC''}=50\text{mm}$）

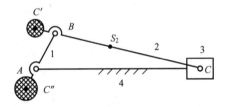

图 9.19　题 9 - 13 图

9－14　在图 9.20 所示的转子中，已知各偏心质量 $m_1=10\text{kg}$、$m_2=15\text{kg}$、$m_3=20\text{kg}$、$m_4=10\text{kg}$，它们的回转半径分别为 $r_1=400\text{mm}$、$r_2=300\text{mm}$、$r_3=200\text{mm}$、$r_4=300\text{mm}$，并且各偏心质量所在的回转平面间的距离为 $l_{12}=l_{23}=l_{34}=200\text{mm}$，各偏心质量的位置如图所示。若选取平衡基面Ⅰ及Ⅱ，所加平衡质量 $m_{bⅠ}$ 及 $m_{bⅡ}$ 的回转半径均为 400mm，试求 $m_{bⅠ}$ 及 $m_{bⅡ}$ 的大小及位置。

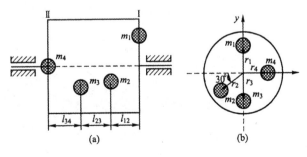

图 9.20　题 9 - 14 图

9-15 图 9.21 所示的凸轮轴系由 3 个相互错开 120°的偏心轮组成，每个偏心轮的质量为 0.5kg，其偏心距为 12mm。若在平衡基面 I、II 内回转半径分别为 $r_{b1} = r_{b2} = 10$mm 处各加一平衡质量 m_{bI} 及 m_{bII} 使之平衡，试求 m_{bI} 及 m_{bII} 的大小及位置。

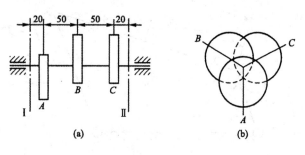

图 9.21 题 9-15 图

第10章
机械的运转及其速度波动的调节

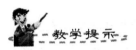

教学提示

本章主要介绍在外力作用下机械的运转过程，建立机械系统的等效动力学模型，以及机械运转速度波动与调节方法。

教学要求

了解等效力(等效力矩)、等效质量(等效转动惯量)的意义并能根据转化的需要进行计算。

了解机械运转的周期性速度波动和非周期性速度波动的原因及各自的调节方法。

10.1 机械系统动力学问题概述

10.1.1 研究机械系统动力学问题的目的和内容

第7章和第8章对机构进行运动分析和力分析时，都假定其原动件的运动规律是已知的，并且一般是做等速运动。实际上，机构原动件的真实运动规律是由作用在其上的所有外力(驱动力和有效阻力)及机构中各构件的质量和转动惯量等因素决定的，因而在一般情况下，原动件的速度和加速度是随时间变化的。因此，研究机械在外力作用下的运动规律，对于分析现有机械和设计新机械都是必不可少的，尤其对高速、重载、高精度、高自动化程度的机械，是十分重要的。

此外，由于在一般情况下，机构原动件的速度是随时间变化的，即机械在运动过程中将会出现速度波动，而这种速度波动一方面将在运动副中产生附加动压力，增加机械的能量消耗和运动副元素的磨损，不仅使机械的工作可靠性下降，而且会降低机械的效率；另一方面，容易引起机械的振动，影响机械的强度，降低产品质量和寿命。所以也需要对机械运转速度的波动及其调节方法加以研究。

上面提出的两方面问题，概括了本章研究的目的和内容。为了研究机械在运转过程中出现的上述问题，下面将介绍机械在其运转过程中各阶段的运动状态，以及作用在机械上的驱动力和有效阻力的特性。

10.1.2 机械运转的过程

机械从开始运动到停止运动的全过程，都要经历起动、稳定运转和停车三个阶段。图 10.1 所示为机械的运转过程及原动件的角速度变化曲线。

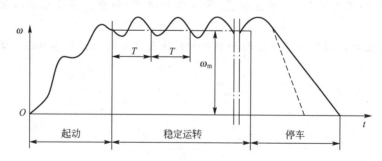

图 10.1 机械的运转过程及原动件的角速度变化曲线

1. 机械的起动阶段

机械的起动阶段指机械原动件转速由零逐渐上升到正常工作运转的平均角速度 ω_m 的过程。这一阶段，由于机械所受的驱动力所做的驱动功 W_d 大于为克服有效阻力所需的有效功 W_r 和克服有害阻力消耗的损失功 W_f 之和，所以系统内积蓄了动能 ΔE，因而原动件做加速运动。该阶段的功能关系为

$$W_d = W_r + W_f + \Delta E \tag{10-1}$$

起动阶段最好能空载起动，即 $W_r = 0$，不但可缩短起动时间，而且可选择较小功率的电动机，以降低整机的成本。

2. 机械的稳定运转阶段

起动阶段完成之后，机械进入稳定运转阶段。此时，机械原动件以平均角速度 ω_m 作稳定运转，$\Delta E = 0$，故有

$$W_d = W_r + W_f \tag{10-2}$$

在这一阶段中原动件的平均角速度 ω_m 保持稳定，即为一常数。但是通常情况下，在稳定运转阶段，原动件的角速度 ω 还会出现周期性波动，即在一个周期 T（机械原动件角速度变化的一个周期，又称一个运动循环）内的各个瞬时，原动件的角速度 $\omega \neq$ 常数，与平均角速度 ω_m 相比，略有升降，但在一个周期 T 的始末，其角速度 ω 是相等的（即 $\Delta E = 0$）。上述这种稳定运转称为周期性变速稳定运转，电动机带动的曲柄压力机、活塞式发动机等就属于这种情况。另外一些机械（如鼓风机、提升机）的原动件的角速度 ω 在稳定运转过程中恒定不变，即 $\omega =$ 常数，称为等速稳定运转。

3. 机械的停车阶段

停车阶段是指机械从稳定运转到完全停止运动的过程。

这时一般先撤去驱动力，故驱动力的功 W_d 为零，系统依靠停车前储存的动能继续克服阻力做功，速度不断下降，直到动能全部耗尽，机械才能完全停住。一般情况下，在停车阶段机械上的有效阻力不再起作用。

这一阶段 $W_d = 0$，$W_r = 0$（有用功），故有

$$W_f + \Delta E = 0 \tag{10-3}$$

为了缩短停车时间及安全起见，可在机械上安装制动装置，加速消耗机械的动能，减少停车时间。

以上介绍的是常见机械系统的一般运动过程，大多数机械是在稳定运转阶段进行工作的，但是有些机械如挖土机、起重机、可逆式轧钢机等很大一部分的工作时间是在起动和停车阶段。起动阶段和停车阶段统称为机械运转的过渡阶段。

10.1.3　驱动力和有效阻力的类型及机械特性

在研究机械运转的过程时，必须知道作用在机械上的力及其变化规律。当忽略机械中各构件的重力及运动副中的摩擦力时，作用在机械上的力可分为原动机发出的驱动力和执行构件完成有用功时所承受的有效阻力两大类。作用在机械上的驱动力和有效阻力是确定机构运动特性的基本力。因机械工作情况的不同及所使用的原动机的不同，基本力也多种多样。

为研究在力的作用下机械的运动，把作用在机械上的力按其机械特性来分类。力（或力矩）与运动参数（位移、速度、时间等）之间的关系通常称为机械特性。按机械特性分，驱动力可以是常数（如用重锤作为驱动件时），可以是位移的函数，也可以是速度的函数。例如，蒸汽机、内燃机等原动机输出的驱动力是活塞位置的函数；机械中应用最广泛的交流异步电动机，其输出的驱动力矩是转子角速度的函数。

执行构件完成有用功时所承受的有效阻力的变化规律，取决于机械的工艺过程的特点。按机械特性分，有些机械在某段工作过程中，有效阻力近似为常数（如车床）；有些机械的有效阻力是位置的函数（如曲柄压力机）；还有一些机械的有效阻力是速度的函数（如鼓风机、搅拌机等）；也有极少数机械，其有效阻力是时间的函数（如揉面机、球磨机等）。

驱动力和有效阻力的确定，涉及许多专业知识，已不属于本课程的范围。本章在讨论机械在外力作用下的运动问题时，认为外力是已知的。

10.2　机械系统的等效动力学模型

10.2.1　等效动力学模型的基本原理

研究机械系统的真实运动，必须首先建立作用在机构上的力、构件的质量、转动惯量和其与运动参数之间的函数表达式，这种函数表达式称为机械的运动方程。虽然机械是由机构组成的多构件的复杂系统，其一般运动方程不仅复杂，求解也很烦琐，但是对于单自由度的机械系统，只要知道其中一个构件的运动规律，其余所有构件的运动规律就可随之求得。

为方便研究，把作用在机构上的所有外力简化到机构的某一构件上，同时把所有构件的质量和转动惯量也简化到该构件上，此构件称为等效构件。简化到等效构件上的力或力矩称为等效力或等效力矩。简化到等效构件上的质量或转动惯量称为等效质量或等效转动惯量。具有等效质量或等效转动惯量的等效构件在等效力或等效力矩的作用下的运动，与在真实外力和外力矩的作用下的机械的运动等效。研究等效构件的运动将比研究整个机械的运动大为简化。

为了使等效构件和机械中该构件的真实运动一致，根据质点系动能定理，将作用于机械系统上的所有外力和外力矩、所有构件的质量和转动惯量都向等效构件转化。转化的原则是使该系统转化前后的动力学效果保持不变，具体如下。

（1）等效构件的质量或转动惯量所具有的动能，应等于整个系统的总动能。

（2）等效构件上的等效力、等效力矩所做的功或所产生的功率，应等于整个系统的所有力和力矩所做功之和或所产生的功率之和。

满足以上两个条件，就可将等效构件作为该系统的等效动力学模型。为了便于计算，通常将绕定轴转动或做直线移动的构件取为等效构件，如图10.2所示。当取等效构件为绕定轴转动的构件时，作用于其上的等效力矩为M_e，等效转动惯量为J_e；当取等效构件为做直线移动的构件时，作用在其上的力为等效力F_e，等效质量为m_e。

10.2.2　等效力矩和等效力

设作用在机械上的外力为$F_i(i=1,2,\cdots,n)$，力作用点的速度为v_i，F_i的方向和v_i的方向之间的夹角为α_i，作用在机械中的外力矩为$M_j(j=1,2,\cdots,m)$，受力矩M_j作用的构件的角速度为ω_j，角位移为φ，则作用在机械中所有外力和外力矩所产生的功率之和为

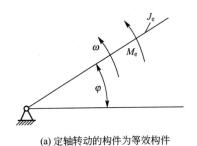

(a) 定轴转动的构件为等效构件

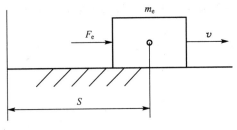

(b) 往复移动的构件为等效构件

图 10.2 等效构件

$$P = \sum_{i=1}^{n} F_i v_i \cos\alpha_i \pm \sum_{j=1}^{m} M_j \omega_j$$

式中，当 M_j 和 ω_j 同方向时取"＋"，否则取"－"。

若等效构件为绕定轴转动的构件[图 10.2(a)]，其上作用有假想的等效力矩 M_e，等效构件的角速度为 ω，则由等效构件上作用的等效力矩所产生的功率应等于整个机械系统中所有外力、外力矩所产生的功率之和，可得

$$M_e\omega = P = \sum_{i=1}^{n} F_i v_i \cos\alpha_i \pm \sum_{j=1}^{m} M_j \omega_j$$

于是

$$M_e = \sum_{i=1}^{n} F_i \left(\frac{v_i}{\omega}\right)\cos\alpha_i \pm \sum_{j=1}^{m} M_j \left(\frac{\omega_j}{\omega}\right) \tag{10-4}$$

同理，当等效构件为移动件[图 10.2(b)]，其速度为 v 时，仿照上述推导过程，可得作用于其上的等效力为

$$F_e = \sum_{i=1}^{n} F_i \left(\frac{v_i}{v}\right)\cos\alpha_i \pm \sum_{j=1}^{m} M_j \left(\frac{\omega_j}{v}\right) \tag{10-5}$$

由式(10-4)和式(10-5)可知如下内容。

(1) 等效力矩与等效力不仅与外力有关，而且与各速度比有关。如果速度比是机构位置的函数，则等效力和等效力矩就是机构位置和外力的函数；如果各速度比均为常数，则等效力和等效力矩只与外力变化规律有关。

(2) 等效力矩和等效力仅与各速度比有关，而与各速度的大小无关，即与机构真实速度无关。

10.2.3 等效转动惯量和等效质量

设机械系统中各运动构件的质量为 $m_i(i=1, 2, \cdots, n)$，其质心 S_i 的速度为 v_{S_i}，各运动构件对其质心轴线的转动惯量为 $J_{S_j}(j=1, 2, \cdots, m)$，角速度为 ω_j，则整个机械系统所具有的动能为

$$E = \sum_{i=1}^{n} \frac{1}{2} m_i v_{S_i}^2 + \sum_{j=1}^{m} \frac{1}{2} J_{S_j} \omega_j^2$$

若等效构件为绕定轴转动的构件[图 10.2(a)]，其角速度为 ω，对转动轴假想的等效转动惯量为 J_e，则由等效构件所具有的动能应等于机械系统中各构件所具有的动能之和，可得

$$\frac{1}{2}J_e\omega^2 = E = \sum_{i=1}^{n}\frac{1}{2}m_i v_{S_i}^2 + \sum_{j=1}^{m}\frac{1}{2}J_{S_j}\omega_j^2$$

于是

$$J_e = \sum_{i=1}^{n}m_i\left(\frac{v_{S_i}}{\omega}\right)^2 + \sum_{j=1}^{m}J_{S_j}\left(\frac{\omega_j}{\omega}\right)^2 \qquad (10-6)$$

当等效构件为移动件[图 10.2(b)]，其速度为 v 时，仿照上述推导过程，可得等效构件所具有的假想的等效质量 m_e 为

$$m_e = \sum_{i=1}^{n}m_i\left(\frac{v_{S_i}}{v}\right)^2 + \sum_{j=1}^{m}J_{S_j}\left(\frac{\omega_j}{v}\right)^2 \qquad (10-7)$$

由式(10-6)和式(10-7)可知如下内容。

(1) 等效转动惯量和等效质量不仅与各构件的质量 m_i 和转动惯量 J_{S_j} 有关，而且与速度比的平方有关，因此 J_e 或 m_e 可能是机构位置的函数，也可能是常数。

(2) 等效转动惯量和等效质量绝对不是原机械系统各活动构件的转动惯量或质量之和。

此处需注意以下事项。

(1) 等效力或等效力矩是一个假想的力或力矩，并不是被代替的已知力或力矩的合力或合力矩。

(2) 等效质量或等效转动惯量是一个假想的质量或转动惯量，并不是机构中所有运动构件的质量或转动惯量的总和。所以，在力的分析中不能用其确定机构总惯性力或总惯性力偶矩。

(3) 等效力或等效力矩、等效质量或等效转动惯量，只与角速度(速度)的相对值有关。因此，在一般情况下，即使未知机械系统的真实运动，也可求出等效力或等效力矩、等效质量或等效转动惯量。

【例 10.1】 在图 10.3 所示的机床工作台的传动系统中，已知各齿轮齿数为 z_1、z_2、$z_{2'}$、z_3，齿轮 3 的分度圆半径为 r_3，各齿轮的转动惯量为 J_1、J_2、$J_{2'}$、J_3，齿轮 1 直接装在电动机轴上，故 J_1 中包含了电动机转子的转动惯量，工作台和被加工零件质量之和为 m。当取齿轮 1 为等效构件时，试求该机械系统的等效转动惯量 J_e。

解：题中已选定齿轮 1 为等效构件，由式(10-6)可得等效转动惯量为

$$\frac{1}{2}J_e\omega_1^2 = \frac{1}{2}J_1\omega_1^2 + \frac{1}{2}J_2\omega_2^2 + \frac{1}{2}J_{2'}\omega_{2'}^2 + \frac{1}{2}J_3\omega_3^2 + \frac{1}{2}mv^2$$

则

$$J_e = J_1 + (J_2 + J_{2'})\left(\frac{\omega_2}{\omega_1}\right)^2 + J_3\left(\frac{\omega_3}{\omega_1}\right)^2 + m\left(\frac{v}{\omega_1}\right)^2$$

将 $\dfrac{\omega_1}{\omega_2} = \dfrac{z_2}{z_1}$，$\dfrac{\omega_1}{\omega_3} = \dfrac{z_2 z_3}{z_1 z_{2'}}$，$v = \omega_3 r_3 = \dfrac{z_1 z_{2'}}{z_2 z_3}\omega_1 r_3$ 代入上式，得

$$J_e = J_1 + (J_2 + J_{2'})\left(\frac{z_1}{z_2}\right)^2 + J_3\left(\frac{z_1 z_{2'}}{z_2 z_3}\right)^2 + m\left(\frac{z_1 z_{2'}}{z_2 z_3}\right)^2 r_3^2$$

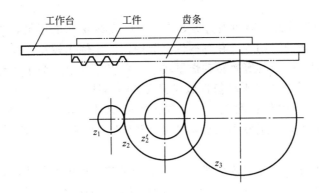

图 10.3 机床工作台的传动系统

说明：等效转动惯量 J_e 是常数。

【例 10.2】 在图 10.4 所示的齿轮驱动的正弦机构中，已知：齿轮 1 的齿数 $z_1 =$ 20，转动惯量为 J_1；齿轮 2 的齿数 $z_2 = 60$，转动惯量为 J_2；曲柄长为 l；滑块 3 和构件 4 的质量分别为 m_3、m_4，其质心分别在 C 和 D 点；齿轮 1 上作用了驱动力矩 M_1，在构件 4 上作用了阻抗力 F_4。取曲柄为等效构件，试求在图示位置时的等效转动惯量 J_e 及等效力矩 M_e。

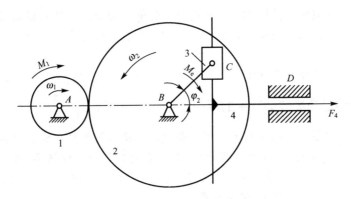

图 10.4 齿轮驱动的正弦机构

解：

（1）求等效转动惯量 J_e。已选定曲柄为等效构件，由式(10−6)可求其等效转动惯量为

$$J_e = J_1\left(\frac{\omega_1}{\omega_2}\right)^2 + J_2 + m_3\left(\frac{v_3}{\omega_2}\right)^2 + m_4\left(\frac{v_4}{\omega_2}\right)^2$$

将 $v_3 = v_C = \omega_2 l$ 和 $v_4 = v_C \sin\varphi_2 = \omega_2 l \sin\varphi_2$ 代入上式，得

$$J_e = J_1\left(\frac{z_2}{z_1}\right)^2 + J_2 + m_3\left(\frac{\omega_2 l}{\omega_2}\right)^2 + m_4\left(\frac{\omega_2 l \sin\varphi_2}{\omega_2}\right)^2$$
$$= 9J_1 + J_2 + m_3 l^2 + m_4 l^2 \sin^2\varphi_2$$

（2）求等效力矩 M_e。由式(10−4)可求其等效力矩

$$M_e = M_1\frac{\omega_1}{\omega_2} + F_4\frac{v_4}{\omega_2}\cos 180°$$
$$= M_1\frac{z_2}{z_1} - F_4\frac{\omega_2 l \sin\varphi_2}{\omega_2} = 3M_1 - F_4 l \sin\varphi_2$$

说明：

（1）J_e 的前三项为常数，第四项为等效构件的位置参数 φ_2 的函数，为变量。由于在一般机械中速度比为变量的活动构件在其构件总数中占的比例比较小，又由于这类构件出现在机械系统的低速端，因而其等效转动惯量较小。所以工程上，为了简化计算，常将等效转动惯量 J_e 中的变量部分用其平均值近似代替或忽略不计。

（2）在等效力矩 M_e 中包括两项，第一项为等效驱动力矩，第二项为等效阻抗力矩。为方便起见，有时将等效力矩按等效驱动力矩（用符号 M_{ed} 表示）、等效阻抗力矩（用符号 M_{er} 表示）分别计算。

由以上两例可以看出，等效转动惯量 J_e 可能是常数，也可能是机构位置 φ 的函数；又因为机械的外力可能是时间 t、机构位置 φ 及构件速度 v 的函数，所以等效力矩 M_e 是运动参数 t、φ、ω 的函数。因此，等效量可以写成如下的一般函数式。

$$\begin{cases} J_e = J_e(\varphi) \\ M_e = M_e(\varphi,\ \omega,\ t) \end{cases}$$

10.3　机械运动速度波动的调节

由前述可知，一般机械的原动件的速度是变化的，而原动件速度的波动将会引起不良后果，必须采取措施设法加以调节，使其速度波动控制在规定允许的范围内，以保证机械的工作质量。

机械运转的速度波动分为两类：周期性速度波动和非周期性速度波动。

10.3.1　周期性速度波动产生的原因

作用在机械上的驱动力矩和阻抗力矩在稳定运转状态下往往是原动件转角 φ 的周期性函数，其等效驱动力矩 M_{ed} 与等效抗阻力矩 M_{er} 必然也是等效构件转角 φ 的周期性函数。

图 10.5(a)所示为某一机构在稳定运转过程中其等效构件在一个周期转角 φ_T 所受等效驱动力矩 M_{ed} 与等效阻抗力矩 M_{er} 的变化曲线。

在等效构件回转过 φ 时（设起始位置为 φ_a），其驱动功与阻抗功分别为

$$\begin{cases} W_d(\varphi) = \displaystyle\int_{\varphi_a}^{\varphi} M_{ed}(\varphi)\,\mathrm{d}\varphi \\ W_r(\varphi) = \displaystyle\int_{\varphi_a}^{\varphi} M_{er}(\varphi)\,\mathrm{d}\varphi \end{cases} \tag{10-8}$$

也就是等效构件从起始位置 φ_a 转过 φ 角时，等效力矩 M_{ed} 所做的功的增量为

$$\Delta W = W_d(\varphi) - W_r(\varphi) = \int_{\varphi_a}^{\varphi} M_{ed}(\varphi)\,\mathrm{d}\varphi - \int_{\varphi_a}^{\varphi} M_{er}(\varphi)\,\mathrm{d}\varphi \tag{10-9}$$

式中，ΔW 称为盈亏功。当 $\Delta W > 0$ 时，称为盈功；当 $\Delta W < 0$ 时，称为亏功。

机械动能的增量为

$$\Delta E = \Delta W = \frac{1}{2} J_e(\varphi)\omega^2(\varphi) - \frac{1}{2} J_{ea}\omega_a^2 \tag{10-10}$$

由此可得到机械动能 $E(\varphi)$ 的变化曲线，如图 10.5(b)所示。

分析图 10.5(a)中 bc 段曲线的变化可以看出，由于 $M_{ed} > M_{er}$，因而机械的驱动功大于

阻抗功，多余的功在图中以"＋"表示，称为盈功，在这一运动过程中，等效构件的角速度由于动能的增加而上升。在 cd 段，由于 $M_{ed} < M_{er}$，因而机械的驱动功小于阻抗功，不足的功在图中以"－"表示，称为亏功，等效构件的角速度由于动能减少而下降。

在等效力矩 M_e 和等效转动惯量 J_e 的变化的公共周期（假设 M_{ed} 的变化周期为 4π，M_{er} 的变化周期是 3π，J_e 的变化周期为 2π，则其公共周期为 12π，在该公共周期的始末，等效力矩与等效转动惯量的值均应分别相同）内，即图 10.5(a) 中 φ_a 到 $\varphi_{a'}$ 的一段中，驱动功等于阻抗功，则机械动能的增量为零，即

$$\int_{\varphi_a}^{\varphi_{a'}} (M_{ed} - M_{er}) \mathrm{d}\varphi = \frac{1}{2} J_{ea'} \omega_{a'}^2 - \frac{1}{2} J_{ea} \omega_a^2 = 0 \tag{10-11}$$

于是，经过等效力矩 M_e 和等效转动惯量 J_e 的变化的一个公共周期，机械的动能恢复到原来的值，因而等效构件的角速度也恢复到原来的值，如图 10.5(c) 所示。

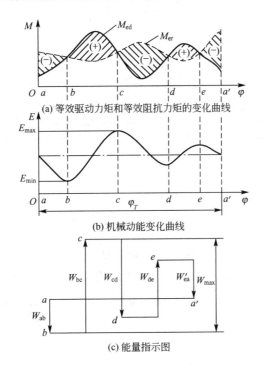

(a) 等效驱动力矩和等效阻抗力矩的变化曲线

(b) 机械动能变化曲线

(c) 能量指示图

图 10.5　周期性速度波动产生的原因

由此可知，机械系统在外力（驱动力和各种阻抗力）的作用下运转时，如果每一瞬时都保证所做的驱动功与各种阻抗功相等，机械系统就能保持匀速运转。但是，多数机械系统在工作时并不能保证这一点，从而导致机械在驱动功大于或小于阻抗功的情况下工作，机械转速就会升高或降低，出现波动。周期性速度波动是指机械系统动能增减呈周期性变化造成等效构件角速度随之做周期性波动。

10.3.2　周期性速度波动的不均匀系数

为了对机械稳定运转过程中出现的周期性速度波动进行分析，首先要了解衡量速度波动程度的几个参数。

图 10.6 所示为在一个周期内等效构件角速度的变化曲线。

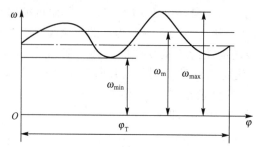

图 10.6　一个周期内等效构件角速度的变化曲线

在工程实际应用中，等效构件的平均角速度 ω_m 常近似地采用算术平均值表示为

$$\omega_m = \frac{\omega_{max} + \omega_{min}}{2} \qquad (10-12)$$

ω_m 可查机械铭牌上的 $n(r/min)$ 进行换算。

机械速度波动的程度不能仅用角速度波动的幅度 $(\omega_{max} - \omega_{min})$ 来表示。因为当 $(\omega_{max} - \omega_{min})$ 一定时，低速机械和高速机械变化的相对百分比是不同的，对低速机械速度波动的影响十分严重，而对高速机械就不太明显。因此，平均角速度 ω_m 也是一个重要指标。综合考虑这两方面的因素，可用速度波动不均匀系数(或称速度不均匀系数) δ 来表示机械速度波动的程度，其定义为角速度波动的幅度 $(\omega_{max} - \omega_{min})$ 与平均角速度之比，即

$$\delta = \frac{\omega_{max} - \omega_{min}}{\omega_m} \qquad (10-13)$$

不同类型的机械，对速度不均匀系数的要求是不同的。表 10-1 列出了一些常用机械速度不均匀系数的许用值 $[\delta]$，供设计时参考。在设计机械时，应满足

$$\delta \leqslant [\delta] \qquad (10-14)$$

如果 $\delta > [\delta]$，机械的正常工作将受到影响。例如，驱动照明用的发电机组，如果速度波动很大 $(\delta > [\delta])$，将会引起电压和电流的变化，使灯光忽明忽暗，闪烁不定。

表 10-1　常用机械运转速度不均匀系数的许用值 $[\delta]$

机械的名称	$[\delta]$	机械的名称	$[\delta]$
碎石机	1/20～1/5	水泵、鼓风机	1/50～1/30
冲床、剪床	1/10～1/7	造纸机、织布机	1/50～1/40
轧压机	1/25～1/10	纺纱机	1/100～1/60
汽车、拖拉机	1/60～1/20	直流发电机	1/200～1/100
金属切削机床	1/40～1/30	交流发电机	1/300～1/200

为了减少机械运转时的周期性速度波动，可以在机械中安装一个转动惯量很大的回转件——飞轮，以调节周期性速度波动。

10.3.3　周期性速度波动调节的基本原理

由图 10.5(b)可见，在 b 点出现能量最小值 E_{min}，而在点 c 出现能量最大值 E_{max}。故在 φ_b 和 φ_c 之间出现最大盈亏功 ΔW_{max}，即驱动功和阻抗功之差的最大值，其值可由

式(10－15)计算。

$$\Delta W_{\max} = E_{\max} - E_{\min} = \int_{\varphi_b}^{\varphi_c} \left[M_{ed}(\varphi) - M_{er}(\varphi) \right] d\varphi \tag{10-15}$$

如果忽略等效转动惯量中的变量部分，即设机械的等效惯量 J_e 为常数，则当 $\varphi = \varphi_b$ 时，$\omega = \omega_{\min}$；当 $\varphi = \varphi_c$ 时，$\omega = \omega_{\max}$，由式(10－15)可得

$$\Delta W_{\max} = E_{\max} - E_{\min} = \frac{1}{2} J_e(\omega_{\max}^2 - \omega_{\min}^2) = J_e \omega_m^2 \delta$$

对于机械系统原来具有的转动惯量 J_e 来说，等效构件的速度不均匀系数 δ 为

$$\delta = \frac{\Delta W_{\max}}{J_e \omega_m^2}$$

当速度不均匀系数 $\delta > [\delta]$ 时，为了调节机械的周期性速度波动，可在机械上安装飞轮。飞轮的等效转动惯量为 J_F，则由上式得

$$\Delta W_{\max} = (J_e + J_F) \omega_m^2 \delta$$

所以

$$\delta = \frac{\Delta W_{\max}}{\omega_m^2 (J_e + J_F)} \tag{10-16}$$

由于对某一具体机械而言，$\Delta W_{\max}$、ω_m 及 J_e 都是确定的。由式(10－16)可知，在机械上安装具有足够大的转动惯量 J_F 的飞轮后，可以使 δ 下降到许可的范围之内，满足工程的需要，达到调节机械波动的目的。

飞轮在机械中的作用，实质上相当于一个能量储存器。当机械中驱动功大于阻抗功时，机械主轴速度增大，飞轮的角速度也增大，但是由于飞轮的惯性作用，阻止了主轴速度迅速增大。此时飞轮动能的增大相当于将一部分多余的驱动功以能量的形式储存起来。由于飞轮的转动惯量很大，因此吸收多余的能量后主轴速度只是略增而不至于过大。反之，当阻抗功大于驱动功时，机械主轴速度下降，飞轮的角速度也下降，由于惯性作用，飞轮又阻止了主轴速度的迅速下降。此时飞轮就将高速转动时储存的能量释放出来以弥补驱动功的不足。同样，由于飞轮的转动惯量很大，释放能量后主轴速度只是略降而不至于过大。由此可见，采用具有很大转动惯量的飞轮储存和释放能量就可达到减小周期内机械主轴运转速度波动幅度的目的。

安装飞轮能减小周期速度波动的程度。但要强调指出，安装飞轮不能使机器运转速度绝对不变，也不能解决非周期性速度波动的问题。因为如果在一个时期内，输入功一直小于总耗功(为克服有效阻力所需的有效功 W_r 和克服有害阻力消耗的损失功 W_f)，则飞轮能量将没有补充的来源，也就起不了储存和释放能量的调节作用。

对于一个工作循环中工作时间很短但有很大尖峰负载的某些机械，如冲床、剪床及某些轧钢机，就可利用飞轮在机械非工作时间所储存的能量来帮助克服其尖峰负载。在安装飞轮后可以采用功率较小的电动机拖动，进而达到减少投资及降低能耗的目的。惯性玩具小汽车就利用了飞轮储存和释放能量这种功能。较新的应用研究有利用飞轮在汽车制动时吸收能量和汽车起动时释放能量以节省能源，在太阳能及风能发电装置上安装飞轮充当能量平衡器(储能器)，等等。

10.3.4　飞轮转动惯量 J_F 的近似计算

由式(10－14)和式(10－16)得出

$$J_F \geqslant \frac{\Delta W_{\max}}{\omega_m^2 [\delta]} - J_e$$

如果 $J_e \ll J_F$，则 J_e 可以忽略不计，于是上式可近似写为

$$J_F \geqslant \frac{\Delta W_{max}}{\omega_m^2 [\delta]} \qquad (10-17)$$

以平均转速 $n(r/min)$ 代替平均角速度 ω_m，则飞轮的转动惯量为

$$J_F \geqslant \frac{900 \Delta W_{max}}{\pi^2 n^2 [\delta]} \qquad (10-18)$$

由式(10-17)和式(10-18)可知如下内容。

(1) 忽略 J_e 后算出的飞轮转动惯量 J_F 将比实际需要的大，从满足运转平稳性的要求来看是趋于安全的。当 ΔW_{max} 与 ω_m 一定时，若加大飞轮转动惯量 J_F，则机械的速度波动系数 δ 将下降，起到减小机械运转速度波动的作用，达到机械调速的目的。但是，如果 $[\delta]$ 取值过小，飞轮的转动惯量 J_F 会过大。而且飞轮的转动惯量 J_F 是一个有限值，不可能使 $[\delta]=0$。因此，不能过分追求机械运转速度的均匀性，否则将会使飞轮过于笨重。

(2) 当 ΔW_{max} 和 $[\delta]$ 一定，飞轮转动惯量 J_F 与其转速 n 的二次方成反比。为了减小飞轮的转动惯量，应该将飞轮安装在机械的高速轴上。在实际设计中还必须考虑安装飞轮轴的刚性和结构上的可能性。

为了计算飞轮转动惯量 J_F，关键是确定盈亏功 ΔW。对于一些比较简单的情况，机械最大动能 E_{max} 和最小动能 E_{min} 出现的位置可直接由图 10.5(a)看出，对于较复杂的情况，则可借助能量指示图来确定，现以图 10.5 为例加以说明。图 10.5(a)所示为某一机构在稳定运转过程中其等效构件在一个周期转角 φ_T 所受等效驱动力矩 M_{ed} 与等效阻抗力矩 M_{er} 的变化曲线，两曲线所包围的面积代表相应区间等效驱动功和等效阻抗功差的大小。在相应区间上，若等效驱动力矩大于等效阻抗力矩，则为盈功，若等效驱动力矩小于等效阻抗力矩，则为亏功。最大盈亏功 ΔW_{max} 则为对应于机械主轴角速度从 ω_{min} 变化到 ω_{max} 过程中功的变化量。可用图 10.5(c)所示的能量指示图来帮助确定 ω_{max} 和 ω_{min}。选一水平基线代表运动循环开始时机械的动能，取任意点 a 作起点，按一定比例作矢量线段 $\overrightarrow{ab}$、$\overrightarrow{bc}$、$\overrightarrow{cd}$、$\overrightarrow{de}$、$\overrightarrow{ea'}$ 依次表示相应位置 M_{ed} 与 M_{er} 之间所包围的面积 W_{ab}、W_{bc}、W_{cd}、W_{de} 和 $W_{ea'}$ 的大小和正负。盈功为正，箭头向上；亏功为负，箭头向下；各段首尾相连，构成封闭矢量图。由于在一个循环的起始位置与终止位置处的动能相等，因此能量指示图的首尾应在同一水平线上，即形成封闭的台阶形折线。由图 10.5(c)可明显看出点 b 处动能最小，点 c 处动能最大，而折线的最高点和最低点的距离 W_{max} 就代表了最大盈亏功 ΔW_{max} 的大小。

【例 10.3】 图 10.7(a)所示为某机械在一个稳定运转周期中的等效阻抗力矩 M_{er}（单位为 $N \cdot m$）的变化曲线，等效驱动力矩 M_{ed} 为常数（其值待求），主轴的平均角速度 $\omega_m = 50 rad/s$，许用不均匀系数 $[\delta]=0.04$。若不计原系统的转动惯量 J_e，试求飞轮的转动惯量 J_F。

解：

(1) 确定等效驱动力矩 M_{ed}。首先根据稳定运转的一个周期中，等效驱动力矩所做的功 W_{ed} 与等效阻抗力矩所做的功 W_{er} 应相等，即

$$2\pi M_{ed} = 320 N \cdot m \times \left(\frac{\pi}{4} + \frac{\pi}{2} \right)$$

所以 $\qquad\qquad\qquad\qquad M_{ed} = 120 N \cdot m$

即等效驱动力矩 M_{ed} 如图 10.7(a)中虚线所示。

（2）画能量指示图，并确定最大盈亏功 $\Delta W_{\max}$。由图 10.7(a)可知，W_1、W_3 为盈功，W_2、W_4 为亏功。

$$W_1 = 120\text{N} \cdot \text{m} \times \frac{3\pi}{4} = 90\pi\text{N} \cdot \text{m}$$

$$W_2 = (120 - 320)\text{N} \cdot \text{m} \times \frac{\pi}{4} = -50\pi\text{N} \cdot \text{m}$$

$$W_3 = 120\text{N} \cdot \text{m} \times \frac{\pi}{2} = 60\pi\text{N} \cdot \text{m}$$

$$W_4 = (120 - 320)\text{N} \cdot \text{m} \frac{\pi}{2} = -100\pi\text{N} \cdot \text{m}$$

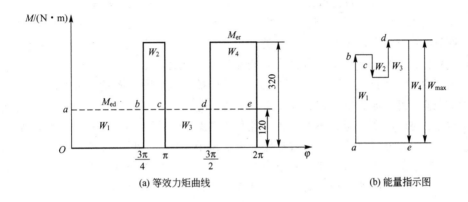

(a) 等效力矩曲线　　　　(b) 能量指示图

图 10.7　确定某机械的飞轮转动惯量

画出能量指示图，如图 10.7(b)所示。由图可见，d 点最高，e 点最低，故在图 10.7(a)中 de 间的面积即为最大盈亏功，即

$$\Delta W_{\max} = |W_4| = 100\pi\text{N} \cdot \text{m}$$

最后由式(10-17)得飞轮的转动惯量为

$$J_F = \frac{\Delta W_{\max}}{\omega_m^2 \times [\delta]} = \frac{100\pi}{50^2 \times 0.04}\text{kg} \cdot \text{m}^2 = 3.14\text{kg} \cdot \text{m}^2$$

10.3.5　非周期性速度波动的调节

1. 非周期性速度波动产生的原因

如果在机械运转过程中，等效力矩 $M_e = M_d - M_r$ 的变化是非周期性的，则机械运动就会出现非周期性的速度波动，从而破坏机械的稳定性运转状态。若在长时间内出现 $M_d > M_r$，则机械运转的速度会不断升高，从而发生所谓的"飞车"现象，使机械遭到破坏。反之，若出现 $M_d < M_r$，则机械会逐渐停止运转。为了避免上述两种情况的发生，必须对非周期性速度波动进行调节，以使机械系统重新恢复稳定运转，因此就需要设法使驱动力矩与有效阻力矩恢复平衡关系。

2. 非周期性速度波动的调节方法

对于非周期性速度波动，安装飞轮是不能达到调节目的的，这是因为飞轮的作用只是"吸收"和"释放"能量，它既不能创造能量，也不能消耗能量。

非周期性速度波动的调节问题可分为以下两种情况。

（1）当机械的原动机所发出的驱动力矩是速度的函数且具有下降的趋势时，机械具有自动调节非周期性速度波动的能力。例如，用电动机作为原动机的机械可以利用电动机本身所具有的"自调性"来保证机械的稳定运转。对于选用电动机作原动机的机械系统，其本身就可使驱动力矩和阻抗力矩协调一致。因为当电动机的转速由于 $M_{er} > M_{ed}$ 而下降时，其产生的驱动力矩将增大；反之，当因 $M_{ed} > M_{er}$ 引起电动机转速上升时，驱动力矩将减小，自动地重新达到平衡，这种性能称为自调性。

（2）对于没有自调性的机械系统（如采用蒸汽机、汽轮机或内燃机作为原动机的机械系统），就必须安装一种专门的调节装置——调速器，以调节机械出现的非周期性速度波动。调速器的种类很多，按执行构件分类，主要有机械式、气动式、机械气动式、液压式、电液或电子式等。最简单的机械式调速器是离心调速器。

图 10.8 为燃气涡轮发动机中采用的离心调速器的示意图。图中离心球 2 的支架 1 与发动机轴相连，离心球 2 铰接在支架 1 上，并通过连杆 3 与活塞 4 相连。在稳定运转状态下，发动机轴的角速度 ω 保持不变。由油箱供给的燃油一部分通过增压泵 7 增压后输送到发动机中，另一部分多余的油则经过油路 a 进入调节油缸 6，再经油路 b 回到油泵进口处。当由于外界工作条件变化而引起有效阻力矩减小时，发动机的转速 ω 将增大。这时离心球将因离心力的增大而向外摆动，通过连杆推动活塞向右移动，从而使被活塞部分封闭的回油孔间隙增大，因此使得回油量增大，输送给发动机的油量减少。故发动机的驱动力矩相应地有所下降，机械又重新归于稳定运转。反之，如果有效阻力增加，发动机的转速 ω 下降，离心球的离心力减小，使得活塞在弹簧 5 的作用下向左移动，回油孔间隙减小，从而导致回油量减小，供给发动机的油量增加。于是发动机发出的驱动力矩与有效阻力矩将再次达到新的平衡，从而使发动机恢复稳定运转。

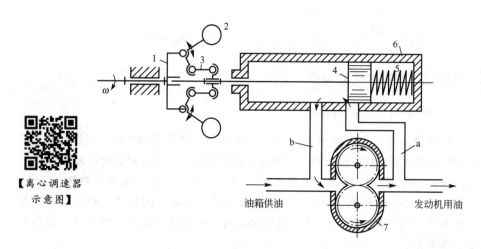

【离心调速器
示意图】

油箱供油　　　　　　发动机用油

图 10.8　离心调速器示意图

1—支架；2—离心球；3—连杆；4—活塞；5—弹簧；6—调节油缸；7—增压泵；a、b—油路

液压调速器具有良好的稳定性和较高的静态调节精度，但其结构工艺复杂、制造成本高。大功率柴油机多采用液压调速器。

电子调速器具有很高的静态和动态调节精度，易实现多功能、远距离和自动化控制及多机组同步并联运行。电子调节系统由各类传感器把采集到的各种信号转换为电信号输入计算机，经计算机处理后发出指令，由执行机构完成控制任务。例如，在航空电源车、自动化电站、低噪声电站、高精度的柴油发电机组和大功率船用柴油机中就采用了电子调速器。

有关调速器更深入的研究及设计等问题，已经超出本课程的范围，这里就不再讨论了。

习　　题

1. 思考题

10-1　通常机械的运转过程分为几个阶段？各阶段的功能特征是什么？何谓等速稳定运转和周期变速稳定运转？

10-2　建立机械系统动力学模型的目的是什么？等效构件的运动为什么能代表机械的运动？

10-3　什么是机械运转速度波动不均匀系数？它表示机械运转的什么性质？是否速度波动不均匀系数越小越好？

10-4　飞轮有何作用？应把飞轮安装在高速构件上还是安装在低速构件上？

10-5　试述机械运转过程中产生周期性速度波动及非周期性速度波动的原因，以及它们各自的调节方法。

10-6　离心式调速器如何调速？

2. 填空题

10-7　设某机械的等效转动惯量为常数，则该机械等速稳定运转的条件是_____，变速稳定运转的条件是_____。

10-8　机械中安装飞轮的目的是_____。

10-9　在机械的稳定运转时期，机械主轴的转速可有两种不同情况，即_____稳定运转和_____稳定运转。在前一种情况，机械主轴速度是_____；在后一种情况，机械主轴速度是_____。

10-10　机械运转时的速度波动有_____速度波动和_____速度波动两种，前者采用_____进行调节，后者可采用_____进行调节。

10-11　在以转动件作为等效构件建立机械系统的等效动力学模型时，其主要工作是计算等效_____和等效_____。

10-12　等效转动惯量是_____的函数。

10-13　飞轮应优先装在被调速系统的_____上。

10-14　在以移动件作为等效构件建立机械系统的等效动力学模型时，其主要工作是计算等效_____和等效_____。

10-15　对于单自由度机械系统来说，等效力和等效力矩与机构中各活动构件的_____无关，与_____有关。

10－16　当机械系统中的驱动功与阻抗功不等时将出现_____功，若驱动功大于阻抗功，称为_____功。

3.　判断题(正确的在括号内画√，错误的画×)

10－17　等效质量或等效转动惯量是机器所有运动构件的质量或转动惯量的合成总和。　　　　　　　　　　　　　　　　　　　　　　　　　　　　（　　）

10－18　用等效力和等效力矩代替作用于机器上的外力和外力矩，则机器运动规律不变。　　　　　　　　　　　　　　　　　　　　　　　　　　　　（　　）

10－19　等速稳定运转中，在任一时间间隔内驱动功等于阻抗功；在任一瞬时，机器的动能增量等于零。　　　　　　　　　　　　　　　　　　　　　　　　（　　）

10－20　飞轮可消除机器速度波动。　　　　　　　　　　　　　　　　（　　）

10－21　机器运转不均匀性系数的许用值选得越小则机器速度波动越小，但选用时又不能太小。　　　　　　　　　　　　　　　　　　　　　　　　　　　（　　）

10－22　在机器的起动阶段及停车阶段，动能增量不等于零。　　　　（　　）

10－23　机器的非周期性速度波动，一般可用飞轮进行调节。　　　　（　　）

10－24　内燃机发出的驱动力是活塞位置的函数，电动机发出的驱动力是转子角速度的函数。　　　　　　　　　　　　　　　　　　　　　　　　　　　　（　　）

4.　分析计算题

10－25　写出以移动构件作为等效构件时，机械系统等效动力学模型中等效质量的计算公式，并说明计算公式中各量的物理意义。

10－26　在图10.9所示的导杆机构中，已知构件 $l_{AB}=100\text{mm}$，$\varphi_1=90°$，$\varphi_3=30°$，导杆3对轴 C 的转动惯量 $J_C=0.006\text{kg}\cdot\text{m}^2$，其他构件的质量忽略不计。作用在导杆3上的阻抗力矩 $M_3=100\text{N}\cdot\text{m}$。试求此机构转化到曲柄1上的等效阻抗力矩 M_{er} 和转化到轴 A 上的等效转动惯量 J_{e1}。

10－27　图10.10所示的简易机床的主传动系统，由一级带传动和两级齿轮传动组成。已知直流电动机的转速 $n_0=1500\text{r/min}$，小带轮直径 $d=100\text{mm}$，转动惯量 $J_d=0.1\text{kg}\cdot\text{m}^2$，大带轮直径 $D=200\text{mm}$，转动惯量 $J_D=0.3\text{kg}\cdot\text{m}^2$，各齿轮的齿数和转动惯量分别为 $z_1=32$、$J_1=0.1\text{kg}\cdot\text{m}^2$，$z_2=56$、$J_2=0.2\text{kg}\cdot\text{m}^2$，$z_{2'}=32$、$J_{2'}=0.1\text{kg}\cdot\text{m}^2$，$z_3=56$、$J_3=0.25\text{kg}\cdot\text{m}^2$。要求在切断电源2s后，利用装在轴Ⅰ上的制动器制动整个传动系统，求所需的制动力矩。

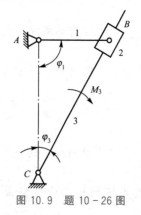

图10.9　题10－26图

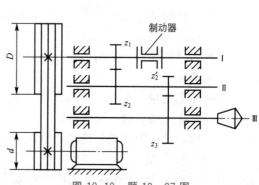

图10.10　题10－27图

10-28 一机器稳定运转，其中一个运动循环的等效阻抗力矩 M_{er} 与等效驱动力矩 M_{ed} 的变化曲线如图 10.11 所示，等效阻抗力矩 M_{er} 的最大值为 $200\text{N} \cdot \text{m}$，等效转动惯量 $J = 0.14\text{kg} \cdot \text{m}^2$，在运动循环开始时，等效构件的平均角速度 $\omega_0 = 20\text{rad/s}$。

（1）求等效驱动力矩 M_{ed} 的大小。

（2）求等效构件的最大角速度 ω_{max} 和最小角速度 ω_{min}，并指出其出现的位置。

（3）求最大盈亏功 ΔW_{max}。

（4）若运转不均匀系数 $\delta = 0.125$，则应在等效构件上加多大转动惯量的飞轮？

10-29 某机械系统以其主轴为等效构件，已知主轴稳定运转一个周期(3π)的等效阻力矩 M_{er} 变化情况如图 10.12 所示，等效驱动力矩 M_{ed} 为常数，主轴的平均角速度和许用的速度不均匀系数均已给定。

（1）求等效驱动力矩 M_{ed} 的大小。

（2）求出现最大角速度和最小角速度时对应的主轴转角。

（3）采取什么方法来调节该速度波动？简述调速原理。

（4）若用飞轮调节速度波动，增大飞轮质量就能使速度没有波动，对吗？为什么？

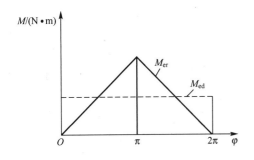

图 10.11 题 10-28 图

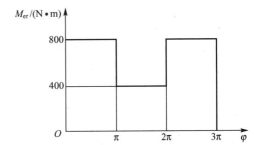

图 10.12 题 10-29 图

10-30 一发动机的输出力矩 M_{ed} 简化图如图 10.13 所示，若该机械的等效阻抗力矩 M_{er} 为常数。不计机械中其他构件的质量，当 $\delta = 0.02$，平均转速 $n_m = 1000\text{r/min}$ 时，试确定如下量。

（1）等效阻力矩 M_{er}。

（2）曲柄（等效构件）的角速度在何处最大？何时最小？

（3）最大盈亏功 ΔW_{max}。

（4）飞轮的等效转动惯量 J_F。

10-31 图 10.14 所示为内燃机的曲柄输出力矩 M_{ed} 随曲柄转角 φ 的变化情况，其运动周期 $\varphi_T = \pi$，曲柄的平均转速 $n_m = 620\text{r/min}$。当用该内燃机驱动阻抗力为常数的机械时，如果要求其运转不均匀系数 $\delta = 0.01$。

（1）求曲轴最大转速和相应的曲柄转角位置 φ_{max}。

（2）求安装在曲轴上的飞轮的转动惯量 J_F（不计其余构件的转动惯量）。

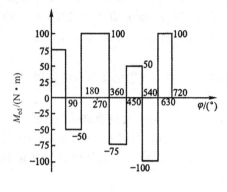

图 10.13 题 10-30 图

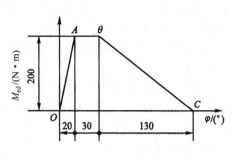

图 10.14 题 10-31 图

第11章
机械系统的方案设计

教学提示

本章主要介绍机械系统方案设计的任务和步骤，机构的选型及组合，机构系统运动方案的设计，机构构件间运动的协调及机械运动循环图，并通过实例介绍机械系统运动方案的构思及设计。

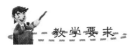

教学要求

了解机械系统方案设计的任务和步骤。
了解在拟定机械系统方案时应考虑的基本原则。
了解机构选型的基本知识及机构构件间运动协调的设计和机械运动循环图的设计。

11.1 概　　述

简单机械可以由单一机构组成，而复杂机械则是由多种不同类型的机构通过合理的组合、有序的连接而构成的系统。本章将进一步介绍机构间的组合方式、运动特性和设计方法；探讨如何根据执行构件的运动要求选择机构的形式，以及如何协调各执行机构的运动等问题，即机械系统的方案设计。方案设计阶段是决定产品性能、成本及竞争能力的关键环节，也是整个机械设计过程的重要环节。对设计师而言，是最具吸引力和挑战性的工作。

11.1.1 机械设计的一般过程

机械设计是指规划和设计能够实现预期功能的新机械或改进原有机械的性能。

首先，机械设计应满足如下基本要求。

（1）可行性。能够实现预期功能，满足使用要求。

（2）安全性。许多重大事故出自机械故障，故机械设计必须以人为本。凡关系到人身安全或会产生重大设备事故的零部件都必须进行认真、严格的设计计算或校核计算，不能凭经验或以"类比"代替。

（3）可靠性。零部件、整机应具有较高的可靠性。在预定的使用期限内不发生或少发生故障。大修或更换易损件的周期不宜太短，以免经常停机影响生产。

（4）经济性。良好的经济性不仅体现在制造成本低廉，更应体现在机器使用中的高效率、低能耗。

（5）环保性。机器噪声不超标。不采用石棉等禁用的原材料。确保机械使用过程不泄漏水、油，不产生粉尘和烟雾。符合相关环保法规要求。

除此之外，欲使产品具有市场竞争力，机械设计师还应与艺术设计人员密切配合，力求产品造型美观。

在明确设计要求之后，机械设计包括以下主要内容：确定机械的工作原理，选择适宜的机构；拟定设计方案；进行运动分析和动力分析，计算作用在各构件上的载荷；进行零部件工作能力计算、总体设计和结构设计。

一部机器的诞生，从感到某种需要、萌生设计念头、明确设计要求开始，经过设计、制造、鉴定直到产品定型，是一个复杂、细致的过程。设计人员要善于把设计构思、设计方案，用语言、文字、图形等方式传递给主管人和协作者，以获得支持。除技术问题外，设计人员还要论证下列问题：①此设计是否确实为人们所需要；②有哪些特色，能否与同类产品竞争；③制造上是否经济；④保养维修是否方便；⑤是否有市场；⑥社会效益与经济效益如何；等等。

设计人员不仅要富有创造精神，又要从实际出发；要善于调查研究，广泛听取用户和工艺人员的意见，在设计、加工、安装、调试过程中及时发现问题，反复修改，以期取得最佳的成果，并从中积累设计经验。

现将机械设计的一般过程归纳于表 11-1。

表 11-1 机械设计的一般过程

阶段	序次	步 骤	目 标
规划	1	进行产品规划，提出机器功能要求，明确设计任务	设计任务书(设计、审定的依据)
	2	进行功能分析，选择机器工作原理，确定工艺动作过程	工作原理和工艺过程图(初步的机器运动循环图)
方案设计	3	分解工艺动作为几个独立运动，确定工艺动作过程	确定机器执行构件数目和运动规律
	4	分解工艺动作为几个独立运动，确定实现该运动的构件(执行构件)	机构示意图
	5	确定各执行机构的运动协调关系	机械运动循环图和整机机构示意图
	6	根据各机构运动规律、动力条件确定机构尺寸和各机构间的相对尺寸	各机构运动简图和整机组合尺寸、修订机械运动循环图
详细设计	7	结构设计，选定主要零件材料，确定零件结构、外形和尺寸	结构和外形草图
	8	总体设计	总体装配图
	9	零部件设计	零部件图
	10	编定技术文件	计算书、说明书等
实验试制	11	通过试制、实验发现问题	制作样机、评价分析
改进	12	改进设计	产品定型

步骤 1~2 是产品的规划阶段，其中"功能要求"包含机器规格、执行、使用和制造等方面的有关要求，是机械设计的前提。步骤 3~6 是机械系统方案的拟定阶段，主要是实现机器的执行功能，并有承上启下的作用，是机械设计的关键。步骤 7~12 是详细设计阶段，确定了实现机器全部功能的具体构形，是机械设计的最后成果。

步骤 1~6 是本课程的主要内容，步骤 7~12 是后续课程"机械设计"的主要内容。

11.1.2 机械系统方案设计的任务与步骤

1. 机械系统方案设计的任务

由于各种机器的要求各式各样，动作千变万化，单一机构往往难以实现。多数机器都是由若干不同的机构组合而成的系统。从表 11-1 可以看出，机械系统方案设计的主要任务是如何选择和组合机构，实现工艺动作所需要的运动要求。因此要求设计师能综合应用有关专业知识和基础知识进行综合考虑，善于运用已有知识和实践经验，从机构运动学的角度讨论机械系统方案的设计。这样既可使前面有关机构设计的内容联系起来，又可为进一步做好机械设计打下基础。

我们已经进入信息化时代，特别要求产品有竞争力和生命力，所以设计工作中需要强调创新。创新就是要有创造性，设计中的创造过程是一种高度强化的思维过程，只有靠设计师自身的强烈创新欲望和毅力，以丰富的知识和经验为基础，在先进的科学方法的指导下才能实现。

2. 机械系统方案设计的步骤

机械系统方案(机械运动简图)的设计过程，是一个复杂的创造性思维过程。设计者不仅需要掌握深入的机械设计理论和方法，而且要具备丰富的实践经验，尤其需要创造技法，充分发挥创造力，使机械运动方案设计达到满足功能要求、实现所期望的运动、经济、安全、可靠性好的基本要求。

机械系统方案设计流程如图11.1所示。

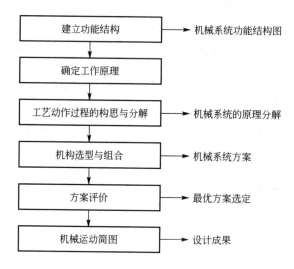

图 11.1　机械系统方案设计流程

下面简要地介绍机械运动系统方案设计过程中的几个主要步骤。

(1) 机械总功能的分解与功能结构的建立。机械总功能是指一台机械产品所具有的特定工作能力，即其所能完成的功能。在实践中，要设计的机械产品往往比较复杂，难以直接求得满足总功能要求的功能原理方案，因此可以先将总功能分解为多个分功能，将每个分功能又进一步分解为若干功能元，再分别对这些较简单的功能元进行求解，求得机械工作原理、工艺动作过程及实现工艺动作过程的功能原理的解，然后利用组合的方法，形成多个对总功能求解的功能原理方案。

功能结构是指总功能、分功能和功能元之间的相互关系。

根据机械的工作原理和功能原理解，就可以确定机械所需要的执行构件的数目、运动形式及它们之间的运动协调配合关系等。

(2) 绘制机械运动循环图。按机的工作原理、执行构件运动协调配合要求，绘制出机械运动循环图，作为各执行机构的选型及运动协调装配的依据。

(3) 选择合适的原动机并进行机构选型与组合。根据各执行构件的运动参数和生产阻力，选择合适的原动机，然后选择各机构的类型，进行型、数综合。在进行机构型综合时要考虑机构功能、结构、尺寸、动力特性等多种因素，同时要考虑机械运动循环图所提出的运动协调配合要求。机构选型时应该进行综合评价，择优选用。

（4）作出机械运动方案示意图。根据机械的工作原理、执行构件运动的协调配合要求和选定的各执行机构，拟定机构的组合方案，绘制出机械运动方案示意图。这种示意图表示了机械运动配合情况和机构组成状况，即机械运动系统的方案。对于运动情况比较复杂的机械，还可以采用轴侧投影的方法绘制出立体的机械运动方案示意图。

（5）各机构的尺度综合。根据各执行构件、原动件的运动参数，以及各执行构件运动的协调配合要求，同时还要考虑动力性能要求，确定各机构中构件的几何尺寸（机构的运动尺寸）等。在进行机构的尺度综合时要考虑机构的静态误差和动态误差的分析。

（6）绘制机械运动简图。对各机构尺度综合所得的结果，要从运动规律、动力条件、工作性能等多方面进行综合评价，确定合适的机构运动尺寸，然后绘制出机械运动简图。机械运动简图应按比例尺绘出各机构运动尺寸。由机械运动简图所求得的运动参数、动力参数、受力情况等，即可作为机械技术设计（包括总图、零部件设计等）的依据。

机械运动方案示意图应表达机械的工作原理、工艺动作过程和这些工艺动作相互协调的配合关系。为了构思和拟定机械系统方案，必须根据新机器所要达到的功能要求和工作性质来构想和选定机械工作原理。机械为完成同一功能要求可以采用不同的工作原理。例如，图 11.2 所示的螺栓的螺纹加工，可以采用车削加工原理、套螺纹工作原理和滚压工作原理等多种不同的螺纹加工原理。采用不同工作原理的机械，其机械系统方案是不同的，而对于同一种机械工作原理，也可以拟定出几种不同的机械系统方案。例如，采用范成法加工原理来切削直齿圆柱齿轮时，可以用滚齿机加工，也可以用插齿机加工。两者的机械系统方案是完全不一样的。

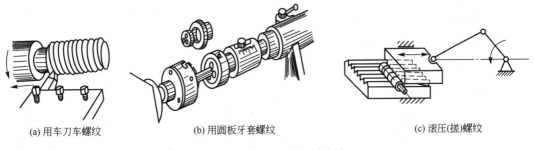

(a) 用车刀车螺纹　　　　(b) 用圆板牙套螺纹　　　　(c) 滚压(搓)螺纹

图 11.2　加工螺纹的几种方法

11.2　机构选型及机构系统运动方案设计

机构系统的运动方案设计，是指在设计任务明确之后，通过建立功能结构、确定工作原理、工艺动作过程的构思与分解、机构的选型与组合等步骤，形成机构系统运动方案的过程。

11.2.1　机构系统运动方案设计的基本原则

1. 功能结构的建立

功能分析法是系统设计中拟定功能原理方案的主要方法。一台机器所能完成的功能，常称为机器的总功能。例如，一台打印机，其总功能就是将计算机的各种信息打印在纸上供人阅读，打印机是由多个功能系统组成的，通过它们的协调工作来完成总功能。所以功能分析法就是将机械产品的总功能分解为若干功能元，通过对功能元求解，然后进行组合，可以得到多种机械产品方案。

采用功能分析法，不仅简化了实现机械产品总功能的功能原理方案的构思方法，而且有利于设计人员开阔创造性思维，采用现代设计方法来构思和创新，容易得到最优化的功能原理方案。

1）明确任务

首先要通过深入细致的市场调查，了解市场的需求，并对市场的情况进行分析和预测，提出机械新产品的研制规划。进行可行性论证后，拟定产品任务书。

产品任务书是开发新产品的依据，因此，必须明确产品要达到的功能，并对环境条件、接口条件、生产条件等提出具体的要求，使设计人员明确设计任务。

2）确定总功能

在此阶段，设计者从设计任务出发，通过对机械运动系统进行合理的抽象来确定设计任务的核心，最终提炼出实现本质功能的解。

例如，洗衣技术系统中，可以采用不同的功能原理方案，可以干洗（用溶剂吸收污物），也可以湿洗。在湿洗中，可以用冷水，也可以用热水。产生水流的工作头，可以采用波轮式、滚筒式或搅拌式。通过分析研究，确定总功能为实现功能目标的技术原理。

3）功能分解

总功能可以分解为分功能、二级分功能、功能元。它们之间的关系可以用功能结构来表示。功能元是直接能求解的功能单元。

2. 工作原理方案的设计

根据机器所要实现的功能（功用）采用的有关工作原理，由工作原理设计构思出工艺动作过程。这些设计内容就是工作原理方案的设计，包含了工作原理设计和工艺动作设计。工作原理方案设计的优劣决定了机械的设计水平和综合性能。因此，如何确定最优的工作原理方案是一件十分复杂的设计、创新工作。

1）工作原理的确定

确定工作原理，是指根据机械运动系统的功能来选择工作原理的阶段。

同一种功能可以应用不同的工作原理来实现，相应的工艺动作过程也不同，运动方案图也必然各不相同。工作原理的选择与产品的批量、生产率、工艺要求、产品质量、市场定位等有密切关系。在选定机器的工作原理时，不应墨守成规，而是要进行创新构思。构思一个优良的工作原理可使机器的结构既简单又可靠，动作既巧妙又高效。

2）工艺动作过程

机器的功能是通过它的工艺动作过程来完成的。例如，图11.3所示的平板印刷机，其功能就是通过如下的工艺动作过程来实现印刷工作的。①取出已印刷好的纸张；②墨辊向印版上滚刷油墨；③墨盘间歇转动一个位置，使油墨匀布于墨盘，以便墨辊滚过墨盘时得以均匀上墨；④将油墨容器内的油墨源源不断供应给墨盘；⑤空白纸张合在印版上完成印刷。

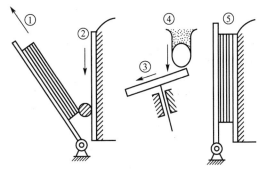

图11.3　平板印刷机的工艺动作过程

工艺动作取决于所实现的功能的工作原理，不同的工作原理会有不同的工艺动作过程。例如，滚齿原理和插齿原理二者的工艺动作过程是不同的。同样的工作原理也可以用不同的工艺动作过程来实现。

工艺动作过程是实现机器功能所需的一系列动作形式，按一定顺序组合而成的系列动作。一般来说，机器的工艺动作过程是比较复杂的，往往难以用某一简单的机构来实现。因此，从设计机械运动方案需要出发，把工艺动作过程分解为以一定时间序列表达的若干个工艺动作，这些工艺动作简称执行动作。相应地，把机械中完成执行动作的构件，称为执行构件。而把实现各执行构件所需执行运动的机构，称为执行机构。

在机械系统运动方案的确定过程中，确定执行动作、选择执行机构是机构系统运动方案设计中富有创造性的设计内容。而执行动作的多少、执行动作的形式及它们之间的协调配合等都与机械的工作原理、工艺动作过程及其分解等有着密切关系。

3）工艺动作过程构思与分解的基本原则

工艺动作过程构思是从机械系统的功能出发，根据工作原理构思可能的动作的过程。而工艺动作过程分解的目的则是确定执行动作的数目及它们之间的时间序列。工艺动作过程构思与分解的总要求是保证产品质量、生产率，力求机器结构简单、操作和维修方便、制造成本低和维护费用少等。为达到上述要求，一般应遵循以下几个基本原则。

（1）工艺动作集中原则与分散原则。所谓工艺动作集中原则，是指工件在一个工位上一次定位装夹，采用多刀、多面、多个执行构件运动同时完成几个执行动作，以达到工件的工艺要求。工艺动作集中原则可以保证加工质量，提高机器的生产率。例如，自动切书机就是采用了多刀、多面、多个执行构件同时或顺序完成加工工艺动作过程，这样既保证了切纸质量，又提高了生产率。

所谓工艺动作分散原则，是指将工件的加工工艺过程分解为若干工艺动作，并分别在各个工位上用不同的执行机构进行加工，以达到工件的工艺要求。由于工艺动作分散，执行机构完成每一道工艺动作的动作较简单，可以使机器生产率有较大的提高。例如，微型电动机的自动嵌绝缘纸工艺过程可分解为①送纸→②切纸→③插纸→④推纸→⑤分度等工艺动作，如图11.4所示；然后每一道工艺动作分别配置能完成简单工艺动作的执行机构，这样不论设计、制造、安装、调试及维修都十分简便。

工艺动作集中原则和分散原则从表面上看是有矛盾的，其实是依据实际情况，工艺

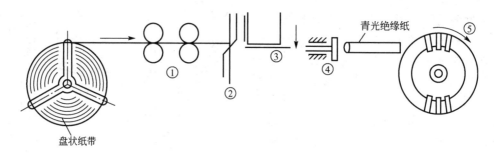

图 11.4   自动切纸机的工艺动作分析

动作能集中就尽量集中,工艺动作集中有困难就采取分散。集中是为了提高机器生产率,分散也是为了提高机器生产率,两个原则为了同一目的,只是在不同场合采用不同的方法。

(2)各工艺动作的工艺时间相等原则。对于多工位机械运动系统,工作循环的时间节拍有严格的要求,一般将各工位中停留时间最长的一道工艺动作的工作循环作为其时间节拍。为了提高生产率,应尽量缩短工作时间最长的一道工艺动作的工作时间。为此,可以采取提高这一工艺动作的工艺速度或者把这一工艺动作再分解等措施。

(3)多件同时处理原则。多件同时处理原则,是指在同一机械上同时处理几个工件,也就是同时采用相同的几套执行机构来处理多个工件。这样可以使机器的生产率成倍提高。例如,GY4-1型电脑多头绣花机就是采用了12套相同的执行机构(机头)来进行绣花工作,使工作效率一下子提高11倍。

(4)减少机器工件行程和空行程时间。在不妨碍各执行构件正常动作和相互协调配合的前提下,尽量使各执行机构的工作行程时间互相重叠、工作行程时间与空行程时间互相重叠、空行程时间与空行程时间互相重叠,从而缩短工件加工循环的时间,提高机器的生产率。

11.2.2   机构类型的选择

由于在机械系统运动方案的设计中,确定执行动作、选择执行机构是富有创造性的设计内容,因此选择合适的执行机构及其组合来实现所需求的工艺动作,即机构选型与组合就显得尤为重要。

1. 机构选型

机构选型是根据现有机构的功能进行选择,以获得初始运动方案,再利用演化或变异方法来进行改造与创新,寻求最优解。实现各种运动要求的现有机构的类型可以在各种机构手册或机构图库上获得。表 11-2 列出了常见的执行机构所能实现的常见的工艺动作。

除了表 11-2 中所列的执行机构的运动形式外,还有其他特殊功能的运动形式,如微动、补偿和换向等。表中所列的实现这些运动形式的机构只是很少的一部分,实际上具有上述几种运动形式的机构有数千种之多,可在各种机构设计手册或机构图库中查阅。

表 11-2 实现常见工艺动作的执行机构

执行构件运动形式		实际运动形式的常用执行机构	实际应用举例
旋转运动	连续旋转运动	双曲柄机构、转动导杆机构、齿轮机构、轮系、摩擦传动机构、挠性传动机构、双万向联轴器、某些组合机构等	车床、铣床的主轴及缝纫机的转动等
	间歇旋转运动	棘轮机构、槽轮机构、不完全齿轮机构、凸轮机构等	自动机床工作台的转位、步进滚齿的步进运动等
	往复摆动	曲柄摇杆机构、摇块机构、双摇杆机构、摆动导杆机构、摆动从动件凸轮机构、某些组合机构等	颚式碎石机动颚板的打击运动、电风扇的摇头运动等
直线移动	往复移动	曲柄滑块机构、移动导杆机构、正弦机构、正切机构、移动从动件凸轮机构、齿轮齿条机构、螺旋机构、某些组合机构等	压缩机活塞的往复运动、冲床冲头的冲压运动、插齿的切削运动等
	间歇往复移动	棘齿条机构、摩擦传动机构、间歇往复运动从动件凸轮机构、连杆机构	齿轮插齿机的让刀运动、自动机的间歇供料运动等
	单向间歇移动	棘齿条机构、液压机构等	刨床工作台的进给运动等
曲线运动		多杆机构、凸轮-连杆组合机构、齿轮-连杆组合机构、行星轮系与连杆组合机构等	捏面机捏面爪的运动、电影放映机抓片机构中抓片爪的运动等
刚体导引运动		铰链四杆机构、曲柄滑块机构、凸轮-连杆组合机构、齿轮-连杆组合机构等	造型机工作台的翻转运动、折叠椅的折叠运动等

利用执行构件的运动形式进行机构选型，十分直观、方便，设计者只需要根据给定的工艺动作的运动要求，从有关手册中查阅相应的机构即可。若所选机构的形式不能令人满意，则还可对机构进行变异或创新，以满足设计任务的要求。

但是利用该方法进行机构的选型时，由于对应于执行构件的每一种运动形式，有很多种机构都能实现，因此设计者必须根据工艺动作要求、受力大小、使用维修方便与否、制造成本高低、加工难易程度等各种因素进行分析、比较，然后择优选取。

例如，机械加工中常见的插床（图 11.5），主要用来插削键槽。为了提高插床的生产效率，插刀的空回时间应尽可能缩短。插床的运动特点是插刀做往复直线运动，在加工段最好速度均匀，而且具有急回特性。根据这些运动要求，就可以从按功能分类的相应机构形式中选择所需的机构。

但是，能完成同一动作、具有相同运动特点的机构往往有好几种，设计者应该择优选取。例如，上述插床的插削运动是由摆动导杆机构加上一个Ⅱ级杆组组成的六杆机构来完成的。这种六杆机构具有急回特性，行程速比系数 K 较大，并且插刀在工作段能做近似的匀速直线

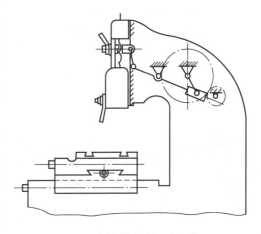

图 11.5 插床的插削运动机构

运动，整个机构的结构又较紧凑。所以，选择此六杆机构作为插床的插削运动机构是比较理想的选择。

2. 机构选型的基本原则

机构选型与组合的优劣与机器能否满足预定功能要求、制造难易、成本高低、运动精度高低、寿命长短、可靠性及动力性的好坏等密切相关。在进行机构的选型与组合时，设计者除了必须熟悉各种常用基本机构的功能、结构和特点之外，还应遵循以下基本原则。

1) 满足工艺动作和运动要求

选择机构首先应满足执行构件的工艺动作和运动要求。通常高副机构比较容易实现所要求的运动规律和轨迹，但是高副的曲面加工制造比较麻烦，而且高副元素容易磨损造成运动失真。低副机构的低副元素(圆柱面或平面)容易达到加工精度，但是它往往只能近似实现所要求的运动规律或轨迹，尤其当构件数目多时，累积误差大，设计也比较困难。从全面来考虑，应优先采用低副机构。例如，JA 型家用缝纫机的挑线机构采用摆动从动件圆柱凸轮机构(图 11.6)，而 JB 型家用缝纫机的挑线机构则采用连杆机构(图 11.7)。虽然前者挑线孔的轨迹比较容易满足使用要求，但是其凸轮廓线加工比较复杂，而且容易磨损。而使用连杆机构后，虽然其挑线孔的轨迹只能近似实现所要求的运动轨迹，但借助计算机进行优化设计，可把误差控制在允许的范围内，同样可以使挑线孔轨迹满足使用要求。

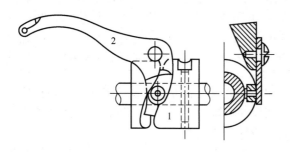 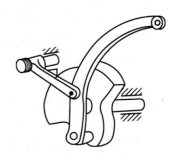

图 11.6　凸轮式挑线机构　　　　　　　图 11.7　连杆式挑线机构

机构在制造安装中不可避免地会产生误差，可能使其达不到设计要求；另外，在生产过程中有时为了使所选用的机构适应范围更广泛，必须根据实际情况的需要调整某些参数。鉴于上述理由，对所选机构应考虑其调整环节，或者选用能调节、补偿误差的机构，这样才能确保机构满足使用要求。如图 11.8(a)所示，通过紧定螺钉和螺旋副的调整可调

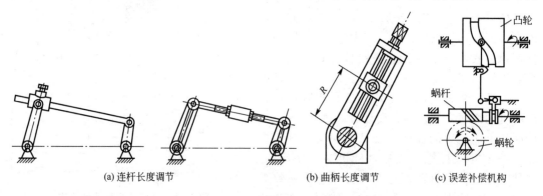

(a) 连杆长度调节　　　　　　(b) 曲柄长度调节　　　　(c) 误差补偿机构

图 11.8　调节、补偿机构

节连杆长度，满足不同要求；图 11.8(b)所示是通过转动螺杆使螺母移动，改变 R 的大小从而调节曲柄长度；图 11.8(c)所示是通过凸轮的转位，使蜗杆改变轴向位置，以达到蜗杆与蜗轮相对位置误差的补偿。

2）结构最简单、运动链最短

从运动输入的原动件到运动输出的执行构件间的运动链要最短，使构件和运动副的数量尽可能地少。这样不仅可以减少制造和装配的困难、减轻质量、降低成本，而且还可以减少机构的累积运动误差，提高机械的效率和工作可靠性。因此，在选型时，往往选用误差在许用范围内，但结构简单的机构，而不用理论上没有误差但其结构复杂的机构。图 11.9 所示为两种能实现直线运动的机构。其中图 11.9(a)所示是利用铰链四杆机构中连杆上 E 点的近似直线轨迹来实现直线运动的，而图 11.9(b)所示的平面八杆机构则是一种理论上能精确实现 E 点直线运动的机构。两种机构相比，后者的结构复杂许多，并且在相同的制造精度条件下，由于运动副中累积误差的影响，后者的实际传动误差是前者的2～3倍。因此，在一般情况下往往选择前者来实现直线运动。

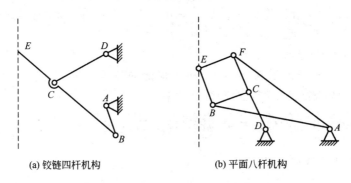

(a) 铰链四杆机构   (b) 平面八杆机构

图 11.9　两种能实现直线运动的机构

3）原动件的选择有利于简化结构和改善运动质量

目前各种机器的原动机大多采用电动机，也有采用液压缸或气缸的。在有液压、气压动力源时，尽量采用液压缸或气缸有利于简化传动链和改善运动质量，而且具有减振、易于减速、操作方便等优点，特别对于具有多执行构件的工程机械、自动机，其优越性就更突出。图 11.10 所示为两种摆杆机构的设计方案。显然，图 11.10(a)所示的摆动气缸方案的结构十分简单，但摆动气缸在传动时速度较难控制。若采用摆动电动机直接驱动摆杆，

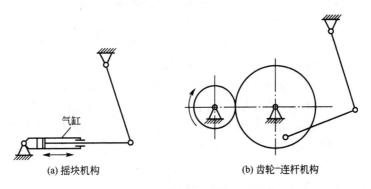

(a) 摇块机构   (b) 齿轮-连杆机构

图 11.10　两种摆杆机构的设计方案

则结构更简单，速度也比较容易控制。而图 11.10(b)所示的方案中，因为电动机一般转速较高，它必须通过减速机构才能使摆杆的摆动满足要求，因此其结构比图 11.10(a)复杂得多。

4）机构有尽可能好的动力性能

这一原则在设计高速机械或者载荷变化大的机构时尤应注意。对高速机械，机构选型要求应尽量考虑其对称性，对机构或回转件进行平衡使其质量合理分布，以求惯性力的平衡和减小动载荷。对于传力大的机构要尽量增大机构的传动角和减小压力角，以防止机构自锁，增大机器的传力效益，减小原动机的功率及其损耗。

5）具有较高的生产效率与机械效率

选用机构必须考虑其生产效率和机构效率，这也是节约能源，提高经济效益的重要手段之一。在选用机构时，应尽量减少中间环节，即传动链要短，并且尽量少采用移动副，因为这类运动副容易发生楔紧自锁现象。

此外，执行机构的选择要考虑与原动机的运动方式、功率、转矩及载荷特性能够相匹配、协调。不仅如此，还要使所选机构的传力特性好、机械效率高。例如，效率低的蜗杆机构应少用。在 2K-H 行星传动中应优先采用负号机构，因为通常它的效率比正号机构高；增速机构效率一般较低，也应尽量避免采用。

6）经济性和使用性能

所选用的机构应易于加工制造、成本低，应能使机器操纵方便、容易调整且安全耐用，还应使机器具有较高的生产效率和机械效率。

11.2.3　构件间运动的协调与机械运动循环图

1. 构件间运动的协调设计

完成执行动作的机构称为执行机构。一部复杂的机构，一般都会有若干个执行构件完成不同的工艺动作，因而就需要有若干个执行机构，故一部复杂的机械应该是若干个执行机构的组合。这就要求这些执行机构必须以一定的次序协调动作、互相配合，以完成机械预定的功能和生产过程。这方面的工作称为机械执行系统的协调设计。

所谓执行系统的协调设计，就是要根据工艺过程对各动作的要求，分析各执行机构应当如何协调和配合，设计出协调配合图。这种协调配合图称为机械的运动循环图。它具有指导各执行机构的设计、安装和调试的作用。

在对机械系统进行协调设计时，必须满足如下的要求。

1）满足各执行机构执行动作先后的顺序性要求

执行系统中各执行机构的动作过程和先后顺序必须符合工艺过程提出的要求。通常以工艺动作过程中某主要构件动作的开始点作为运动循环（即工作循环）的起点，其他各执行机构动作按一定顺序进行，以保证各执行机构运动循环的时间同步，并应使一个执行机构动作结束到另一个执行机构动作起始之间有适当的间隔，以避免这两个机构在动作衔接处发生干涉。例如，牛头刨床的刨头和工作台之间的动作；各种自动加工机中送料、加工和装卸工件的各机构之间的动作；内燃机中进气阀、排气阀与活塞之间的动作，等等。这种配合通常可用凸轮轴（或称分配轴）来实现。

2）满足各执行机构在运动速度上的配合要求

有些机械要求执行构件运动之间必须保持严格的速比关系，因此在它们之间应采用保持恒定速度比关系的传动机构，以保证执行机构间运动速度的协调配合。例如，滚齿机或插齿机按范成法加工齿轮时，刀具与齿坯的速度关系；车削螺纹时，主轴的转速与刀架的走刀速度的关系，等等。

3）满足各执行机构在布置上的空间协调性要求

为了使执行机构能够完成预期的工作任务，必须保证它们在空间位置上协调一致。对于有位置制约的执行系统，必须进行各执行机构在空间位置的协调设计，以保证在运动过程中各执行机构之间及机构与周围环境之间不发生干涉。例如，图 11.11 所示的饼干包装机的折边机构，其左、右两个折边执行构件的运动轨迹交于 M 点，如果空间同步化设计得不好，左右两个执行构件就会在运动空间产生相互干涉，而使两折边执行构件因碰撞而损坏。

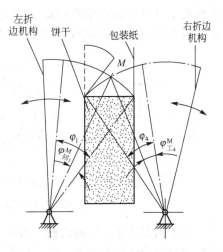

图 11.11 折边机构

4）满足各执行机构操作上的协同性要求

当两个或两个以上的执行机构作用于同一操作对象时，各执行机构之间的运动必须协同一致。

5）各执行机构的动作安排有利于提高生产率

在满足上述的要求时，应使各执行机构的动作时间尽量重合，工作循环周期尽可能短，以提高机器的生产率。

2. 机构系统的运动循环与机械运动循环图

1）机构系统的运动循环

根据机器所完成的功能及生产工艺的不同，它们的运动按有无周期性循环分为两大类。一类为无周期性循环的机器，如起重运输机、建筑机械、工程机械等。这类机器，它们的工作往往没有固定的循环周期，随着机器工作地点、条件的不同而随时改变。另一大类则为有周期性循环的机器，如包装机械、轻工自动机、自动机床等。这类机器中的各执行构件，每经过一定的时间间隔，其位移、速度和加速度便重复一次，完成一个工作循环。在生产中，大部分的机器都属于这类具有固定运动循环的机器。

机械的运动循环可用机械的运动循环周期来描述。它是指机器完成其功能所需的总时间，常以字母 T 表示。机械的运动循环（又称工作循环）往往与机器中的各执行机构的运动循环相一致，而执行机构中执行构件的运动循环至少包括一个工作行程和一个空回行程，有可能还有若干个停歇段。例如，图 11.12 所示的自动压痕机，通过凸轮 1 来驱动压痕冲头 2，冲压置于下压痕模 4 上的压印件 3，实现自动压痕。压痕冲头的运动循环由三部分组成：冲压行程（所需时间 t_k），压痕冲头保压（停留时间 t_o）及回程（所需时间 t_d）。因此压痕冲头一个循环（所需时间为 T_p）可表示为

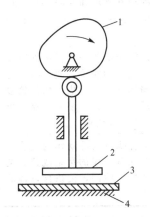

图 11.12 自动压痕机简图
1—凸轮；2—压痕冲头；
3—压印件；4—压痕模

$$T_p = t_k + t_o + t_d$$

2) 机械运动循环图

为了准确地描述各执行机构之间有序的、既相互制约又相互协调配合的运动关系，常需借助于机械运动循环图来表达。例如，图 11.12 所示的自动压痕机构中执行构件（即压痕冲头 2）的运动循环即可借助图 11.13 所示的三种运动循环图来表示。

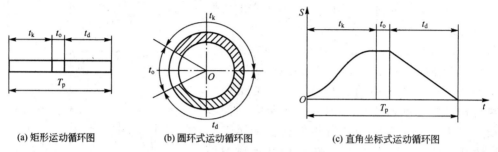

(a) 矩形运动循环图　　(b) 圆环式运动循环图　　(c) 直角坐标式运动循环图

图 11.13　自动压痕机执行构件的运动循环图

对于固定运动循环的机械，当采用机械方式集中控制时，通常将分配轴或主轴与各执行机构的主动件连接起来，或用分配轴上的凸轮控制各执行构件的主动件，当机械的主轴或分配轴转动一周或若干周，机械将完成一个运动循环。因此，机械运动循环图常以主轴或分配轴的转角为坐标来编制。通常选取机械中某一主要的执行构件作为参考构件，取其有代表性的特征位置作为起始位置（通常以生产工艺的起始点作为运动循环的起始点），由此来确定其他执行机构的运动相对于该主要执行构件的先后次序和配合关系。

图 11.13(a)是矩形运动循环图，图 11.13(b)是圆环式运动循环图，图 11.13(c)是直角坐标式运动循环图。它们的绘制方法及特点见表 11-3。

表 11-3　机械运动循环图的绘制方法及特点

类　型	绘　制　方　法	特　　点
矩形运动循环图	将机构在一个运动循环中各执行构件各行程区段的起止时间和先后次序，按比例地绘制在直线坐标轴上，故又称直线式循环图	绘制简单，能清楚地表示整个运动循环内各执行构件的相互顺序和时间（或转角）关系；但不能显示各执行构件的运动规律，直观性差
圆环式运动循环图	以极坐标原点 O 为圆心作若干个同心圆环，每个圆环代表一个执行构件，并由各相应圆环分别引径向直线表示各执行构件不同运动状态的起始位置和终止位置	直观性较强，能显示各个执行构件原动件在主轴或分配轴上的相位，便于各机构的设计、安装与调试。但当执行构件较多时，因同心圆环太多，而不易看清楚，也不能表达各构件的运动规律
直角坐标式运动循环图	用横坐标表示机械主轴或分配轴转角，以纵坐标表示各执行构件的角位移或线位移，为简明起见，各区段之间均用直线连接	能清楚地表示各执行构件动作的先后顺序和各执行构件在各区段的运动规律。类似于执行构件的位移线图，使执行机构的设计非常便利

由表 11-3 中三种类型的运动循环图的特点可知，直角坐标式运动循环图不仅能清楚地表示各执行构件动作的先后顺序，而且能描述它们的运动规律及运动上的配合关系，直观性最强，比其他两种运动循环图更能反映执行机构的运动特征，所以在设计机器时，通常优先采用直角坐标式运动循环图。

3）拟定机械运动循环图的步骤

（1）分析加工工艺对执行构件的运动要求（如行程或转角的大小，对运动过程的速度、加速度变化的要求）及执行构件相互之间的动作配合要求。

（2）确定执行构件的运动规律。这主要是指执行构件的工作行程、回程、停歇等与时间或主轴转角的对应关系，同时还应根据加工工艺要求确定各执行构件工作行程和空回行程的运动规律。

（3）按上述条件绘制机械运动循环草图。

（4）在完成执行机构选型和机构尺度综合后，再修改机械的工作循环图。具体来说，就是修改各执行机构的工作行程、空回行程和停歇时间等的大小、起始位置及相对应的运动规律。因为根据初步拟定的执行构件运动规律设计出的执行机构，常常由于布局和结构等方面的原因，使执行机构所实现的运动规律与原方案不完全相同，此时就应根据执行构件的实际运动规律修改机械运动循环草图。如果执行机构能实现的运动规律与工艺要求相差很大，就表明此执行机构的选型和尺寸参数设计不合理，必须考虑重新进行机构选择或执行机构尺寸参数设计。

4）机器运动循环图的功用

（1）机器的工作循环图反映了它的生产节奏，因此可用来核算机器的生产率，并可用来作为分析、研究提高机械生产率的依据。

（2）用来确定各个执行机构原动件在主轴上的相位，或者控制各个执行机构原动件的凸轮安装在分配轴上的相位。

（3）用来指导机器中各个执行机构的具体设计。

（4）用来作为装配、调试机器的依据。

（5）用来分析、研究各执行机构的动作相互配合、相互协调，以保证机器的工艺动作过程能顺利实现。

11.3 机构的组合

前面曾介绍过的连杆机构、凸轮机构、齿轮机构及间歇运动机构都属于单一的基本机构。如果需要完成较复杂的工作，使用单一基本机构显然是无法实现的，因此，在工程中的机械装置大都是由多个单一的基本机构组合在一起而形成一个组合的系统。

机构组合实质是将几个单一基本机构按照一定的连接方式连接在一起，实现位置、运动、动力参数的变化或运动方向的改变。按照机构连接方式的不同，可以将机构组合分为机构的串联组合、机构的并联组合和机构的封闭组合。

11.3.1 机构的串联组合

将前一个基本机构的输出运动作为后一个机构的输入运动的机构组合方式称为串联组合。机构串联组合的主要目的是实现机构的运动方式变换或运动速度变化。

若后一个基本机构的输入运动是从前一个基本机构的连架杆上获得的，则称为简单串联组合。图11.14所示的缝纫机摇梭机构就是将导杆机构的运动输入构件（导杆）DE与铰链四杆机构的运动输出构件（连架杆）CD刚性连接在一起而构成的简单串联组合。图5.1

所示的定轴轮系也是由若干个齿轮机构依次连接而构成的简单串联组合。这种组合方式应用广泛,设计也较简单。

若后一个基本机构的输入运动是通过连接在前一个基本机构上做复杂平面运动的构件上获得的,则称其为复杂串联组合。做复杂平面运动的构件可以是连杆或行星齿轮。图 11.15 所示为齿轮机构与连杆机构的串联组合,其后一级连杆机构铰接在前一级行星机构的行星齿轮上。由于行星齿轮上各点可以形成轨迹各异的内摆线,因此选不同的铰接点 C 可以使从传动件 4 获得多种不同的运动规律。

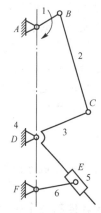

图 11.14　串联式缝纫机摇梭机构

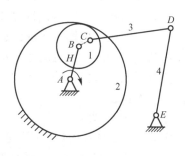

图 11.15　串联式齿轮连杆机构

11.3.2　机构的并联组合

将若干个单自由度基本机构的输入(或输出)构件连接在一起,使它们具有相同的输入(或输出)构件,并保留各自输出(或输入)运动的机构组合方式称为并联组合。其主要特征是各基本机构均是单自由度机构。机构并联组合的主要目的是改善机构的动力性能、实现运动的分解或运动的合成。

图 11.16 所示是由两个具有单自由度四杆机构组成的并联组合机构,其将两机构的输入构件 1 和 1′ 刚性连接在一起,而两机构分别保留了各自摇杆 CD 和 C_1D_1 的输出运动。

图 11.17 所示是由 4 个具有单自由度的曲柄滑块机构组成的并联组合机构,广泛应用

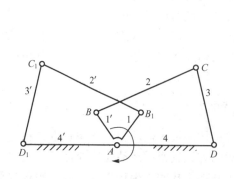

图 11.16　并联式四杆机构

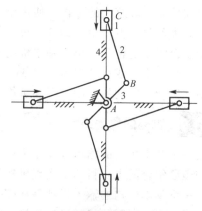

图 11.17　并联式多缸内燃机机构

于多缸内燃机中。该组合机构中，每个基本机构都以活塞(滑块)为运动输入构件，而将它们各自的运动输出构件(曲柄)刚性连接在一起，使它们具有相同的输出运动。这样的并联组合既可以有效避免曲柄滑块机构运动死点的发生，也可以实现运动的合成。

11.3.3　机构的封闭组合

用单自由度机构(称为约束机构)将一个二自由度的机构(称为基础机构)连接起来，使整个机构成为一个单自由度机构的组合方式称为封闭组合。其主要特征是基础机构为二自由度机构，约束机构为单自由度机构。

图11.18所示的凸轮连杆组合机构，由两个单自由度的约束机构和二自由度的基础机构组成。其将构件1、2、6和构件1、5、6组成的两个凸轮机构(约束机构)的输出运动，作为由构件2、3、4、5、6组成的五杆机构(基础机构)的输入运动，从而在D点构成一个复合运动。

图11.19所示的齿轮连杆组合机构，也由两个单自由度的约束机构和二自由度的基础机构组成，分别是由构件1、2、7组成的齿轮机构(约束机构)、由构件$1'(1)$、5、6、7组成的四杆机构(约束机构)和由构件2、3、4、5(H)、7组成的差动轮系(基础机构)。两个约束机构的输出运动(齿轮机构上齿轮2和四杆机构上构件5)分别作为基础机构的输入运动，从而可在齿轮6上获得复杂的间歇转动。

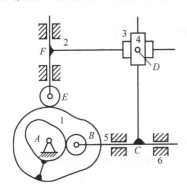

图11.18　封闭式凸轮连杆组合机构

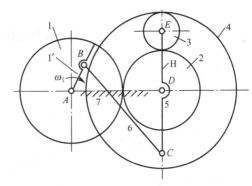

图11.19　封闭式齿轮连杆组合机构

图5.10所示的混合轮系也是一个封闭组合机构。整个轮系是由一个单自由度的约束机构(定轴轮系)$(3'—4—5)$把具有二自由度的基础机构(差动轮系)中行星架5(H)和中心轮3封闭起来，从而构成了一个具有单自由度的混合轮系。

11.3.4　机构的叠加组合

将一个基本机构安装在另一个基本机构的运动构件上的机构组合方式称为叠加组合。通常将支撑其他机构的机构称为基础机构，安装在基础机构可动构件上的机构称为附加机构。

图11.20所示的摇头风扇机构中，将由电动机5、蜗杆6、蜗轮$2'$所构成的蜗杆蜗轮机构作为附加机构叠加在由构件1、2、3、4组成的基础机构(平面四杆机构)上，并以运动构件1作为蜗杆蜗轮机构的机架，形成叠加式组合机构。

图11.21所示的挖掘机机构也是一种叠加式组合机构。该机构由3个摆动液压缸机构(四连杆机构的一种演化机构)叠加组合而成。其第一个基本机构1—2—3—4的机架4是挖掘机的机身；第二个基本机构3—5—6—7叠加在第一个基本机构的输出件3上，即以3

作为它的相对机架;同样,第三个基本机构7—8—9—10又叠加在第二个基本机构的输出件7上,即以7作为它的相对机架。这三个基本机构都各有一个动力源。第一个液压缸1—2带动大动臂3摆动;第二个液压缸5—6使铲斗柄7绕轴心D摆动;而第三个液压缸8—9带动铲斗10绕轴心G摆动。这三个液压缸分别或同时动作时,便可使挖掘机完成挖土、提升和卸载动作。

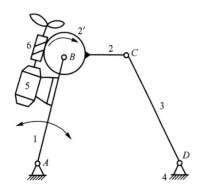

图 11.20 叠加式组合摇头风扇机构

1、2、3、4—构件(杆件);2′—蜗轮;
5—电动机;6—蜗杆

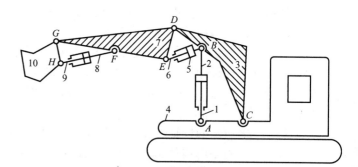

图 11.21 叠加式组合挖掘机机构

1—2、5—6、8—9—液压缸;3—大动臂;4—机身;
7—铲斗柄;10—铲斗

11.4 机械系统方案设计举例

冲压式蜂窝煤成型机的系统方案设计。

1. 机器的功能和设计要求

冲压式蜂窝煤成型机是我国城镇蜂窝煤(通常又称煤饼)生产厂的主要生产设备,这种设备由于具有结构合理、质量可靠、成型性能好、经久耐用、维修方便等优点而被广泛采用。

冲压式蜂窝煤成型机的功能是将粉煤加入转盘的模筒内,经冲头冲压成蜂窝煤。

为了实现蜂窝煤冲压成型,冲压式蜂窝煤成型机必须完成五个动作:①粉煤加料;②冲头将蜂窝煤压制成型;③冲头和出煤盘积屑的清扫;④成型的蜂窝煤脱模;⑤成型的蜂窝煤输送。

冲压式蜂窝煤成型机的设计要求和参数如下。

(1) 蜂窝煤成型机的生产能力:30 次/min。

(2) 驱动电动机:采用防护式笼型感应电动机 Y180L-8,其额定功率为 11kW,转速为 910r/min。

(3) 机械系统方案应力求简单。

(4) 图 11.22 示出了冲头、脱模盘、扫屑刷、模筒转盘的相互位置情况。实际上冲头与脱模盘都与上下移动的滑梁连成一体。当滑梁下冲时,冲头将粉煤冲压成蜂窝煤,脱模盘将已压成的蜂窝煤脱模。在滑梁上升过程中扫屑刷将刷除冲头和脱模盘粘着的粉煤。模筒转盘上均匀布置了模筒,转盘的间歇运动使加料的模筒进入冲压位置、成型的

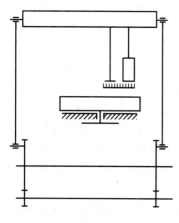

图 11.22 成型机执行构件
相互位置示意

模筒进入脱模位置、空模筒进入加料位置。

（5）为了改善蜂窝煤冲压成型的质量，希望冲压机构在冲压后有一保压时间。

（6）由于冲头压力较大，希望冲压机构具有增力功能，以增大有效作用，减小原动机的功率。

2. 工作原理和工艺动作分解

根据上述分析，冲压式蜂窝煤成型机要求完成的工艺动作有以下六个。

（1）加料。可利用粉煤重力自动加料。

（2）冲压成型。要求冲头上下往复运动。

（3）脱模。要求脱模盘上下往复运动，可以将它与冲头一起固结在上下往复运动的滑梁上。

（4）扫屑。要求在冲头、脱模盘向上移动过程中完成。

（5）模筒转盘间歇转动。完成冲压、脱模、加料的位置转换。

（6）输送。将成型脱模后的蜂窝煤落在输送带上送出成品。

上述六个动作，加料和输送比较简单在此不予分析，冲压和脱模可用一个机构来完成。因此，冲压式蜂窝煤成型机重点考虑三个机构的设计：冲压和脱模机构、扫屑机构及模筒转盘的间歇运动机构。

3. 根据工艺动作顺序和协调要求拟定运动循环图

对于冲压式蜂窝煤成型机运动循环图主要是确定冲头和脱模盘、扫屑刷、模筒转盘三个执行构件的先后顺序、相位，以有利于对各执行机构的设计、装配和调试。

冲压式蜂窝煤成型机的冲压机构为主机构，以它的主动件的零位角为横坐标的起点，纵坐标表示各执行构件的位移起讫位置。

图 11.23 所示为冲压式蜂窝煤成型机的冲头和脱模盘、扫屑刷、模筒转盘的运动循环图。冲头和脱模盘的运动由工作行程及回程两部分组成。要求扫屑刷在冲头回程后半段至工作行程前半段完成扫屑动作。模筒转盘的工作行程在冲头回程后半段和工作行程前半段完成，使间歇转动在冲压以前完成。

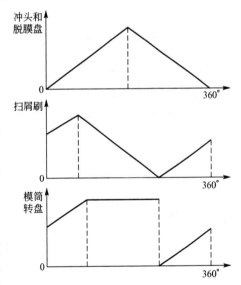

图 11.23　冲压式蜂窝煤成型机运动循环图

4. 机构选型

根据冲头和脱模盘、扫屑刷、模筒转盘这三个执行构件的动作要求和结构特点，可以选择表 11-4所列的常用的机构，此表格称为机构形态学矩阵。

表 11-4　冲压式蜂窝煤成型机的机构选型

冲压和脱模机构	对心曲柄滑块机构	偏置曲柄滑块机构	六杆机构
扫屑机构	附加滑块摇杆机构	固定凸轮移动从动件机构	
模筒转盘间歇运动机构	槽轮机构	不完全齿轮机构	凸轮式间歇运动机构

图 11.24(a)所示的附加滑块摇杆机构,可利用滑梁的上下移动使摇杆 OB 上的扫屑刷摆动扫除冲头和脱模盘底的粉煤屑。图 11.24(b)所示为固定凸轮移动从动件机构,可利用滑梁上下移动使带有扫屑刷的移动从动件顶出而扫除冲头和脱模盘底的粉煤屑。

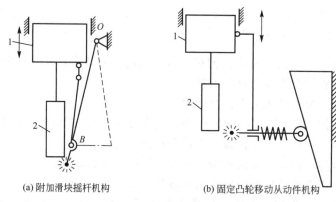

(a) 附加滑块摇杆机构   (b) 固定凸轮移动从动件机构

图 11.24 两种机构运动形式比较

5. 机械系统方案的选择和评定

根据表 11-4 所示的机构形态学矩阵,可以求出冲压式蜂窝煤成型机的机械运动方案数为

$$N = 3 \times 2 \times 3 = 18$$

可以按给定条件、各机构的相容性和尽量使机构简单等来选择方案。我们选定的结构比较简单的方案如下:冲压和脱模机构为对心曲柄滑块机构、扫屑机构为固定凸轮移动从动件机构、模筒转盘机构为槽轮机构。

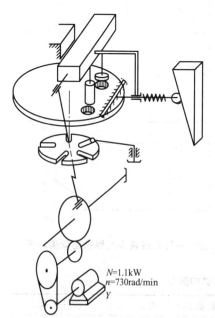

$N=1.1\text{kW}$
$n=730\text{rad/min}$

图 11.25 机械运动方案示意图

6. 机械传动系统的速比和变速机构

根据选定的驱动电动机的转速和冲压式蜂窝煤成型机的生产能力,此蜂窝煤成型机的机械传动系统的总速比为

$$i_{总} = \frac{730}{30} = 24.333$$

第一级采用带减速,其速比为 4.866;第二级采用直齿圆柱齿轮传动,其速比为 5。

7. 画出机械运动方案简图

按已选定的三个执行机构的形式所组成的机械运动方案,画出机械运动方案示意图,如图 11.25 所示,其中包括了机械传动系统、三个执行机构的组成。如果再加上加料机构和输送机构,那就是一台完整机械的运动方案图。

8. 对机械传动系统和执行机构的尺度计算

对带传动、齿轮传动、曲柄滑块机构(冲压机构)和凸轮机构进行运动学计算。

9. 进行冲压式蜂窝煤成型机的飞轮设计

槽轮机构(模筒转盘间歇运动机构)属于冲压成型的机械，其负载特性是短期的重载和长期的近乎空载在一个运动循环内交替出现。为了减小机器的速度波动和选择较小功率的驱动电动机，可以按机器的负载变化情况来设计飞轮。

习　题

11-1　现代机器由哪几部分组成？机械系统方案设计的内容有哪些？

11-2　什么是机械运动系统的工艺动作过程？为什么要进行工艺动作过程的构思与分解？其构思与分解的基本原则是什么？

11-3　机构选型的基本原则是什么？为什么要进行机械执行系统的协调设计？

11-4　机械系统方案的构思与拟定的步骤是什么？有哪些常用方法？

11-5　图 11.26(a)所示为压制药片机的示意图。压制药片工艺动作顺序如图 11.26 (b)所示：①移动料斗 4，将粉料送至模具 11 的型腔上方等待装料，并将上一循环中成型的药片 12 推出(卸料)，料斗的行程为 x_4，同时将下冲头 5 由上一循环末的位置向下移动 y_5。这些动作的时间约占 1.3/10 个周期；②料斗振动，将粉料筛入型腔，该动作占 2.5/10 个周期；③料斗 4 移回原处，同时下冲头 5 向下移动 y_5'，以防止上冲头下压时，将粉料扑出，该动作约占 1/10 个周期；④上冲头 10 向下移动 y_{10}，同时下冲头 5 向上压，行程为 y_5''，该动作占 2/10 个周期。接着保压，其时间占 2/10 个周期；⑤上冲头 5 快速退回至起始位置。下冲头上升 y_5'''，将产品 12 推出型腔。该动作占 1.2/10 个周期。图 11.26 (a)中凸轮连杆机构Ⅰ完成工艺动作①、②及③中的料斗动作；凸轮机构Ⅱ完成动作①、③、④及⑤中的下冲头工作，连杆机构Ⅲ完成工艺动作④和⑤中的上冲头的动作。整个机

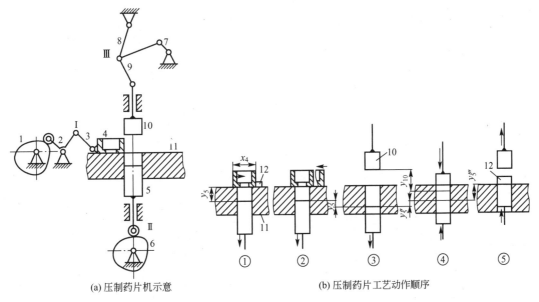

(a)压制药片机示意　　　　　　(b)压制药片工艺动作顺序

图 11.26　题 11-5 图

构系统由一台电动机带动,因此构件 1、6、7 可装在同一根分配轴上或由分配轴控制。设分配轴的转速为 30r/min,试绘制压制药片机运动循环图(矩形运动循环图、圆环式运动循环图及直角坐标式运动循环图)。横坐标表示分配轴的转角,并在轴上标明各执行构件动作起讫时所对应的分配轴转角。

11-6 图 11.27 所示为一浮动阶梯,试构思其机构运动方案示意图。要求它能实现适合水面升降的浮动阶梯要求,即当因涨潮、落潮水面高低发生变化时,阶梯能上下伸缩,但其跳脚面始终保持水平。

11-7 图 11.28 所示为磨削示意图,试构思其机械运动方案。要求构件 1 做 180°来回摆动,构件 2 同时做往复移动。

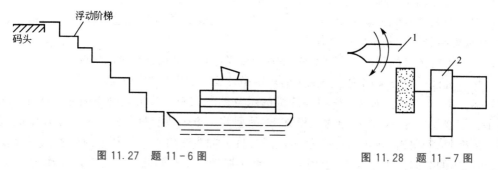

图 11.27 题 11-6 图   图 11.28 题 11-7 图

11-8 为了满足高层建筑擦玻璃窗的需要,试构思一台自动擦窗机的运动方案示意图,并对其进行分析评价。

参 考 文 献

常治斌，张京辉，2007. 机械原理 [M]. 北京：北京大学出版社.

陈立德，2008. 机械设计基础 [M]. 2 版. 北京：高等教育出版社.

厄尔德曼，桑多尔，1992. 机构设计——分析与综合：第一卷 [M]. 庄细荣，党祖祺，译. 北京：高等教育出版社.

哈尔滨工业大学编，王知行，邓宗全主编，2006. 机械原理 [M]. 2 版. 北京：高等教育出版社.

胡西樵，1990. 机械设计基础：上册 [M]. 北京：高等教育出版社.

黄锡凯，郑文纬，1981. 机械原理 [M]. 5 版. 北京：高等教育出版社.

申永胜，2005. 机械原理教程 [M]. 2 版. 北京：清华大学出版社.

西北工业大学机械原理及机械零件教研室编，孙桓，陈作模主编，1996. 机械原理 [M]. 5 版. 北京：高等教育出版社.

杨可桢，程光蕴，李仲生，2006. 机械设计基础 [M]. 5 版. 北京：高等教育出版社.

张策，2011. 机械原理与机械设计：上册 [M]. 2 版. 北京：机械工业出版社.

张春林，2006. 机械原理 [M]. 北京：高等教育出版社.

张伟社，2001. 机械原理教程 [M]. 西安：西北工业大学出版社.

郑甲红，朱建儒，刘喜平，2006. 机械原理 [M]. 北京：机械工业出版社.

朱理，2010. 机械原理 [M]. 2 版. 北京：高等教育出版社.

邹慧君，2001. 机械原理教程 [M]. 北京：机械工业出版社.

邹慧君，傅祥志，张春林，等，1999. 机械原理 [M]. 北京：高等教育出版社.